KB071846

오샘과 천년학의

버스타고

중남미

일주

오샘과 천년학의 버스타고

중남미 일주

초판 1쇄   2015년 6월 24일

지은이   천황숙
발행인   김재홍
디자인   박상아, 문선이, 이슬기
마케팅   이연실

발행처   도서출판 지식공감
등록번호   제396-2012-000018호
주소   경기도 고양시 일산동구 견달산로225번길 112
전화   02-3141-2700
팩스   02-322-3089
홈페이지   www.bookdaum.com

가격   15,000원
ISBN   979-11-5622-098-5 03980

CIP제어번호   CIP2015015986
이 도서의 국립중앙도서관 출판시 도서목록(CIP)은 e-CIP 홈페이지(http://www.nl.go.kr/ecip)에서 이용하
실 수 있습니다.

오 샘과 천 년 학 의

버스타고
중남미
일주

• 천황숙 지음 •

지식공감 ^{도서출판}

: *Contents* :

캐나다(Canada)

미국(America)

멕시코
(Mexico)

쿠바
(Cuba)

도미니카공화국
(Dominican Republic)

푸에르토리코
(Puerto Rico)

벨리즈
(Belize) 온두라스
(Honduras)

과테말라
(Guatemala)

니카라과
(Nicaragua)

트리니다드 & 토바고
(Trinidad and Tobago)

파나마
(Panama)

엘살바도로
(El Salvador)

가이아나
(Guyana)

수리남
(Republic of Suriname)

베네수엘라
(Venezuela)

코스타리카
(Costa Rica)

콜롬비아
(Colombia)

프렌치기아나
(French Guiana)

에콰도르
(Ecuador)

페루
(Peru)

브라질(Brazil)

볼리비아
(Bolivia)

파라과이
(Paraguay)

칠레(Chile)

우루과이
(Uruguay)

아르헨티나
(Argentina)

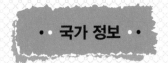

나라	멕시코 (Mexio)	벨리즈 (Belize)	과테말라 (Guatemala)	엘살바도르 (El Salvador)	온두라스 (Honduras)
수도	멕시코시티 (Mexico City)	벨모판 (Belmopan)	과테말라시티 (Guatemala City)	산살바도르 (San Salvador)	테구시갈파 (Tegucigalpa)
면적	1,964,375㎢	22,966㎢	108,890㎢	21,040㎢	112,090㎢
종족	메스티조 60% 인디오 30% 백인 9%	흑인 혼혈 인디오	메스티조 인디언	메스티조, 백인 인디오	메스티조 90% 인디언 7% 흑인 2%
언어	스페인어	영어	스페인어, 마야어	스페인어	스페인어
종교	카톨릭 82.7% 개신교 6%	카톨릭 50% 개신교 27%	카톨릭 70% 개신교 30%	카톨릭, 개신교	카톨릭 98%
환율	1$ = 10.5M$	1$ = 7.32Bz$ (벨리즈탈레)	1$ = 7.4Q (케찰)	USD	1$ = 18.89L
물값(500㎖)	4페소	4.5Bz$	5Q	0.5USD	8L
전기	110V	110V	115V	115V	110V

나라	니카라과 (Nicaragua)	코스타리카 (CostaRica)	파나마 (Panama)	베네수엘라 (Venezuela)	콜롬비아 (Colombia)
수도	마나과 (Managua)	산호세 (San Jose)	파나마시티 (Panama City)	카라카스 (Caracas)	보고타 (Bogota)
면적	1,964,375㎢	51,100㎢	78,420㎢	912,050㎢	1,138,910㎢
종족	메스티조 60% 인디오 30% 백인 9%	백인 77% 메스티조 17% 물라토 3%	메스티조60% 흑인13% 백인11% 인디언6% 중국계 5%	메스티조67% 백인21% 흑인10%	메스티조 47% 물라토 14% 백인 20% 흑인, 인디오
언어	스페인어	스페인어	스페인어	스페인어	스페인어, 영어
종교	카톨릭 82.7% 개신교 6%	카톨릭 76% 개신교16%	카톨릭 85% 개신교 15%	카톨릭 95% 개신교 2%	카톨릭 90%
환율	1$ = 10.5cordoba	1$ = 549.5colon	1$ = 1B (발보아)	1$ = 2.6Bs (볼리바르)	1$ = 1900Col$ (콜롬비아 페소)
물값(500㎖)	4코르도바	400콜론	0.4B	1.5볼리바르	1000페소
전기	110V	110V	120V	120V	시내중심 : 150V 그외지역 : 110~ 120V

·· 국가 정보 ··

나라	에콰도르 (Ecuador)	페루 (Peru)	볼리비아 (Bolivia)	칠레 (Chile)	아르헨티나 (Argentina)
수도	키토(Quitor)	리마(Lima)	헌법수도 수크레 (Sucre) 행정수도 라파스 (La Paz)	산티아고 (Santiago)	부에노스아이레스 (Buenos Aires)
면적	283,560㎢	1,285,220㎢	1,098,58㎢	756,102㎢	2,780,400㎢
종족	메스티조 65% 인디오 25% 백인 10% 흑인 1%	인디오 52% 메스티조 40% 백인 12%	케추아족 아이마라족 메스티조	백인, 혼혈 95% 원주민 3%	백인 97%
언어	스페인어, 케츄아어	스페인어 케츄아어 아이마라어	스페인 케츄아어 아이마라어	스페인어	스페인어
종교	카톨릭 95%	카톨릭 81% 개신교 2%	카톨릭, 개신교, 유대교, 토착종교	카톨릭 89% 개신교 11%	카톨릭 92%
환율	지폐 : USD 동전 : 에콰도르달러	1$ = 3.055sol (솔)	1$=7.06BOB (볼리비아노)	1$ = 619C$/CP (칠레 페소)	1$ = 3.32$ (아르헨티나 페소)
물값(500㎖)	0.5$	1sol	2볼리바이노	300페소	2페소
전기	110V	220V	220V	220V	220V

나라	우루과이 (Uruguay)	파라과이 (Paraguay)	브라질 (Brazil)	프렌치기아나 (French Guiana)	수리남 (Surinam)
수도	몬테비데오 (Montevideo)	아순시온(Asuncion)	브라질리아 (Brasilia)	카옌(Cayenne)	파라마리보 (Paramaribo)
면적	176,220㎢	406,750㎢	8,514,877㎢	83,534㎢	163,270㎢
종족	백인 90% 메스티조 8%	메스티조 95% 백인, 과라니족 5%	백인 54% 물라토 38% 흑인 6%	혼혈, 인디언, 흑인, 브라질, 중국계	인도 37% 크리올 31% 인도네시아,흑인
언어	스페인어	과라니어, 스페인어	포르투갈어	프랑스어 코레올어	네덜란드어 영어, 토착어
종교	카톨릭 66% 개신교 2% 유대교 1%	카톨릭 90% 개신교 5%	카톨릭 74% 개신교 15%	카톨릭 54%	힌두교, 개신교, 카톨릭, 이슬람 교, 토착종교
환율	1$ = 23.7$ (우루과이 페소)	1$ = 4700G(과라니)	1$ = 2.2R(헤알)	1$ = 0.69ER	1$ = 2.77Guilder (길더)
물값(500㎖)	10$	2500G	1R	0.3ER	1Guilder
전기	220V	220V	지역마다 다름	220V	127V

나라	가이아나 (Guyana)	쿠바 (Cuba)	트리니다드 토바고 (Trinidad and Tobago)	푸에르토리코 (Puerto Rico)	도미니카공화국 (Dominican Republic)
수도	조지타운 (George town)	아바나 (Habana)	포트오브스페인 (Port of Spain)	산 후안 (San Juan)	산토 도밍고 (Santo Domingo)
면적	214,970㎢	160,860㎢	5,128㎢	9,100㎢	48,670㎢
종족	인도, 흑인, 아메리칸 인디언	물라토 51% 백인 37% 흑인 11%	아프리카흑인, 인도인, 혼혈	백인 76.2% 흑인, 아시아인, 혼혈	물라토, 백인, 흑인
언어	영어, 크레올어	스페인어	영어	스페인어, 영어	스페인어
종교	개신교 힌두교 이슬람교	카톨릭 85%	카톨릭, 힌두교, 성공회, 이슬람교, 개신교	카톨릭 85% 개신교 5% 기타	카톨릭 95% 개신교 5%
환율	1$ = 200G$	1$ = 0.8935	1$ = 6.28TT$ (트리니다드토바고 달러)	USD	1$ = 31.73RD$
물값(500㎖)	100G$	1CUC	3TT$	1$	16도미니카 페소
전기	240V	110V	115V	120V	110V

나라	캐나다 (Canada)	바베이도스 (Barbados)	과달루페 (Guadalupe)		
수도	오타와(Ottawa)	브리지타운 (Bridgetown)	바스테르 (Basse – Terre)		
면적	9,984,670㎢	431㎢	1,434㎢		
종족	영국계, 프랑스계	흑인 80%, 백인 4% 혼혈	백인, 혼혈, 인디오		
언어	영어, 프랑스어	영어	프랑스어 크레볼어		
종교	카톨릭, 개신교	성공회, 카톨릭	카톨릭		
환율	1,138676C$ (캐나다 달러)	1$ = 2BD$ (바베이도스 달러)	EUR		
물값(500㎖)	0.5C$	1BD$	0.5EUR		
전기	110V	110V	–		

CHAPTER .01

태양의 유적지, 중미

이동경로

멕시코(Mexico)

멕시코시티

오악사카

팔렝케

띠깔

과테말라
시티

과테말라
(Guatemala)

메리다

욱스말

체첸이사

벨리즈시티

벨리즈(Belize)

산살바도르
(San Salvador)

엘살바드로
(El Salvador)

칸쿤

툴룸

아바나

산타클라라

트리니다드

쿠바(Cuba)

온두라스(Honduras)

테구시갈파

니카라과(Nicaragua)

마나과

옴메페테섬

코스타리카
(Costa Rica)

산호세

파나마시티

파나마
(Panama)

09월 18일 (목)

• 멕시코시티(Mexicocity)를 향해 출발

기간	도시명	교통편	소요시간	숙소	숙박비
09.18 ~ 09.20	대한민국 ⋯ 멕시코	비행기	–	한국민박	1,600페소

인천 공항 오후1:40 출발 ⇒ 멕시코시티Mexicocity 공항 9월 18일 오후6:30 (현지 시간) 도착 ⇒ 숙소 오후 8:30 도착

드디어 오늘, 우리는 터져 나올 정도로 짐을 넣은 배낭 1개씩만을 메고 4개월 예정으로 중남미에서의 배낭여행을 위해 출발한다. 나는 그동안의 직장생활을 마무리하느라 아직 주변 정리가 안 된 상태

인데다 추석이 지나자마자 출발하려니 마음이 어수선하다. 직장생활 하기도 바쁜 인제한테 번번이 집을 맡기고 떠나니 미안하다. 더구나 가을, 겨울 2계절에 걸쳐 여행하기 때문에 옷, 이부자리의 계절 갈이 도 해주어야 하는데….

  항상 그렇지만 오샘이 거의 여행 준비를 했다. 이번 여행 역시 오 샘이 든든한 버팀목이 될 것이라는 믿음을 갖고, 또 다른 세상에 대 한 호기심과 예상치 않은 경험에 대한 기대, 그리고 약간의 두려움 을 지닌 채 출발한다. JAL. 오후 1시 50분 출발하기 때문에 11시까 지 공항에 가야 하는데, 인제가 굳이 공항에 데려다 주고 출근하겠 다고 한다. 우리가 출발하기 전에 일서가 인사하러 왔는데, 중처럼 머리를 빡빡 깎은 할아버지 머리를 보더니 눈이 휘둥그레진다. 어제 여행 준비 마지막 단계로 오샘과 나는 머리를 최대한 짧게 다듬은 것이다. 우리가 출발하는데 일서가 쫓아가겠다고 고집을 해서 같이 공항까지 가긴 했는데 헤어질 일이 걱정이다. 주차장에서 인제가 먼 저 일서를 데리고 우리를 벗어난 후, 마음이 아프지만 우리는 출국 장으로 갔다. 비행기에서도 계속 일서 우는 소리가 귀에서 맴돈다. 할아버지, 할머니와 같이 여행 다닐 수 있도록 빨리 크거라. 그전까 지는 할아버지와 할머니가 다른 세상에서 보고 느낀 것을, 그 외의

많은 것들을 두고두고 너에게 이야기해 줄게.

공항에서 이번 여행에 동행할 곽교수님을 만났다. 곽교수님께서는 여행채비를 단단히 하고 나오셨다. 우리는 건강하게 여행 다니기를 다짐하고 긴 여정을 시작하였다.

나리타, 밴쿠버를 경유해 현지 시간 9월 18일 오후 6시 30분. 산 모양의 하얀 구름이 유리창 너머로 보이더니 해발 2,240m, 남북 100km, 동서 60km의 거대한 분지 속에 위치한 고원 도시이자 인구 3,000만 명인 대도시 멕시코시티의 빼곡히 들어찬 집들이 내려다보인다. 전에 멕시코시티에서 우리 집에 와 홈스테이를 했던 밝은 표정의 젊은 남녀가 생각난다. 연락처를 몰라 조금은 안타깝다. 중남미 국가들에 대한 치안, 비자 발급 등 궁금한 부분들을 확인하기 위해, 이곳에서는 한국 민박집에서 묵기로 했다. 숙소로 가는 길, 거리는 자동차와 인파로 매우 혼잡했고 규모가 큰 시장도 보인다. 활기찬 번화가의 모습이다. 민박집 주인은 매우 반갑게 우리를 맞이하고, 이곳에 대한 여러 가지 정보를 매우 친절하게 알려 주셨다. 덕분에 이번 장기간 여행의 첫날은 잠을 푹 잘 수 있었다.

09월 19일 (금)

• 태양의 피라미드, 달의 피라미드

광장(소깔로) 오전11:00 출발 ⇒ 떼오띠
우칸 Teotihucan (태양의 피라미드, 달의 피라미
드) 오후2:30 ~ 오후4:00
⇒ 과달루페 사원 오후4:00 도착

오전 9시 반. 숙소 주인아저씨의 친구분 덕분에 광장까지 편히 갈 수 있었다. 그런데 막상 광장에 도착하니 가이드북에서 보고 생각했던 분위기가 아니었다. 광장 주변은 콜로니얼풍의 대통령궁, 정부청사, 상가 그리고 대성당이 빙둘러 있고 관광객은 전혀 없고 텅빈 광장 주변으로 경찰들만 가득했다. 소매치기는 감히 발붙일 분위기가 아니었다. 광장에서의 행사로 인해 대통령궁은 전혀 입장 금지. 멕시코의 모든 교회를 총괄하는 대성당은 250년에 걸쳐 완공되다 보니 모

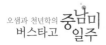

든 건축양식이 통합된 건축 박물관이라 불린다고 들었다. 그 말 그대로 정말 아름다운 대성당이다. 그런데 습지에 지어졌다는 이 아름다운 대성당은 안타깝게도 약간 기울어져 있어 보수공사가 한창이었다. 지하철역에서 쏟아져 나오는 많은 사람이 광장을 지나 정부청사 쪽으로 이동하고, 또 광장의 다른 한쪽에서는 구호단과 구급대 등이 기념촬영을 하고 있다. 지하철역도 일부는 통행금지이고. 오늘이 멕시코시티에서 1985년 대지진이 일어난 지 23년이 되는 날이라 이곳에서 기념식이 있단다. 때문에 이곳에서 더는 관광을 할 수 없어, 택시를 대절하여 멕시코시티 북쪽에 있는 유적지를 돌아보기로 했다. 11시 30분경 멕시코시티에서 북쪽 50km에 위치한 테오티우칸 문명의 중심지인 테오티우칸으로 향했다.

멕시코시티를 채 벗어나기 전에 호수 위에 건설되었다는 아즈텍의 도시 건축물이 발굴되고 있는 곳에 도착하였다. 인디오들의 거대 도시인 이곳은 멕시코시티의 발원지라고 하는데 도시 규모가 꽤 커

보인다. 다시 차를 달리니 길가에 선인장들이 많다. 더운 지역에 와 있다는 것을 실감할 수 있었다. 이 선인장은 이 지역 사람들에게는 매우 유용한 식물인 것 같다. 음식의 양념으로 쓸 뿐만 아니라 실을 뽑아 천을 짜기도 하고, 잎끝 부분은 바늘로 쓰이기도 한단다.

오르메카 문화의 영향을 받은 기원진 2C에 건설한 라틴아메리카 최대의 피라미드인 태양의 피라미드가 저만치에 웅장한 자태를 드러낸다. 테오티우칸에 도착한 것이다. 멕시코시티는 중미 최대의 제국이었던 아즈텍의 문명이 번성했던 곳이고, 그 아즈텍족이 테오티우칸을 처음 본 순간 도시의 장엄함에 놀라 "신들이 태어난 곳"이란 뜻을 지닌 테오티우칸으로 명명하였단다.

달의 피라미드(밑면 150m, 높이 40m)로 먼저 갔다. 피라미드 내부 벽에는 아직도 벽화가 벽을 따라 쭉 드러나 보인다. 달의 피라미드는 남성의 신을 모시는 곳인데, 당시 사람의 심장을 제물로 바쳤기 때문에 달의 피라미드 앞으로 뻗어있는 길을 죽은 자의 길이라는 뜻으로 사자의

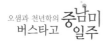

길이라고 한단다. 사자의 길 양옆으로 건축물 흔적들이 많이 드러나 있는 것으로 보아, 당시 꽤 규모가 큰 도시가 있었을 것 같았다. 테오티우칸은 기원전 2C에 형성되었는데 가장 번성 할 때는 인구가 20만 명에 이를 정도로 이 당시는 미주에서 최대 도시국가였지만 7C경 갑자기 소멸되었단다.

따가운 햇살을 받으며 사자의 길을 따라 태양의 피라미드로 향했다. 태양의 피라미드는 달의 피라미드보다 좀 더 높은 곳에 지어졌단다. 다가갈수록 강렬한 햇빛 아래 위용을 드러내는 태양의 피라미드(밑면 225m, 높이 65m) 아래에 도달하였다. 이러한 따가운 햇빛 아래서 이 넓은 대지를 조성하고 1억 장의 벽돌을 굽고 피라미드를 쌓았을 이들을 생각하니 숙연해지는 마음이 든다. 태양의 피라미드를 오르고 있는 사람들이 고물고물 난쟁이들이 붙어 있는 것처럼 보인다.

기도하는 마음으로 우리도 태양에 최대한 가까이 다가가고자 피라미드 꼭대기를 향해 계단을 오르기 시작했다. 햇볕이 강렬하고 따가우면서도, 올라갈수록 저 멀리까지 탁 트인 전경이 눈 아래 시원하게 펼쳐진다. 가끔씩 살랑살랑 불어오는 바람이 더위를 식혀준다. 피라미드 벽에는 아주 짧은 돌기둥들을 많이 만들어 놓았다. 왜 만들어 놓았는지 모르겠다. 그늘 하나 없는 땡볕에서 이것을 쌓아올린 사람들도 있는데, 나는 빈 몸으로 올라가는 것조차 올라갈수록 힘들다. 해발 2,240m에 위치한 멕시코시티보다도 더 높이 오르려

니 고산증이 오는 것 같다. 그래도 몇 번의 도전 끝에 정상에 도달하니 태양에 더 가까이 다가간 셈이다.

정상은 평평하다. 더 이상 오를 수 없는 곳이다. 이 평평한 곳에서 태양을 향해 기도하는 마음으로 신성한 제사를 지냈을 것 같다. 방위를 정확히 맞추어 춘분, 추분을 알 수 있고 하지(夏至) 때 태양이 이 피라미드의 정면을 향하도록 설계되었단다. 기원전에 고대인들이 이미 태양을 중심으로 하는 생활을 했다니, 매우 과학적인 사고를 지닌 것 같아 놀라울 뿐이다.

평평한 정상에서 정면을 바라보니 온 세상이 내 눈앞에서 끝도 없이 펼쳐진다. 눈도 몸도 마음도 시원해진다. 저 아래 사자의 길에 있는 사람들이 매우 작게 보인다. 새삼 그 옛날 이곳에서 생활을 영위하던 고대인들을 내 나름대로 떠올려본다.

태양의 피라미드를 내려와 앞쪽으로 나가니 기념품 가게들이 늘어서 있다. 기념품 가게들을 지나 다시 택시기사가 소개한 식당에서 늦은 점심을 하게 되었는데 꽤 큰 규모의 식당이었다. 식당에서 멕시코 모자를 쓰고 칼을 들고 기념사진도 찍고 생음악 연주를 들으면서 멕시코 음식으로 점심을 먹었다. 과달루페 사원은 늦으면 입장이 안 되기 때문에 점심을 먹은 후 바로 멕시코의 수호신이 있는 과달루페 사원으로 향했다.

1531년 12월 9일 원주민 농부에게 검은 피부의 성모마리아가 나타나 겨울철에 볼 수 없는 장미 한 다발을 안겨주었다. 농부가 주교에게 찾아가 성모 발현 이야기를 하고 장미꽃을 보여 주었는데, 장미꽃이 떨어지면서 농부의 옷자락에 검은 피부의 성모마리아 모습이 나타났다. 그 후 검은 피부의 성모를 과달루페의 성모라 하여 멕시코의 수호신으로 모시게 되었단다.

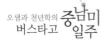
오쌤과 천년학의 중남미
버스타고 일주

　검은 피부의 과달루페 성
모는 테페야크에서 1531년
이후 기독교와 비기독교의
인디언 세계를 연결한다고
여기면서 멕시코 기독교
의 가장 든든한 수호신으로 섬
기게 되고, 검은 피부의 성모는 중남미 대륙에 가톨릭을 포교하는
결정적 역할을 하게 되었으며, 성모가 발현된 테페야크는 원주민의
성지였는데 가톨릭 성지로 바뀌었다고 한다. 1533년 지어진 성당이
붕괴 위험이 있어 1976년 현대식 건물의 성당을 다시 지었고, 많은
순례객이 정체 없이 과달루페 성모를 볼 수 있게 평면 에스컬레이터
가 설치되어 있었다.

　우리가 갔을 때도 역시 에스컬레이터를 꽉 채운 많은 순례객이 있
었다. 성당 분위기가 유럽과는 뭔가 또 다른 분위기를 느끼게 한다.

종교가 그 나라의 문화를 지배하는 듯하다. 성당 밖으로 나오니 검은 구름이 낮게 드리우는 듯하더니 비가 쏟아진다. 스콜이다. 2시간 전만 하더라도 테오티우칸에서 따가운 해를 피할 수 없었는데. 광장에 오니 오전에 그 많던 인파는 안 보이고 한산하다. 이렇게 중남미 여행은 중미 고대인들의 엄청난 문명에 놀라는 것으로 시작되었다.

09월 20일 (토)

• 팔렝케(Palenque)로 가는 긴 버스여행

멕시코시티 Mexicocity 오전7:00 출발
⇒ 오악사카 Oaxaca 오후1:30도착, 오후
4:00 출발 ⇒ 팔렝케 Palenque 로 향함

멕시코시티에서 550km 거리
인 오악사카를 거쳐 오악사카에서
840km 거리인 팔렝케까지 가려
면 오늘은 하루 종일 길에 있어야
한다.

아직 해가 뜨지 않아 어두운 거
리에 자동차 통행량은 엄청나다. 가로등이 없는 곳은 매우 위험해
보인다. 터미널(Tapo)에 가니 마침 10분 후인 7시에 출발하는 버스가
있단다. 시간이 이렇게 잘 맞을 수 있나. ADO버스는 정확히 7시에

출발하였다.

　시내를 벗어나서도 시내로 향하는 방향이나 외곽으로 향하는 방향 모두 차량 통행량이 많다. 외곽의 얕은 산들은 기의 모두 산 중턱까지 집들이 가득하다. 고속도로는 잘 되어 있다. 한 시간쯤 지나니 꽤 높이 올라왔나 보다. 도로가 축축이 젖어 있다. 멀리 보이는 두꺼운 구름층 아래로 시야가 탁 트여 녹색의 마을, 들판, 산지, 초원지대가 나타난다. 마치 서부극에 나오는 말을 타고 달리는 듯한 분위기가 연상된다. 건조한 산들은 관목들 사이사이로 나무 기둥 같은 선인장들이 쭉쭉 솟아, 이국적인 풍경 "멕시코"를 실감케 한다. 버스는 높은 산 위의 잘 닦인 도로를 쉼 없이 잘 달린다. 우기인데도 산 계곡에는 물이 거의 말라 있다.

　마을이 보이기 시작하는데 생각보다는 큰 도시인 것 같다. 낮 1시 30분 오악사카에 도착하자마자 팔렝케로 가는 오후 5시 버스를 예약하였다. 버스터미널이 깨끗하다. 배낭을 짐 보관소에 맡기고 택시를 이용해 시내로 들어가는데 교통체증이 대단하다. 멕시코시티 보다 다니는 차들이 더 좋은 것 같다. 시내로 들어가면서 점점 더 정겨움이 느껴지는 아담한 도시다. 대성당 앞의 광장에 아름드리나무들이 무성한 공원이 있고 한쪽 바닥에 좌판을 펼쳐 놓고 장난감, 신발, 옷, 소품 등을 파는 상인들, 구두 닦는 사람들, 풍선 파는 사람들, 놀러 나온 사람들로 활력이 넘친다. 좌판들 건너편으로는 카페, 식당들이 들어서 있다. 광장 남쪽으로 조금 내려가니 꽤 규모가 큰 시장이 나온다. 빵 굽는 가게들도 많다. 우리는 시장 구경을 하고 버스에서 먹을 저녁거리로 과일과 빵을 샀다.

　팔렝케로 오후 5시에 출발하는 버스를 타기 위해 4시에 버스 터미널로 왔다. 버스터미널에 인터넷전화가 있어 집에 전화하려니, 한국은 안 된단다. 아쉽게 돌아서서 화장실로 향했는데 돈 받는 장치가 최첨단 시설로 되어 있어 놀라웠다. 그러고는 터미널을 나오기 전에

빨간 목베개를 하나씩 샀다. 앞으로 약 4달간 우리를 보호해 줄 목베개인 것이다. 나도 목베개를 잘 보호해주어야겠다.

드디어 오악사카에서 840km 떨어진 팔렝케로 향하는 버스를 탔다. 내일 아침 7시 도착 예정이니 버스에서 자야 한다. 처음으로 버스에서 자면서 가는 것이다. 5시, 역시 정확히 출발한다. 차에 오르자마자 갑자기 비가 쏟아진다. 시내를 벗어나니 멕시코시티에서 오악사카로 올 때보다 옥수수밭, 감자밭이 많다. 12시간을 계속 내리던 비가 새벽 5시가 되니 그친다. 우리가 갈 길을 도와주는 것 같다. 비가 그치고 들판 멀리 여명이 밝아오는 풍경이 장엄함과 엄숙함을 연출하고 있다. 팔렝케가 가까워지니 초원지대도 많고 목장도 많아 수채화 같은 풍경이 펼쳐진다. 예정보다 1시간 늦은 오전 8시에 도착하였다. 오악사카에서부터 15시간 걸렸다. 결국, 어제 아침 7시부터 21시간 30분 동안 버스를 탄 것이다. 비가 오는데도 버스에서 에어컨을 세게 틀어대는 통에 추워서 침낭을 폭 뒤집어쓰고 잠을 제대로 못잤다.

09월 21일 (일)

• 마야 문명 유적지 팔렝케(Palenque)

기간	도시명	교통편	소요시간	숙소	숙박비
09.21	팔렝케	버스(ADO)	15시간	posada Nacha'n- KA'AN	167페소

팔렝케 Palenque 오전8:00 도착 ⇒ 미솔하 폭포, 팔렝케 Palenque 유적지 오후1:30 ~ 오후4:30 ⇒ 광장, 오후4:00 도착

아침 8시 팔렝케 도착. 터미널 가까이에 숙소를 잡고 깜박 단잠을 잤다. 깨어나니 낮 12시 30분이다. 결국 유적지로 가는 관광버스를 놓쳐 비싼 대가를 치러야 했다.

1시 반쯤 점심을 먹고 택시로 유적지로 향하는데, 택시기사가 국립공원 안에 위치한 미솔하 폭포로

먼저 안내를 한다. 장관이다. 폭포수를 맞으며 폭포수 뒤쪽으로도 갈
수 있게 되어 있다. 미솔하 폭포를 나와서 팔렝케 유적지로 향했다.
현지인들은 우주인들이 와서 만들었다고 믿는 정글에, 다른 마야 유
적에 비해서는 그리 높지 않은 언덕에 위치해 있는 것이란다.

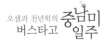

500여 개 중 극히 일부만 발굴된 상태인 왕의 무덤, 비명의 신전으로 갔다. 69개의 계단이 가파르게 제단된 높이 22m의 이 신전은 많은 돌로 쌓아 올려져 있었다. 내벽에 많은 마야 문자와 기록이 있어 비명(碑銘)의 신전이라고 하는데, 이 신전에서 파칼 왕의 무덤이 발견되어 왕의 무덤이라고도 한단다. 내부는 들어가 볼 수 없으므로, 발길을 돌려 사정없이 내리꽂히는 햇빛을 뚫고 왕의 거주 시설이 있는 중앙 궁전으로 갔다. 정원도 있고 천문 관측소라고 추정되는 조금 높은 탑모양의 건축물도 있었다.

궁전에는 또 다른 시설의 흔적들이 많이 드러나 있다. 태양의 신전, 잎사귀 십자가의 신전 등을 지나 밀림에 나 있는 길을 따라가 보니 여기저기 유적들을 발굴하고 있었다. 마치 캄보디아의 앙코르와트를 연상케 한다. 왜 이런 밀림지대에 도시가 형성되었을까?

유적지를 둘러보는 동안 그렇게 따갑던 날씨가 유적지를 나올 때쯤 갑자기 비가 쏟아지는 날씨로 변했다. 날씨가 감을 잡을 수 없다. 우산을 썼지만 역부족이다. 혹시 이런 비도 밀림에서는 모두 흡수해낼 수 있지 않을까 하는 생각이 든다.

숙소에서 유적지로 갈 때는 꽤 멀다고 느꼈는데 올 때는 금방 온 것 같다. 천천히 로컬 버스를 타고 갔다 와도 되는데 택시비 생각하니 억울한 생각이 든다. 택시요금이 430페소나 든 것이다. 우리는 200페소로 알아듣고 탔는데 1인당 200페소씩 모두 600페소라는 것이다. 탈탈 털어 택시요금으로 430페소를 주었다. 생각지도 않은 경비 지출로 당장 저녁, 내일 아침을 굶을 판이다. 일단 광장 쪽으로 가면 일요일이라도 환전소 연 곳이 있겠지 하고 광장 쪽에서 헤매다 겨우 환전할 수 있었다. 5시쯤 환전했으니 저녁은 굶지 않게 되었는데 먹지 않아도 배부른 느낌이다. 저녁때는 날씨가 좋았는데 밤부터 새벽 사이에 또 천둥, 번개, 소나기 계속이다. 그런데다 웬 닭까지 밤새 울어댄다. 아침이 되니 또 날씨가 멀쩡하다.

09월 22일 (월)

• 광장에서 페스티벌

기간	도시명	교통편	소요시간	숙소	숙박비
09.22	메리다	버스(ADO)	9시간	Nomadas hostal	233페소

팔렝케Palenque 오전8:00 출발 ⇒ 메리다Merida 오후4:00 도착

팔렝케에서 마야문명이 번성했던 유카탄반도의 북서쪽에 위치한 메리다까지 556km를 달려가야 한단다. 오진 8시 출발. 파란 하늘에 약간 회색빛을 띤 구름이 덮고 있는 평화로운 초원지대가 계속 펼쳐진다. 또한 목장도 보인다. 역시 스콜 현상도 나타나고. 그렇게 해서 유카탄의 중심도시 메리다에 도착하니 오후 5시다. 도로들이 반듯반듯하게 나 있고 콜로니얼 풍의 아름다운 도시다. 숙소가 겉에서 보기에는 괜찮아 보이는데 방이 어둡고 후덥지근하다. 모기 때문에 문도 열어 놓지 못하고 이곳에서 이틀은 자야 하는데 할 수 없다. 저녁 9시부터 광장에서 페스티벌이 있다고 한다. 저녁 8시 30분쯤, 멕시코시티에서는 그 시각에 외출할 엄두도 못 냈을 테지만, 페스티벌을 보기 위해 어두운데도 광장으로 나섰다. 네온사인으로 화려하게 장식한 광장에는 이미 관람객들이 의자를 다 채우고 공연 준비가 한창이다. 메리다는 하얀 도시라더

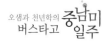

니, 하얀색의 민속의상을 입은
남녀 무용수들이 등장하면서 공
연이 시작됨을 알리자, 관람객들은 아낌없는 박수로 화답한다. 민속
무용을 선보이는데 마치 우리나라의 강강술래와 비슷한 장면도 연출
된다. 숙소가 밤 11시에는 문을 잠근다고 하여 45분 정도만 관람하
고 돌아오는데, 아직 거리에는 관광객들인 듯한 사람들이 많다.

09월 23일 (화)

• 마야 유적지인 욱스말(Uxmal)

기간	도시명	교통편	소요시간	숙소	숙박비
09.23	메리다 ⇄ 욱스말	버스(SUR)	3시간(왕복)	Nomadas hostel	233페소

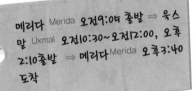

메리다 Merida 오전9:04 출발 ⇒ 욱스말 Uxmal 오전10:30~오전12:00, 오후 2:10출발 ⇒ 메리다 Merida 오후3:40 도착

오늘은 메리다에서 남쪽으로 80km 거리에 있는 마야 유적지인 욱스말에 갔다 오기로 했다. 욱스말은 유카탄 반도 북부 "푸크" 지역에 있는 마야 후기 정치, 경제, 문화의 중심지로 융성했고 천체의 움직임 관측에서도 마야인들이 치밀한 계산에 의해 건설한 제례 중심 도시였단다.

역시 마야 말기(600년~900년) 중심지였기 때문인지 유적지의 관광객을 위한 부대시설이 깨끗하게 잘 되어 있다. 표를 끊고 입장을 하니, 녹색의 잔디 위로 파란 하늘과 맞닿을 정도로 높고 육중한 마법사의 피라미드가 위용을 드러내고 있다. 완전히 세상을 제압하는 듯하다. 그동안 보아왔던 피라미드와 다르게 모서리가 둥그스름하고 밑면이 타원형이다. 마야 말기 문명의 찬란함이 느껴진다.

전설에 의하면 비가 자주 내리지 않자 신전을 세워 비가 많이 내리길 기원했다고 한다. 하지만 그럼에도 비가 내리지 않자, 마법사에 의해 난쟁이가 이 피라미드를 하루 만에 건설했다고 한다. 실제는 300년에 걸쳐 건축된 것으로 밝혀졌단다. 피라미드 상층부에 비의 신 차크의 얼굴을 크게 만들고 그 입을 통해 출입하게 한 것은 물론, 외벽

에도 수많은 차크의 얼굴을 조각한 것을 보니 비가 내려 풍요가 깃들기를 바라는 마음이 지극했던 것 같다. 이 지역은 카르스트지형이어서 비가 와도 빗물이 스며들고, 강이 없어 고인 빗물을 이용해야만 했기 때문에 비의 신에 대한 제례의식이 지극했던 것 같다.

마법사의 피라미드를 지나 수녀원으로 갔다. 녹색의 잔디가 깔린 중앙의 광장을 중심으로 4개의 직사각형 건물이 광장을 향해 4면에서 감싸고 있다. 이 수녀원은 건물 배치나 70개가 넘는 방을 지닌 것이 마치 스페인의 수녀원 같다 하여 수녀원이라고 부르게 되었단다. 4개의 건물 벽에 조각된 문양들이 뱀, 격자무늬, 차크의 두상, 기하학적 무늬 등 모두 다르다. 돌을 다루는 솜씨들이 대단함을 알 수 있다. 중앙 광장에서는 작은 소리가 나도 크게 울린다. 다시 한 번 마야인들이 건물 곳곳을 드나들기도 하고 광장을 오가기도 하는 모습을 그려보며 기분 좋게 계단을 따라 건물들을 한 바퀴 돌아보았다. 태양 빛이 쨍쨍 내리쪼이는데 광장, 계단, 여기저기에서 서로 기를 주고받는 사람들이 있다. 듬뿍 기를 받아 남은 여정에 도움되

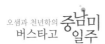

기를 기원해 주며 수녀원을 떠나 유적지 경내를 조금 돌아보는데 찌
는듯이 덥다.

버스를 타려고 욱스말 유적지로 갈 때 버스에서 내렸던 곳까지 걸
어 나왔는데 버스정류장 표지가 없다. 조금 기다리고 있는데 프랑스
청년이 와서 같이 기다리게 됐다. 하지만 아무것도 없는 길에서 땡
볕에 거의 2시간을 기다려도 버스든, 다른 탈 수 있는 어떤 차든, 아
무것도 지나가질 않는다. 매표소까지 꽤 먼 거리인데 프랑스 청년은
유적지 매표소 있는 곳까지 가서 어떤 차든 잡아오겠다고 한다. 그
러더니 그 청년은 배낭을 우리에게 맡기고 정말 매표소까지 가서 어
떤 전세버스를 타고 오는 게 아닌가. 너무 고마웠다. 프랑스 청년!
너무 예쁘고 고마워. 복 많이 받을 거야. 결국 우리는 길바닥에서 2
시간 넘게 기다린 것이다.

버스에 오른 후 얼마 되지 않아 비가 오기 시작하더니 메리다에
도착해서도 계속 비가 내린다. 어제 저녁 먹었던 식당으로 가서 늦
은 점심을 먹고 저녁에 먹을 고기를 사려고 빗속을 헤매고 다녔지만

고기를 사지 못했다. 모처럼 포식하려던 기회가 물거품이 되고 저녁을 밥으로만 해결했다.

　메리다를 유카탄의 중심도시, 욱스말과 체첸이트사를 가기 위한 교통 요충지로만 이용할 생각을 했었다. 러일 전쟁 후 1905년, 우리 한인들은 유카탄 반도로 강제 이주되어 애니깽 농장에서 모진 고생을 하였다. 4년 계약이 끝났을 때는 한일합방으로 인해 우리 땅으로 돌아오지 못하고 멕시코를 비롯한 중남미 전역에 흩어져 고생을 하면서도, 한글학교도 세우고 독립자금도 보냈던 우리 조상들이 처음 정착했던 유카탄 반도의 메리다. 이곳에 한인회가 있다는데 우리는 공부를 게을리해서 미처 메리다에서 우리 조상들에 대한 관심을 갖지 못하고 그냥 지나친 것이 매우 안타깝고 죄송했다.

09월 24일 (수)

• 엘 카스티오(El Castillo)

기간	도시명	교통편	소요시간	숙소	숙박비
09.24	치첸이트사 ···➤ 칸쿤	버스(ADO) ···➤ 오리엔트 (Orient)	2시간 ···➤ 3시간	Haina hostal	280페소

메리다Merida 오전9:15 출발 ➡ 치첸이트사 Chichenitza 오전11:10 ~ 오후2:35 ➡ 칸쿤 Cancun 오후4:30 도착

　오늘은 치첸이트사를 거쳐 칸쿤까지 가기로 했다. 메리다에서 치첸이트사까지 116km 치첸이트사에서 칸쿤까지 204km 모두 320km이다. 메리다를 벗어나자 주로 관목들이 덮여 있는 길을 달려 메리다를 출발한 지 약 2시간 만에 치첸이트사 유적지에 도착하였다.

　복원이 가장 잘된 마야 최대 유적지여서인지 벌써 관광객들이 많이 와 있다. 들어가는 입구부터 관광지답게 깨끗하고 시설도 좋다. 우리는 우선 배낭을 맡기고 입장했다. 치첸이트사도 역시 정글에 위치하고 있었다.

　약간 오르는 듯한 길을 따라 조금 가니 돌로 나지막하게 쌓아 만들어 비를 모아 저장하고자 한 우물이 보인다. 우물을 지나니 녹색의 넓은 잔디밭에 돌을 쌓아 만든 커다랗고 아름다운 피라미드가 우아한 자태로 자리하고 있다. 말간 파란 하늘과 피라미드가 너무나 잘 어울린다. 그 오랜 세월을 정글 속에서 고고하게 마야를 빛내고 있는 것이다.

　엘 카스티오라고 하는 이 피라미드는 '깃털 달린 뱀'을 뜻하는 쿠

쿨칸을 위한 피라미드형 신전이라는 것을 나타내듯, 계단 맨 아래 뱀 머리가 조각되어 있다. 그런데 이 피라미드에 9세기 초 마야인들의 수학과 천문학 지식이 함축되어 있다는 것에 더 놀랄 수밖에 없었다. 엘 카스티오는 9개 층의 사방 벽면이 52개의 판벽으로 되어 있는데, 이는 마야-톨테크 역법에서 세상의 1주기를 나타내는 것이다. 이 사방 벽면의 중앙에 91개의 계단이 45°를 이루며 4면에 4개가 있어 피라미드의 4면의 계단 숫자는 91개×4=364개이고 맨 위의 제단으로 사용했던 계단 1개를 합하면 태양력의 1년을 나타내는 365개가 된다. 그런데 책에서 보니 춘분과 추분날 오후 4시에는 태양의 빛에 의한 그림자가 북쪽 계단 꼭대기에서부터 커다란 뱀이 꿈틀대는 형상으로 아래 조각된 뱀 머리까지 연결되는 듯한 장관을 연출한단다. 오늘은 춘분이나 추분이 아니어서 매우 아쉬웠다. 또 하지와 동지 때 이 피라미드에 비치는 태양의 그림자로 농사의 시작과 끝을 가늠했단다. 그런 내용을 알고 피라미드를 바라보니 저절로 감탄사가 나온다.

　조금 떨어진 곳에 돌기둥들이 많이 늘어서 있어 그곳으로 발걸음
을 옮겼다. 1,000개의 돌기둥에는 무장한 전사의 모습이 새겨져 있
고 그 앞에 신전이 있는데 '전사의 신전'이라고 하는 곳이다. 전사의
신전에는 배 위에 쟁반을 받치고 누워있는 것도 앉아있는 것도 아닌
어정쩡한 자세를 한 차크몰 상이 있는데, 책에서 보니 이 쟁반 위에
제물로 피와 산 사람의 심장을 받쳤다는 것이다. 소름이 돋는다. 그
당시 사람들은 이런 끔찍한 분위기를 어떻게 받아들였을까?

　심란한 마음으로 돌기둥들을 지나 정글지대의 유적지를 걷다 보
니, 이름 모르는 신전들의 벽에 차크몰들이 조각되어 있다. 마야인
들의 조각 솜씨가 매우 훌륭했던 것 같다.

　이곳을 지나 세 개의 창을 이용해 달과 금성의 움직임을 관찰하고
일식과 월식을 예측했다는 천문대 El Caracol 앞까지 갔다가 다시 내

려와, 엘 카스티오 서쪽에 있는 구기(펠로타)경기장, 재규어신전, 독수리신전 쪽으로 향했다. 길목엔 아직 복원이 안 되고 쌓아 놓은 유적들이 많이 있었다. 다른 유적지와 달리 이곳은 유적지 안에 기념품 노점상들이 있다. 숲이 있는 곳에 오니 더위를 식힐 수 있었다.

구기경기장에서는 족구 비슷한 경기를 한 후, 이긴 팀 주장의 심장이 전사의 신전에 있는 차크몰의 배의 쟁반에 제물로 받쳐졌다니 어이가 없다. 순수한 경기가 아니라 가장 강한 자를 찾는 일종의 종교행사였던 것 같다.

마야인들은 낮에는 재규어가, 밤에는 독수리가 지배한다고 생각해 재규어와 독수리를 신성시하여 재규어 신전, 독수리 신전을 세운 것 같았다. 체첸이트사 유적에 마야문명인 비의 신 '차크'의 두상 조각이 많은 반면에 똘떼까 문명인 깃털 달린 뱀 '께찰꼬아뜰' 조각, 산 사람의 심장을 바치는 의식, 차크몰의 배에 얹어진 심장을 놓는 그릇, 용맹한 전사의 돌조각상들이 있는 것을 보니 멕시코 중부로부터 온 똘떼까의 침입으로 14C 몰락한 체첸이트사는 2가지 문명이 공존했던 것 같다. 더불어 피라미드, 음향효과가 있도록 약간 기울게 세운 경기장 벽면, 돌에 새겨진 조각 등 유적들을 보면서 느낀 것은 과학적 지식이 풍부하고 돌에 조각하는 마야인들의 솜씨가 섬세하고 대단하다는 것이다.

유카탄 반도는 석회암지대라 물이 스며들고 강이 없어 식수와 농사를 위해 마야인들은 세노테라고 하는 우물을 팠단다. 체첸이트사에 있는 세노테가 가장 크고 마르지 않고 고여 있는데도 썩지 않는 샘으로 차크몰이 살고 있다고 신성시했다는데 우리는 이 세노테는 가지 못했다. 참고로 체첸이트사는 '우물가의 집'이란 뜻이란다.

유적지를 나오는데 마치 천문대에 갔다 온 느낌이 들었다. 우리는

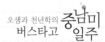
오샘과 천년학의 중남미
버스타고 일주

다행히 유적지 출입구를 나오자마자 칸쿤으로 가는 버스를 탈 수 있었다.

키가 별로 크지 않은 관목들이 빽빽이 들어찬 숲 사이를 지나기도 하고 마을을 지나기도 하면서 우리가 탄 버스는 3시간 정도 열심히 달려 유카탄 반도 동쪽 끝자락에 위치한 칸쿤에 도착하였다.

처음에 간 숙소는 방이 없어, 그 숙소 앞에 있던 숙소 소개업자가 소개한 다른 숙소에 자리를 잡았다. 저녁 식사를 하기 위해 숙소에서 가까운 작은 광장 쪽으로 가니 광장 한쪽으로 비교적 저렴한 스낵 코너들이 들어차 있다. 광장에서는 청소년들이 춤 연습을 하고 있고 칸막이들을 칠하고 있는 사람들도 있는 걸 보니, 무슨 행사가 있는 것 같다. 하지만 우리는 저녁 먹자마자 숙소로 돌아왔다. 자리에 누웠는데 청명한 파란 하늘 아래 우아하고 아름답게 솟아있는 피라미드 엘 카스티오가 눈에 선하다.

• 무헤레스섬 (isla Mujeres)

  오늘은 칸쿤의 휴양지인 무헤레스 섬에 가기 때문에 수영할 준비물을 챙겨 숙소를 나섰다. 무헤레스 섬은 마야의 여인 조각상이 발견되어, 여인들의 섬이란 뜻으로 이름 지어졌다 한다.

  여행사에서 쿠바행 비행기 표를 구입한 후 시내버스로 Gran Puerto Cancun 선착장으로 갔다. 파란 바다가 눈앞에 펼쳐진다. 하늘인지 바다인지 경계가 없다. 카리브해인 것이다. 배로 20분 거리인 무헤레스 섬으로 향했다. 배 안에서조차 내가 말로만 듣던 아름다운 카리브해로 가고 있다는 사실이 실감 나질 않는다. 무헤레스 섬의 선착장이 있는 해안가는 선박에 의한 기름때도 전혀 없고, 선착장의 바닷속이 훤히 들여다보일 정도로 맑고 투명하고 깨끗하다. 방파제도 없고 천혜의 해안을 지니고 있다.

  선착장을 빠져나오니 즉석에서 생과일 즙을 내서 파는 행상, 여러 가지 간식을 파는 행상들이 많다. 해안도로를 따라 기념품점과 식당들이 늘어서 있고, 관광객들도 복잡하지 않을 정도로 있다. 해안도로 안쪽으로 가니 역시 기념품 가게, 식당들이 있는데 그 거리가 소박하고 아늑한 느낌이 든다. 마치 작은 시골 마을에 와 있는 기분이다.

  점심을 먹은 후 따가운 햇살을 받으며 해안가로 가니 순식간에 눈은 쪽빛 바다로 가득 채워진다. 그동안 숙소 밖으로 나오면 항상 온몸을 움직였는데 우리는 벤치 파라솔을 빌려 야자수 그늘에 자리를 잡고 모처럼 한가하게 앉았다. 수평선 멀리 구름무늬를 지닌 파란 하늘이 더없이 파랗고 싱그럽다. 고운 모래가 펼쳐진 백사장 위로 야자수가 늘어서 있다. 지상낙원이 이곳이구나. 모래밭에서는 미

처 바다 내음을 맡을 수 없었는데 바닷물에 들어가니 어김없이 싱그러운 바다 내음이 내 코를 자극한다. 주변이 이 상태로 정지되어 있으면 싶다. 지나가는 배를 그냥 무심히 보고 있노라니 전혀 서두름이 없는, 저절로 마음이 여유로워질 수밖에 없는 자연 그대로의 삶이 존재하는 것이다.

아쉽지만 이 섬을 빠져나와 칸쿤 시내로 가기 위해 1번 버스를 타고 가다 보니, 연육도 같은 해안선을 따라 호텔이 줄지어 있는 것이 보인다. 세계의 부는 이곳에 다 모인 것 같다. 이런 세상도 있구나 하고 눈이 휘둥그레진다. 바로 이웃한 동네에서 보았던 사람들의 바쁜 삶의 모습이 눈에 선하다.

　쇼핑센터에 가서 모처럼 과일을 사오니 절로 부자가 된 기분이다. 남은 찬밥 끓이고 식당에서 남은 점심, 채소, 과일, 고추장, 멸치볶음을 놓자 저녁이 푸짐했다. 저녁 늦은 시간에 우리가 있는 숙소 2층에 독일 여자 여행객이 와서 묵게 되었는데, 그 여행객은 커다란 배낭을 짊어지고 3살 정도 된 딸을 안고 커다란 유모차에 짐을 잔뜩 싣고 들어오는 게 아닌가. 대단한 체력과 의지력을 지닌 것 같아 놀라울 따름이다.

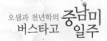

09월 26일 (금)

• 해안가 마야 유적지 툴룸 (Tulum)

기간	도시명	교통편	소요시간	숙소	숙박비
09.26	칸쿤 ⇌ 툴룸	버스(Orient)	5시간 (왕복)	Haina hostal	534페소

칸쿤Cancun 오전9:10 출발 ⇒ 툴룸
Tulum 오전11:40~오후2:45 ⇒ 칸쿤
Cancun 오후4:04 도착

  12C 번성한 교역 도시였던 해안가에 있는 마야 유적지인 툴룸에 갔다 오기로 했다. 어제 늦게 도착했던 독일 아기 엄마도 우리와 행선지가 같은 방향이어서 동행하였다. 역시 어제 들어올 때와 같은 행색이다. 우리는 그녀의 짐 일부를 맡아 버스에 동승했다. 우리

가 탄 버스는 완행이어서 이곳저곳 들르면서 가느라 칸쿤에서 툴룸까지 120km 정도인데도 불구하고 2시간 40분이나 걸렸다. 툴룸유적지에서 시내는 더 가야 하기 때문에 우리가 먼저 내리고 독일 아기 엄마와는 헤어져야 했다. 그 많은 짐을 끌고 아기와 함께하는 아기 엄마의 남은 여행길에 행운이 있기를 바라는 마음뿐이다.

버스에서 내려서 유적지 입구까지 가는 길에, 멕시코 전통복장을 하고 높은 기둥 꼭대기에서 전통 공연하는 것을 볼 수 있었다. 유적지 입구에 다가가면서 모기가 나타나더니, 유적지를 벗어날 때까지 계속 극성스러운 모기와의 전쟁을 치렀다.

요새처럼 둘러 있는 5m 두께의 돌벽에 있는 좁은 문으로 들어서니 넓은 잔디와 여기저기에 돌로 된 많은 유적이 쨍쨍한 햇빛을 받으며 고풍스러운 모습으로 자리하고 있다. 돌로 된 유적들과 그 중간중간 있는 녹색의 나무들과 눈이 시리게 파란 하늘, 녹색의 잔디가 아름다운 풍경을 드러내고 있다. 생각보다 넓고 많은 유적이 있다.

툴룸은 학문이 매우 발달했던 곳으로 이 안에는 상류층만 살고 나

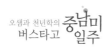

머지 계층은 주변에서 살았다고 한다. 툴룸의 건축물들은 마야인들의 뛰어난 천문학적, 수학적 지식을 바탕으로 지어졌는데 스페인 사람들이 처음 왔을 때 툴룸의 건축물의 아름다움에 놀랐단다.

유적들 사이에 난 길을 따라 뜨거운 햇빛을 받으며 왼쪽 언덕으로 오르니, 언덕은 절벽을 이루고 절벽 아래로 고운 모래사장이 펼쳐져 있었다. 모래사장에 이어서 푸른 카리브해가 저 멀리 수평선을 그리며 시원하게 펼쳐진다. 절벽 위에서 내려다보는데도 속살까지 드러날 정도로 바닷물이 투명하다. 모래사장은 해수욕하는 사람들로 화려하다. 이 유적지의 바닷가에서는 해수욕이 자유롭단다.

우리는 모래사장으로 내려가지 않고 되돌아오는데, 이구아나가 여기저기서 손님맞이를 한다. '툴룸' 하면 모기와 이구아나가 우선 머리에 떠올려질 정도로, 유적지를 벗어날 때까지 모기와 끊임없는 전쟁을 하고 이구아나 때문에 몇 번이나 놀랐다.

아까 들어갈 때는 못 본 것 같은데 유적지에서 나와 버스 정류장까지 가다 보니 기념품 가게, 식당들이 보인다. 버스 시간 때문에 점심은 가게에서 간단한 것으로 대신했다. 올 때 탔던 완행버스가 너무 늦은 시간에 있어 좀 비싼 버스(ADO)를 탔는데 걸린 시간은 완행버스와 거의 비슷했다. 올 때는 계속 비가 내린다. 오늘 저녁은 남은 쌀로 밥을 하고 슈퍼에서 사온 고기를 구워 야채와 함께 모처럼 푸짐한 저녁식사를 했다. 내일 갈 쿠바가 기대된다. 내일부터 9월 30일까지 쿠바에 다녀오기로 해서 짐을 따로 꾸려 준비하느라 몸과 마음은 바쁘지만 즐거운 기분이다.

09월 27일 (토)

- 아바나 (Habana)

기간	도시명	교통편	소요시간	숙소	숙박비
09.27	칸쿤 ⋯› 아바나	비행기 (쿠바나)	1시간 10분	Hotel Istazul	80cuc

칸쿤 Cancun (멕시코) 오후2:30 출발 ⇒
아바나 Habana (쿠바) 오후4:10 (현지 시각)
도착

드디어 그냥 가보고 싶었던 카리브해의 열정적인 나라 쿠바로 가는 날이다.

계란을 삶고 찬밥 끓이니 과일과 함께 훌륭한 아침식사가 되었다.

쿠바 갈 때 배낭을 숙소에 맡기기로 이 숙소에 드는 첫날 숙소 주인과 약속했는데 오늘은 안 된다는 것이다. 괜히 어제 밤부터 오늘 아침까지 짐 분리하느라 애쓴 것 같다. 큰 배낭을 메고 쿠바까지 가야만 한다. 공항 안에서 비행기를 기다리는 동안 화려한 의상을 입은 남녀 2명인 무용수들의 멕시코 민속춤 공연을 볼 수 있었다.

공항에서 입국심사를 받는데 얼굴을 똑바로 들어보라고 하면서 사진 대조를 엄격히 한다. 칸쿤에서 카리브해 상공을 건너 1시간 10분만인 오후 4시 10분 쿠바 아바나 공항에 도착하였다. 공항에서 환전하는데 1USD는 0.8cuc 이다. USD가 EUR 보다 매우 손해를 보는데 어쩔 수 없었다. 이 공항에 언제 또 오겠나 싶어서 사진 1장 찰칵. 공항에는 공항 택시가 대기하고 있었다. 우리가 탄 공항 택시의 기사가 우리의 숙소가 정해질 때까지 친절하게 쫓아 다녀주는데 '엉클 톰' 같은 인상 좋은 분이다.

공항에서 시내 가는 길이 꽃 파는 노점들은 없었지만 마치 블라디

보스토크의 공항에서 시내 가는 길과 분위기가 비슷하다. 쿠바의 시인이자 독립운동가인 호세 마르티 기념비가 있는 아주 큰 혁명광장이 나온다. 그리고 광장 건너편 내무부 빌딩의 앞면 전체를 덮은 쿠바 국기와 쿠바의 영웅 체 게바라 얼굴 상의 구조물이 눈에 확 각인된다.

토요일이어서인지 시내에 들어서면서 시커먼 매연을 뿜으며 당당하게 거리를 질주하는 1950년대의 미국제 올드카, 노란 딱정벌레 모습의 세 발 오토바이 택시, 자전거 택시, 마차, 인력거, 그 사이를 지나가는 사람들로 교통이 혼잡해진다.

지금은 박물관으로 사용하고 있는 미국 국회의사당을 모델로 한 하얀 건물의 옛 국회의사당, 화려한 조각이 있는 아름다운 건축물인 오페라하우스를 지나니 대로변을 따라 스페인풍의 2, 3, 4층의 건물들이 죽 들어서 있었다. 그런데 깨진 유리창도 많고 유리 대신 나무판으로 가려놓은 창문, 페인트칠이 벗겨진 벽 등 건물 안에 사람이 살까 하는 생각이 들 정도로 낡아 있어 안타까웠다.

　더워서 창문마다 걸터앉아 밖을 내다보고 있는 사람들, 건물 벽에 어지럽게 널려 있는 빨래들, 건물 밖에 나와 있는 사람들로 거리는 더 복잡해 보인다. 그런데 이상하게도 이렇게 누추한 환경에 있는 사람들 표정이 그렇게 어두워 보이지만은 않는다.

　생필품은 주로 국영상점에서 이루어지기 때문인지 슈퍼마켓이나 편의점은 보이지 않는다. 하지만 공원은 보였다. 대로의 가운데를 차가 다니는 도로보다 조금 높여, 사람들의 휴식공간인 중앙공원을 만들어 놓았다. 공원은 세월을 나타내는 짙은 녹색의 고목들이 하늘이 안 보일 정도로 양쪽으로 늘어서 있고, 견고하면서도 아름답게 조각해 놓은 돌로 된 의자들과 고풍스러운 가로등이 고목들 사이사이에 자리하고 있다. 운치 있는 휴식공간이다. 조금만 경제가 좋아서 이미 잘 조성해 놓은 공원과 그 주변의 콜로니얼풍의 건물들을 잘 보수 관리할 수 있다면 매우 아름답고 여유 있는 거리가 될 텐데 하는 안타까운 생각이 들었다.

　호텔비는 비싼 편이다. 중앙공원 옆에 있는 우리가 들어간 호텔 역시 겉은 허름해 보였다. 방도 좁고 시설도 별로였지만 비교적 깨끗한 편이었다. 우선 내일 이동할 때 대중교통보다 렌터카를 이용

하는 것이 여러 면에서 더 합리적인지 알아보기 위해 오샘은 숙소에 짐을 내려놓자마자 움직였다. 우리 호텔에서 알려준 다른 호텔로 가서 결국 렌터카를 예약하였다.

저녁도 먹을 겸, 더 어두워지기 전에 멀지 않은 곳에 있는 말레콘 해안가로 향했다. 말레콘 해변에 도착하니 어두워져 카리브 바다의 푸른색은 볼 수 없었다. 하지만 해변 여기저기에 밤의 정취를 만끽하러 나온 사람들이 꽤 있다. 둑 위에 걸터앉아 있는 사람들, 둑에 한자리 차지하고 낚시하는 사람들, 해변 둑을 따라 거니는 사람들 등. 어두운데도 불구하고 해변에 있는 바위에서는 개구쟁이들이 수영을 하기도 하고 팔을 쭉쭉 뻗으며 바닷물 속으로 풍덩풍덩 몸을 날리기도 한다. 마치 이 어둠을 이 개구쟁이들만이 즐기는 듯하다.

저녁 식사를 할 중국 식당가를 가기 위해 우리는 다시 우리 호텔 앞을 지나 시내로 가는데 거리는 젊은이들로 북적거린다. 토요일이어서인지 클럽 입구는 더 많은 젊은이가 모여들고 있다. 마실 물을 살 수 있는 가게도 찾았지만 보이지 않는다.

물어물어 네온사인 휘황찬란한 중국 식당가에 가니, 여태껏 보았던 경제적으로 매우 궁핍해 보이던 거리와는 다른 활기 있는 풍경이다. 식당마다 담소를 하며 즐겁게 저녁 식사를 하는 모습들이 많이 보인다. 다행히 이곳에 마실 물을 파는 가게가 있어 마실 물을 해결하니 후련해졌다.

우리도 이 집, 저 집 기웃거리다 손님이 많은 어느 식당으로 들어가려는데, 풍채 좋은 그 식당 주인아저씨가 한국말로 인사를 하는 게 아닌가. 우리는 더 이상 선택의 여지 없이 그 식당으로 들어갔는데, 주인아저씨가 한국말을 좀 하시는 것이다. 주인이 건네주는 메뉴판을 보고 음식을 많이 시키지 않으려고 했는데도 불구하고 너무 푸짐해 음식을 남기게 되니 아깝기도 하고 죄를 짓는 것 같았다.

저녁을 먹고 있는데 수학여행 온 듯한 30여 명쯤 되는 중국 고등학교 남녀 학생들이 우리 식당으로 재잘거리며 온다. 사복을 입었는데도 단정하고 밝고 명랑한 모습들이다. 우리를 보더니 반가워한다. 아마 겉모습이 비슷해서 그런 것 같다. 우리가 한국에서 왔다고 하니 '안녕하세요', '대~한민국' 등 자기들이 아는 한국어를 저마다 한마디씩 한다. 우리도 덩달아 마음이 흐뭇해진다. 학생들이 차례를 기다리다 자연스레 질서 있게 식당 안으로 들어가는 모습을 보니 대견해 보인다.

식당가를 찾아갈 때도 어두웠지만 무서운 걸 몰랐는데, 식당가를 나와 숙소로 갈 때는 거리가 왠지 무서웠다.

09월 28일 (일)

• 예정에 없던 산타클라라(Santaclara)의 여유

기간	도시명	교통편	소요시간	숙소	숙박비
09.28	신타클라라	렌트카	4시간	Consuel Ramos Rod rigues	26.7cuc

아바나Habana 시내 관광 오전9:00~오
후2:00 ⇒ 헤밍웨이 박물관 오후 3:30
도착 및 출발 ⇒ 산타클라라Santaclara
오후 6:00 도착

렌터카로 오전에 아바나 관광을 하고 헤밍웨이 박물관에 들렀다가 산타클라라까지 가기로 했다. 원래는 트리니다드로 직접 갈 계획이었는데 무리인 것 같아 중간 기착지로 산타클라라를 가기로 하여 산타클라라에 대한 정보 없이 가게 된 셈이다.

렌터카를 가지러 가기 전에 숙소 앞에 있는 차로와 차로 사이에 차로를 따라 길게 조성되어 있는 중앙공원으로 갔다. 일요일 아침이라 그런지 사람들이 없고 고요한데 몇 백 년 된 가로수들이 양옆에서 서로 닿아 아치를 이루니 돌로 우아하게 만든 의자, 고풍스러운 가로등과 함께 공원의 운치를 더한다. 오늘 아침 이 그윽한 공원은 온전히 지구 반대쪽에서 온 우리 차지이다.

마냥 이렇게 여기에만 있을 수 없어 공원을 나와 옛 국회의사당 쪽으로 가는데 이곳 거리는 일요일 이른 시간인데도 어제와 마찬가지로 마차, 인력거, 자전거 택시, 노오란 딱정벌레 모양의 오토바이 택시, 올드카, 길 한쪽에 서 있는 버스들로 번잡하다. 또 어딘가로 단체 활동을 하러 가는지 차를 기다리고 있는 흰 상의와 감색 하의 교복을 입은 학생들, 체육복을 입은 학생들, 학부모들, 그 외의 오가는 사람들로 일요일 아침인데도 거리는 한산하지 않다. 옛 국회의사당 계단 아래 광장에는 그 유명한 두꺼운 종이로 만든 수동식 사진기가 벌써 한자리 차지하고 떡 버티고 서 있다. 부지런도 하다.

　렌터카로 오전 10시쯤, 어제 들어올 때 보았던 혁명광장 쪽으로
갔다. 어제는 미처 보지 못했는데 건물에 걸려 있는 커다란 체 게바
라 얼굴 상 아래쪽에 그의 표어 'Hasta la Victoria Siempre (영원한 승
리의 그날까지)'가 새겨져 있다. 혁명광장 주변에는 경비원들이 있고 국
립도서관, 국립극장, 내무부 등 많은 건물이 있다.
　혁명광장을 지나 박물관 앞 공원 주차장에 주차시키고 박물관으
로 갔다. 박물관에는 1492년 콜럼버스가 원주민들이 살고 있었던
섬 쿠바를 발견할 때 타고 왔던 배, 무기 등이 전시되어 있고 옥상
에는 대포가 진열되어 있었다. 옥상에서 앞에 내다보이는 녹색의 잔
디를 끼고 있는 파란 바다와 맑은 하늘이, 바로 옆에 대포가 있는
것도 잊고, 피곤함을 지우고 마음을 환하게 한다.
　박물관에서 올드 타운을 향해 걸어갔다. 소박한 공원이 있고 그
주변 거리마다 식당들이 많다. 기념품 가게도 있다. 관광구역답게
가늘고 긴 나무다리에 올라서서 공연을 하는 공연단들이 거리를 활
보하고 구경꾼들이 많이 모여 있다. 역시 스페인식 건물들이 골목을
이루고 있는데, 어느 허름한 석조 건물 외벽 아래에서 헝겊으로 머

리를 휘감은 할머니가 쭈그리고 앉아 시가를 물고 있다. 새삼스럽게 '아! 여기는 쿠바구나' 하는 생각이 들었다.

기웃기웃하다가 들어간 식당에는 자리에 앉아 여유 있게 외식하는 가족이 있는가 하면, 자리에 앉지 않고 식당 입구 창턱에 마련된 선반에서 간단하게 식사를 하는 사람들도 있다.

점심을 먹고 아바나만 입구에 있는 모로 성으로 갔다. 잡풀이 있는 언덕으로 올라가니 성이 길게 뻗어 있고 입장료를 받는다. 건물 안으로 들어서자 좁은 통로를 지나 또 입장료를 받는다. 박물관에는 해적, 옛날 무기, 식민지 시대와 노예들의 생활상을 알 수 있는 유물 등이 있었다. 매우 두텁고 단단하고 높은 옹벽 형태의 방어벽을 따라 계단으로 올라가니 마치 넓은 옥상 같은 곳이 나오고 포가 군데군데 있다. 그곳 끝자락에서 앞을 내다보니, 파란 하늘 아래 아바나만의 말레콘 해안가, 아바나만의 푸른 물결, 건너편 항구가 어우러져 한없는 아름다움을 뿜어낸다. 이곳이 해적을 물리치는 전장의 역할을 했다는 것이 믿기지 않는 평화로움이 가득하다.

그런 감상을 비웃기라도 하듯, 갑자기 검은 구름이 하늘을 덮더니 곧바로 비가 억수같이 쏟아진다. 바로 전까지도 해가 쨍쨍했는데 어

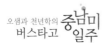

이가 없다. 빗줄기가 다소 가늘어질 때까지 몸을 피해 있다가 내려온 후 비도 오고 미끄러워서 등대 올라가는 것은 생략했다.

에스파냐와 미주를 잇는 교통 요충지로 쿠바가 부흥하자 프랑스, 영국 해적들이 많이 나타나 이들을 방어하기 위해 에스파냐가 1589년에서 1630년에 걸쳐 건설했다더니, 과연 요새 역할을 충실히 해낼 구조인 것 같았다.

어느새 비가 그쳐 우리는 모로성 바깥쪽 입구로 나와서도 바로 아래 시원시원한 녹색의 야자수 숲, 역시 그곳에서 내다보이는 말레콘 해안가, 아바나만의 아름다운 풍경에 취해 사진 셔터를 몇 번 누르고서야 돌아섰다. 어둡기 전에 트리니다드에 도착하려면 서둘러 길을 나서야 한다.

쿠바 국토의 중앙을 동서로 관통하는 고속도로는 손상된 곳도 있지만, 그런대로 갈 만하다. 고속도로변에는 사탕수수밭, 오렌지밭이 많고 가로수로 아카시아가 많다. 맑고 파란 하늘과 쭉쭉 뻗은 고속도로, 도로변의 녹색의 푸르름이 여유로운 풍경을 자아낸다. 그런데 쭉쭉 뻗은 고속도로에 다니는 차가 거의 없고 어쩌다 차 한 대가 지나간다. 고속도로에 거리 표지판은 있는데 이정표를 찾아 보기 어렵다.

어렵사리 헤밍웨이 박물관을 찾아갔는데 일요일이라서 문이 닫혀있고 문 안쪽에는 직원들이 모여 앉아 있다. 그런데 직원들마다 다르게 행동을 하는 것이다. 주차해야 하는 장소도 각각 의견이 다르다. 게다가 입장하려면 돈을 내라고 하면서 꽤 많은 돈을 요구하기도 하고, 안 된다고 하기도 하고. 입장해도 건물 안에는 못 들어간다고 해서 결국, 우리는 입장하는 것을 포기하고 트리니다드로 향했다. 시간을 보니 트리니다드까지 가기는 무리인 것 같아 오늘은 산타클라라까지만 이동하기로 했다. 예정에 없던 도시여서, 우리가 묵을 만한 숙소들을 가이드북에서 급하게 찾아보았다.

산타클라라에 도착하니 벌써 오후 6시쯤 되었는데 흙먼지가 날리면서 마차, 인력거가 많고 혼잡스러운 느낌이다. 급하게 찾아 종이에 적은 숙소를 가려면 어디로 가야 하나 하고 잠시 차를 멈추었는데, 어떤 청년이 주소를 보더니 자전거에 재빠르게 오르면서 길을 안내한다. 청년을 따라가는데 사람이 사는 동네인데도 불구하고 마치 폐가가 죽 들어차 있는 것 같은 동네를 돌아 돌아 계속 가는 것이다. 전체적으로 계획된 도시의 도로망이긴 한 것 같은데 거쳐 가는 동네 분위기가 죽은 도시 같다. 조금은 의심하면서 청년을 따라가다 보니 지금 지나왔던 동네와는 다른 안정된 분위기를 느끼게 하는 동네가 나온다. 고마운 마음에 우리가 찾는 숙소까지 데려다 준

청년에게 약간의 사례를 하고 돌려보냈다.

　그 숙소는 3층 아파트의 1층인데 스페인 식민지 때 지은 것인지 엄청 좋았다. 이 숙소를 올 때까지 보아 왔던 폐가 같은 집들과는 완전히 다른 서구의 집 구조였다. 천장이 높고 널찍한 방들, 또 욕실은 왜 그리 큰지. 모든 구조가 큼직큼직하다. 하얀 칠을 한 실내 분위기는 꽤 사는 집인 것 같았다. 그릇들도 유럽풍의 자기, 크리스털 잔, 액세서리, 그랜드 피아노, 손때 묻은 기타, 앞문이 모두 유리로 된 붙박이장 등. 손님을 맞이하는 노부부도 세련된 차림에 정중하면서 반갑게 맞이한다. 그런데 처음에는 주인아저씨가 우리의 여권도 꼼꼼히 확인하고 어떻게 우리 집에 오게 되었는지 등 몇 가지 물어볼 때까지는 주인이 꽤 까다롭다는 생각이 들었었다.

　노부부는 음악 애호가이시다. 딸이 피아노를 전공했단다. 오샘이 출반한 CD를 주니 좋아하시면서 계속 그 CD를 틀어놓고 주인아저씨는 저녁 준비를 하신다. 주인아저씨가 하신 요리로 저녁 식사를 한 후 노부부가 기타 연주를 하면서 노래를 부르는데 주인아주머니의 노래 솜씨가 예사롭지 않다. 서로 답가를 하면서 생각지도 않게 음악과 함께 하는 저녁을 보낼 수 있었다.

작은 음악회(?)를 끝내고 밖에 나갔다 와도 치안에 별문제가 없다고 해서 잠시 나왔는데, 이 거리는 아까 올 때와는 전혀 분위기가 다르다. 활기 넘치는 젊은이들의 거리다. 한 바퀴 둘러보고 들어왔는데 자동차 등의 소음 때문에 잠을 잘 수 없었다. 집 앞에 자동차를 주차시켰는데 이곳은 밤에 자동차 경비를 해주는 수고비를 주어야 한다.

예정에 없던 도시에서 생각지도 않은 흐뭇한 저녁을 보낸 하루였다. 산타클라라는 젊음이 넘치는 교육도시이고 볼리비아에서 온 체 게바라와 그의 부하들이 잠들어 있는 곳임을 나중에 알게 되어 안타까웠다. 미리 알았으면 좀 더 머물렀을 텐데.

09월 29일 (월)

• 노예들의 고된 삶의 흔적이 있는 트리니다드(Trinidad)

기간	도시명	교통편	소요시간	숙소	숙박비
09.29	트리니다드 ⋯ 아바나	렌트카	3시간 ⋯ 3시간 45분	Clara Aniuta	43.3cuc

산타클라라Santaclara 오전9:00 출발
⇒ 트리니다드 Trinidad 정오12시~오후
1:45 ⇒ 아바나Habana 오후4:30 도착

산타클라라에서 목적지인 트리니다드를 갔다가 다시 오늘 아바나까지 가야 한다. 가능하면 해 떨어지기 전에 아바나에 도착해야 숙소를 잡는 데 어려움을 덜 수 있을 것 같다. 친절한 주인 부부의 배웅을 받으며 오전 9시 트리니다드를 향해 출발하였다.

산타클라라 시내가 자동차, 마차, 인력거 등으로 도로가 꽉 찼다. 시내를 빠져나와 트리니다드로 가는 길을 찾는데, 이정표가 없어 헷갈린다. 부인과 아이들을 기다리게 하고 길 한쪽에서 자동차를 수리하던 남자가 선뜻 길을 가르쳐 주려고 우리 차를 타는 게 아닌가. 키도 매우 크고 풍채 좋은 젊은 흑인인데 인텔리 층인 것 같다. 영어도 매우 잘하고 예의가 바르다. 자동차로 거의 15분 거리까지 가르쳐 주고 내려서 돌아가는 게 아닌가. 그 친절한 젊은이가 어떻게 가족들이 기다리는 곳까지 갔는지 모르겠다.

지방도로를 달리는 기분이다. 티 없는 하늘, 드넓은 목장, 풀을 뜯고 있는 소들. 평화롭다. 선인장으로 나지막한 울타리를 한 집들, 맑고 연한 푸른 하늘, 짝지어 나르는 새들, 나비, 엷은 구름. 목가적인 풍경이다. 상체를 꼿꼿이 세우고 밀짚모자를 쓰고 말을 타고 가는 마부의 모습이 마치 서부극에서나 볼 수 있었던 멋진 카우보이 같다. 산길을 서서히 지나간다. 이렇게 말들이 어찌나 많이 다녔는지 길 한쪽 풀밭에 말이 다녀서 생긴 길이 나 있다. 사람들을 터질 듯이 태운 트럭으로 만든 버스, 마차 등이 뒤엉킨 거리가 있는 마을을 지나기도 한다.

산속으로 가는데 오가는 차가 없다. 소나무와 야자수들이 있는 산길은 파인 부분이 많고 길 상태가 좋지 않아 오샘은 운전하느라 애쓴다. 더구나 쿠바는 고속도로의 거리 표지 이외에는 모든 길이 이정표가 전혀 없어 갈림길만 나오면 헤매게 된다. 어떤 동네 입구에서 짐을 든 청년이 우리 차를 보고 손을 든다. 다행히 그 청년 덕분에 그 동네부터 트리니다드까지 어렵지 않게 갈 수 있었다.

낮 12시다. 주유소에서 차에 기름을 넣고 길도 확인하고 유네스코 문화유산으로 지정된 사탕수수밭을 감시하는 망루 있는 곳으로 향했다. 가는 길에 펼쳐지는 싱그런 녹색의 너른 들판이 마치 평사리 같다. 입구에 주택들이 몇 채 있는 망루 쪽으로 들어서니 한쪽으로는 빨랫줄에 빨래가 많이 걸려 있고 꼭대기에 피뢰침이 꽂혀 있는 탑처럼 보이는 망루가 높이 솟아 있다. 주변의 드넓은 사탕수수밭에서 땀 흘리며 일하는 노동자들을 저 높은 망루에서 날카롭게 감시하며 혹독하게 노동을 시켰을 농장주들의 비열한 모습을 상상하는 것만으로도 소름이 돋는다. 망루 옆에 기념품 판매점도 있는 조금 고급스러운 식당 한 곳이 있다. 아이러니컬하게도 식당에서 보이는 탁 트인 전망이 식사의 여유를 갖게 한다.

오후 1시 반쯤 망루가 있는 곳을 나와 다시 바로 전에 들렀던 주유소 쪽으로 나왔다. 스페인 식민지 시대 때 조성된 파란색 벽, 노란색 벽, 하얀색 벽 등 알록달록한 벽으로 된 나지막한 집들이 줄지어 있는 주택가들은 골목이 매우 넓다. 돌이 깔린 골목들이 대부분이다. 넓고 길게 뻗은 골목 위로 보송보송한 하얀 구름은 파란 하늘을 더 파랗게 보이게 한다. 파란 하늘 아래 콜로니얼풍의 예쁜 동네가 마치 동화나라 같다. 그런 동네에 마침 흰색 상의와 감색 하의교복을 입고 가방을 멘 학생들이 재잘거리며 하교하는 모습이 싱그럽다.

동네를 빠져나와 시엔푸에고스로 향하는데, 카리브 해변을 끼고 나 있는 길 한쪽은 대부분 사탕수수밭으로 녹색의 물결을 이루며 펼쳐진다. 아름다운 길이다. 잘 가던 중 갑자기 경찰이 우리 차를 세운다. 우리는 왜 세우는지 모르고 순간적으로 두려웠다. 경찰은 우리가 중간에 태워 준 현지인의 짐도 꼼꼼하게 확인하고 검문을 철저히 하더니 현지인을 내리게 한다.

아름다운 카리브해 해변가에 들판을 끼고 나 있는 이 아스팔트 도로 옆으로도 말을 탄 모습이 멋져 보이는 마부가 유유히 지나간다.

이곳 역시 말이 다녀서 생긴 길이 있다. 부드러운 녹색의 솜털이 덮인 목장, 느긋하게 거닐고 있는 소들, 멋진 몸매를 뽐내고 서 있는 말들, 넓디넓은 사탕수수밭들, 바나나밭들, 구름과 야자수가 넓은 목초지 위에 펼쳐진 하늘에 그려진 그림 등 목가적인 풍경이 파노라마로 끝없이 펼쳐진다. 사람들을 태운 트럭만이 어쩌다 지나가고 물자를 실은 수송 차량은 보이지 않는다. 귀여운 모습으로 열심히 달려가는 아토스가 가끔 눈에 띈다. 그렇게 반가울 수가 없다.

이 길이 산타클라라에서 트리니다드로 가는 길에 비해 거리는 먼데도 불구하고 평지이고 도로 상태도 훨씬 좋아, 예상보다 빠른 오후 4시 고속도로에 진입할 수 있었다. 고속도로변에 유일하게 있는 휴게소에 가니 한 건물은 전면 유리문부터 거의 모든 곳에 체 게바라의 모습이 있는 기들이 걸려 있다.

바쁜 마음에 속도를 내어 아바나에 도착하니 오후 5시 30분. 역시 매연에 둘러싸인다. 우리가 처음에 찾던 숙소는 주인이 없어 다른 숙소를 찾아가는데, 동네 초등학교 정도인 남자아이의 도움을 받아 말레콘 해안가 아파트 카사(casa)에 숙소를 정했다.

우리의 숙소가 있는 이 아파트가 잘사는 사람들이 거주하는 곳인 것 같다. 스페인 식민지 때 지어진 이 아파트 건물은 들어서자마자 보이는 기둥, 계단, 천장 등이 품위 있고 견고해 보인다. 우리 숙소도 구조들이 모두 널찍하다. 시설물들이 오래되고 가구들은 허름하지만 나름대로 잘 꾸며 놓고 사는 것 같았다. 베란다에서 바다도 내다보이고 서울이라면 이 아파트는 매우 비쌀 것 같다는 생각을 하니 웃음이 난다. 이 숙소에서도 여행객인 우리의 여권을 철저히 관리한다. 길 건너편에 병원이 있는데 간호원들이 간호원 복장을 하고 출퇴근을 하고 있다.

저녁을 먹으러 병원을 지나서 숙소 주인이 가르쳐 준 24시간 운영하는 식당으로 갔다. 식당도 국영인지는 모르겠는데 종업원들 복장이 학생들 교복처럼 상의는 흰색, 하의는 감색이다. 마치 제복 같다. 오늘이 쿠바에서의 마지막 밤이어서 우리는 말레콘 해변으로 향했다. 해안도로를 달리는 올드카, 해안에 나와 담소하는 사람들, 이야기꽃을 피우고 있는 가족들과 함께 해변에 부는 시원한 바닷바람을 온몸으로 한껏 받아들이며 매력적인 아바나의 여정을 마무리하였다.

09월 30일 (화)

• 무리하게 간 체투말(Chetuma)

기간	도시명	교통편	소요시간	숙소	숙박비
09.30	칸쿤 ⋯› 채투말	비행기 ⋯› 버스(ADO)	1시간 10분 ⋯› 7시간 10분	–	350페소

아바나Habana (쿠바) 오후12:40 출발 ⇒
칸쿤Cancun 오후2:30 ~ 오후3:20 ⇒ 체
투말Chetumal 오후10:30 도착

오늘은 쿠바에서 멕시코의 칸쿤으로 가서 쉬기로 했다. 렌터카를 반납하고 아바나 공항에서 칸쿤 공항으로 와서 시내로 들어온 후 내일 체투말 가는 ADO 버스 시간을 확인하기 위해 버스 터미널로 갔다.

어떤 사람이 오샘에게 말을 건넸는데 우연히 체투말에 가는 사람이었다. 그 사람이 20분 후인 오후 3시 20분에 체투말 가는 버스가 있다는 것이다. 돈이 없는데 우리는 갑자기 20분 후에 떠나는 버스를 타기로 해, 환전해서 표를 구입하고 점심으로 빵을 사들고 겨우 버스에 오를 수 있었다.

7시 30분쯤이면 도착할 줄 알았는데 예상했던 것보다 매우 늦은 밤 10시 30분에 체투말에 도착했는데 우리가 소요 시간을 잘못 계산한 것이다. 이 늦은 시간에 예정에 없던 숙소를 구해야 하는데 다행히 이 시간에 터미널에 안내소가 열려 있다. 친절히 안내하는 아가씨의 소개로 겨우 숙소를 구할 수 있었다.

제대로 계산해서 멕시코 돈이 남지 않게 환전한다는 것이 다소 부족하게 환전했나 보다. 저녁값이 부족한데 이 주변에 늦은 시각에

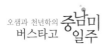

카드로 저녁을 먹을 만한 곳도 없다. 밤이 더 늦기 전에 환전하기 위해 숙소 여주인한테 물어보는데 말도 전혀 안 통하고 눈치도 없고 융통성도 전혀 없어 보였는데 아마 서로 소통할 수 있는 언어가 부족해서 일 수 있다는 생각이 든다.

할 수 없이 버스터미널에 가니 친절한 안내원이 아직 있다. 역시 그 안내하는 아가씨가 친절하게 안내해 주어, 터미널 창구에서 환전한 돈으로 터미널 앞에서 밤 12시쯤 늦은 저녁을 먹을 수 있었다. 그 안내원에게 내일 벨리즈시티 가는 버스를 물어보니 ADO 버스는 우리가 타기에는 이른 시각이라 무리일 것 같고, 싼 버스를 타는 수밖에 없을 것 같다. 어떻게 지나간 하루인지 모르겠다. 늦고 피곤하지만 밀린 빨래를 하고 빨래 말리느라 선풍기까지 틀어 놓고 잠을 자려니 선잠을 자는 것 같다.

10월 01일 (수)

• 카리브해안에 빠져들다

기간	도시명	교통편	소요시간	숙소	숙박비
10.01	벨리즈시티	버스(local)	4시간 10분	Smokin' Batan Guest House	43.6Bz$

체투말 Chetumal 오전9:00 출발 ⇒ 국경 오전9:30~오전9:44 ⇒ 벨리즈시티 Belizecity 오후1:10(현지 시간 오후 12:10) 도착

체투말에서 벨리즈의 옛 수도 인 벨리즈시티로 가는 아침 9시. 국제버스 정류장으로 가는데, 새 벽시장이 활기차다. 국제버스는 완행인데 낡은 편이고 버스의 길 이가 매우 길다. 출발 시각이 가 까워지니 어느새 그 많은 좌석이 거의 다 찼다. 출발 30분 후 멕시 코 국경에 도착하여 벨리즈 국경에서 입국서류 작성으로 간단히 비

자 발급 절차를 밟는데도 25분이나 걸려 우리 때문에 버스의 다른 손님들을 기다리게 해서 미안했다.

이름도 몰랐던 벨리즈라는 국가였는데 버스 안에서 만나는 벨리즈사람들을 보니 그들에게 친근감이 느껴진다. 버스의 손님들은 벨리즈인들이 많다. 완행버스라 버스는 손님이 있는 곳마다 정차하고, 또 가면서 손님을 계속 내려 주면서 거의 60명분의 좌석이 있는 기다란 버스에 남녀노소가 꽉 차서 간다. 벨리즈 인구가 25만 명이라는데 이 버스에 탄 손님만 해도 총인구의 몇 분의 일은 되는 것 같다. 네다섯 살쯤 된 꼬마 아이들은 버스 안에서 영어를 배운다고 엄마와 영어 발음을 하면서 재잘거리고. 중간중간 정류장에서 타는 손님들 중에 아기를 안고 타는 까맣고 윤기 있는 피부의 세련된 티셔츠를 입은 젊은 부부나 아가씨들 모두 매우 예쁘다. 신형 휴대전화, 선글라스들을 모두 착용하고, 더운데도 스타킹까지 신고 세련된 옷차림을 한 멋쟁이들이다.

영국 식민지 시대 때의 주택이라 그런지 시골 농촌들도 널찍한 집이고, 비교적 풍요로워 보이고 목초지가 펼쳐진 목장들이 여유롭게 보인다. 한국타이어의 간판이 반갑다. 벨리즈시티의 국제버스터미널에 도착하니 말로만 듣던 험상궂은 흑인들이 버스터미널은 물론 길 도처 여기저기에 있는데, 낮인데도 조금은 무서웠다.

숙소의 여주인은 매우 서글서글하고 친절하다. 영국 식민지였기 때문인지 숙박비를 지불하면서 돌려받은 Bz$(벨리즈 화폐단위)에 영국 엘리자베스 여왕 얼굴이 그려져 있다.

초등학교 2, 3학년쯤 된 눈이 빤짝빤짝하는 남학생이 땡볕에 땀을 뻘뻘 흘리면서 하교하는 모습이 귀엽다. 둘러 멘 책가방이 유난히 커 보인다. 초등학교 건물이나 운동장, 구기 시설물들이 훌륭하고 경찰이 학교 앞에 상주해서 교문지도를 하고 학교 앞에 와서 기다리는 부모들도 많다. 자식에 대한 부모들의 열성은 어느 나라나 똑같다. 학생들의 명랑하고 활달한 모습으로 운동장에서 활기 있게 뛰어 노는 학생들을 보니 벨리즈의 장래가 매우 밝아 보인다.

과테말라의 티칼로 가는 버스가 있는 벨리즈 마린 버스터미널은 노선이 적어서 그런지 규모가 작은 편이다. 내일 티칼로 가는 버스표를 구입하는데 USD도 받는다.

벨리즈시티를 남북으로 가르는 카리브 해안의 Haulover Creek에 있는 Swing Bridge를 건너 바닷가 쪽으로 가니 맑고 투명하게 파란

카리브해가 저 멀리 동그스름한 수평선을 그려내고 있다. 따가운 햇살을 받은 은빛 물결이 파란 수면을 수놓고 있다. 더불어 온 세상이 조용하고 깨끗해진 듯한 느낌이다. 어느새 벨리즈시티에 도착할 때 느꼈던 불쾌한 감정은 사라지고 마음이 여유로워졌다. 도시가 카리브해 연안에 위치해 있어서인지 주위의 초목들이 윤기가 흐르고 싱그럽다. 영국 식민지 때의 수도답게 잘 조성된 거리를 따라 파란 잔디와 풋풋한 녹색의 나무들로 이루어진 공원들, 식민지 때 지어진 첫 최고재판소, 역사박물관, 중미에서 가장 오래된 붉은 벽돌의 고풍스러운 St. John's Anglican Cathedral, The House of Culture 등이 아름답게 자리하고 있다. 아름다운 총독관저는 입장불가가 아쉽다. 이 거리를 따라 거닐다 보니 카리브 해안도로가 나온다. 한낮의 햇살에 카리브해는 더욱 화사한 옥빛을 발한다. 옥빛인가 했더니 더욱 짙은 초록이 드러나기도 한다. 아무도 없는 한가롭고 조용한 바다에 빛의 마술이 유감없이 펼쳐진 광경에 나도 모르게 우리 둘만의 세상속으로 빠져들고 있었다.

정신을 차려 다른 거리로 가니 도로 포장공사 중이라 뿌옇게 일어나는 흙먼지가 땡볕에 사람을 더욱 무덥게 느끼게 한다. 아쉬움을 뒤로 하고 안쪽으로 들어오니 상가들이 있다. 옛 수도였던 벨리즈시티는 아직도 경제 중심지인 것 같다. 이곳 역시 상권을 중국인들이 많이 쥐고 있는 것 같았다. 우리 한국인이 운영하던 것처럼 보인 가

게는 문이 굳게 닫혀 있다. 마침 선글라스를 파는 중국인 가게가 있어 선글라스를 9USD에 샀다.

카리브 해안의 Haulover Creek에 위치한 숙소에 돌아와 바닷물에 휩쓸려 온 게들이 숙소 하수구까지 왔다 갔다 하는 모습을 보니 자연 환경이 살아 숨쉰다는 느낌이 든다.

모처럼 세탁소에서 한 무더기 빨래를 하니 내 가슴 속이 개운한 느낌이다. 이렇게 빨래한 보람도 없이 오후 6시쯤 비가 쏟아지기 시작한다. 우기(雨期)라서 저녁 6시면 상가들이 모두 문을 닫는다고 한다. 저녁 생각은 없었지만, 중국 식당을 가기로 하고 캄캄하고 비 오는데도 불구하고 숙소 밖으로 나왔는데 상가들이 모두 문이 닫혀 있고, 불빛이 환하게 밝혀져 있는 가게도 문 전체가 철망으로 막혀 있고 손만 드나들 수 있는 구멍만 있다. 주룩주룩 비가 오는데도 길에 노숙자들이 여기저기 쭈그리고 앉아 있어 겁이 났다. 다행히 중국식당은 열려 있있고 음식을 사서 싸 들고 가는 손님들도 많다. 비 오는 날 중국식당에서 따끈한 우롱차를 공짜로 주는데 저녁 내내 우울했던 기분이 사르르 사라진다.

그런데 저녁을 먹은 후 자려고 숙소로 돌아왔을 때 평일인데도 숙소 건너편 당구장에서 시끄러운 소리가 들려 잠을 잘 수가 없다.

10월 02일 (목)

• 과테말라(Guatemala)의 마야유적지 티칼(Tikal)에 가다

기간	도시명	교통편	소요시간	숙소	숙박비
10.02	티칼	버스(local)	5시간 45분	현지인 민박	120Q

벨리즈시티Belizecity 오전 9:45 출발 ⇒ 국경 Benque Viejo del Carmen 오전 11:15~정오12:00⇒티칼Tikal 오후 3:30 도착

국제버스 정류장 건너편에 역시 기념품 판매도 하는 중국식당이 있어 아침은 그곳에서 샌드위치로 해결했다. 벨리즈 방문 기념이 될 만하고 짐이 되지 않는 기념품이 없어, 할 수 없이 열쇠고리와 일서 티셔츠로 위안을 삼았다. 왠지 모르게 정이 가는 벨리즈를 떠나야 할 시간이 다가온다. 거리의 노숙자들을 제외하고 우리가 만난 벨리즈인들은 모두 매우 친절했다. 지구 반대편 세상, 또 세상의 구

석 구석에 있는 서로 전혀 모르는 사람들끼리도 쉽게 연대감을 갖게 되고 스스럼없이 소통한다는 것이 사람에 대한 애정을 느끼게 하는 것 같다.

과테말라의 티칼 행 버스가 있는 이 버스 터미널은 노선이 적어서 그런지 규모가 작은 편이다. 오전 9시 45분 출발하는 완행 국제버스 는 겉모습은 멀쩡해 보이는데 에어컨도 안 들어오고 창문도 여닫이 가 안 되고 안전벨트도 고장이다.

벨리즈시티에서 남서쪽으로 80km, 벨리즈강 중류에 위치한 벨리 즈의 현재 수도인 벨모판을 거쳐 가는데 집들도 반듯하고 깨끗해 보 이고 거리도 번성해 보인다. 벨모판을 지나 국경까지 가는데 도로 양쪽으로 늪지대가 계속된다.

국경 Benque Viejo del Carmen에 오전 11시 15분에 도착하였다. 버스가 도착하니 버스정류장 주변의 채소나 과일가게들, 노점상들, 노점식당들이 북적인다. 우리도 간단히 점심을 때우고 과테말라로 향해 12시 출발하였다.

밀림지대를 싯누런 황토물이 거침없이 흐르는 다리 위를 건너니 과테말라이다. 비포장도로도 있고 포장도로도 대부분 패어 있어, 운 전기사가 곡예운전을 한다. 우리가 탄 버스가 티칼까지 곧장 가는 줄 알았는데 티칼로 가는 중간 갈림길에서 우리 버스기사는 그곳에 있던 봉고차와 가격 흥정이 제대로 안 되었는지, 다시 버스를 운전 해 가다가 다른 봉고차와 가격 흥정을 하여 다른 가족 3명과 우리를 그 봉고차에 옮겨 타게 하였다.

봉고차로 티칼로 향하는데 국립공원 가까이 가니 쨍쨍 내리쬐던 햇볕이 다시 무서운 빗줄기로 변한다. 국립공원 안으로 들어갈 때 도 계속 비가 쏟아져 오늘 마야 유적 탐방은 틀렸다. 너무 많은 비

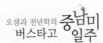

가 내려 공원 안의 숙소를 정하려니 호텔비가 비싸 다시 공원 밖으로 한참을 나와 첫 동네에서 숙소를 정했다. 동네 거의가 식당 아니면 숙소들이다.

그런데 공원에서 다시 돌아 나오는 사이 어느새 무섭게 쏟아지던 비가 그친 게 아닌가. 나중에 알고 보니 거의 매일 이 시간에 공원 안은 비가 자주 내리는 것 같았다. 티칼 국립공원 갈 때는 아니었지만, 그동안 여행 중 비가 자주 왔는데 묘하게 비를 피하면서 다닌 것 같다.

봉고차의 운전기사 소개로 숙소를 정하고 바깥에 나왔는데, 어떤 남자가 우리에게 오라고 하더니 내일 티칼 마야 유적지 관광에 대한 이야기를 꺼낸다. 유창한 영어 솜씨이다. 그곳에서 여행사를 운영하는 사람인 것이다. 우리가 타고 온 봉고차와도 관계되고 우리가 묵는 숙소는 그의 부모 집인 것이다. 반신반의하면서도 내일 티칼 마야 유적 관광은 결국 그의 안내로 하게 되었다. 내일 새벽 4시에 출발하기로 하였다. 준비물은 플래시, 우비, 간단히 먹을 수 있는 아침거리와 발이 편한 신발이다. 거의 매일 오후 2시에서 4시 사이에는 비가 와서 덥기 전인 새벽에 관광을 시작하는 것 같다.

어둑어둑한데 저녁 먹을 만한 곳이 없다. 길가 식당들이 메뉴도 없고 말이 전혀 통하지 않는다. 할 수 없이 호텔 쪽으로 가니 레스토랑이 있다. 레스토랑 안으로 들어가니 거울같이 맑고 바다같이 넓은 호숫가에 녹색의 싱그런 정원을 아주 잘 꾸며 놓았다. 이 호수가 과테말라에서 가장 큰 호수라고 한다. 실망스럽게도 음식이 짜지만 그래도 모처럼 시원한 로컬 맥주로 피로를 푼다. 주위는 컴컴한데 구멍가게가 하나 열려 있어 아쉬운 대로 내일 아침 대용으로 물, 바나나 몇 개와 비스킷을 준비할 수 있었다.

밤새 또 무섭게 비가 쏟아진다. 내일 새벽 관광은 못하는 것이 아

닐까. 하는 생각에, 또 모기향을 켜 놓은 후덥지근하고 습한 공기로
잠을 설쳤다.

10월 03일 (금)

• 정글 속에 핀 찬란한 마야 문명

기간	도시명	교통편	소요시간	숙소	숙박비
10.03	티칼	봉고차	3시간 (왕복)	현지인 민박	50Q

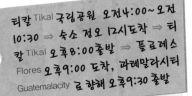

티칼 Tikal 국립공원 오전4:00~오전
10:30 ⇒ 숙소 정오 12시도착 ⇒ 티
칼 Tikal 오후8:00출발 ⇒ 플로레스
Flores 오후9:00 도착, 과테말라시티
Guatemalacity 로 향해 오후9:30 출발

새벽 3시 주인의 노크 소리에
티칼 마야 유적 관광이 시작되었
다. 여행사 사장이 어제 우리가
탔던 봉고 운전기사와 함께 봉고
차로 숙소 앞에 대기하고 있다.

국립공원에 들어가니 깜깜해서
사람 형상만 겨우 확인되는데 여기저기서 모여들면서 약 50명은 되
는 것 같다. 여행사 사장이 오늘 관광의 총 책임자인 것 같다. 그의
지시에 따라 가이드 3명과 함께 3팀으로 나뉘어 플래시를 비추면서
정글 속으로 계속 올라간다.

우선 해돋이를 보기 위해 정글산을 올라가 신전에 도착하여 신전
의 계단에 앉아 아래에 보이는 주변 정글 숲을 둘러보니 여명이 서서
히 밝아오면서 적막한데 여기저기서 새소리만 들리고 하늘에 더 가까
이 다가간 기분이다. 뭔가 형용할 수 없는 신비한 분위기에 휩싸여 마

오샘과 천년학의 **중남미**
버스타고 **일주**

술에 걸린 것 같다. 50여 명이나 모여 있는데도 주위가 고요하다. 모두 숨을 멈춘 듯하다. 해가 보이는 듯하다 가려지기도 하고 또 해의 둥그런 모습이 완전해지다가 또 가려지기도 하면서 선뜻 나서지 않고 신비함을 더한다. 그 옛날에 마야인들도 이곳에서 이렇게 자연에 겸손해질 수 있는, 이와 같은 분위기를 경험했을 것이라는 생각이 든다.

정글인 국립공원 안으로 계속 들어가는데 인간 세상과는 완전히 차단된 것 같다. 마야인들은 기원전부터 열대우림이 빽빽한 습하고 척박한 이런 곳에 자리 잡고 우수한 천문학, 수학 지식이 드러나는 수많은 건축물을 세우고 돌에 조각한 솜씨 등 3C에서 9C에는 인구가 수만 명이 넘는 거대한 도시국가를 형성하면서 찬란한 문명을 꽃피웠다니 감탄스럽다. 이런 마야인들도, 찬란한 문명도 10C경 갑자기 사라졌다는 것이 이해되지 않는다.

우리 가이드는 국립공원 내의 여러 동식물들의 특징들을 설명해 주고 확인해 주는데, 우리 가이드가 너무 열심히 설명하니까 모두들 나중에는 지루한가 보다.

　길을 잃을 수 있을 정도로 엄청나게 넓고 **빽빽한** 정글 위로 경사
가 매우 가파르게 돌로 높이 쌓은 신전들이 쭉쭉 솟아 있다. 마치
마천루처럼 보인다. 멕시코의 여러 마야 유적지에서 보았던 신전들
과는 형태가 완전히 다르다. 어떻게 이런 신전들이 지어질 수 있을
까. 신전의 이름을 1호 신전, 2호 신전으로 구별하였다. 이렇게 우
수한 천문, 수학 지식을 최대한 활용하고 지극한 정성으로 만들었을
돌로 된 신전들이 나무에 의해 무자비하게 훼손된 모습을 보니 감히
자연을 능가할 수 없는 것이 인간의 한계인 것 같았다.
　열대 우림의 정글 안에서 숲의 진한 나무 향, 흙 내음이 밴 공기가
온몸을 휘감고 가끔 나뭇잎 사이로 비치는 햇살을 받아들이기도 하
고, 공기를 한층 더 맑게 느끼게끔 하는 이름 모르는 새소리, 동물
소리를 들으며 마야인들의 흔적을 열심히 뒤쫓아 갔다. 하지만 이곳
에서 현재 우리가 접해볼 수 있는 마야인의 흔적은 극히 일부에 해
당한단다. 4호 신전에서는 윗부분에 올라갈 수 있게 신전 가장자리
에 가파르게 계단을 만들어 놓았는데 우리는 다음 신전에서도 기회
가 있겠지 하고 올라가지 않았다. 그런데 이 다음에는 4호 신전처럼

높게 올라가 볼 수 있는 기회가 없어 아쉬웠다.

　이 도시의 중심지인 그랜드 플라자로 갔다. 1, 2호 신전이 마주 보고 있고 이 신전들을 중심으로 왕궁, 귀족들의 주거지, 행사장으로 쓰였던 넓은 잔디밭 등이 있다. 여기저기 돌에 조각해 놓은 솜씨가 역시 뛰어나다. 마치 우리가 마야인인 양 이곳저곳 오르내리기도 하고 왔다 갔다 거닐어 보기도 했다. 이 플라자를 마지막으로 일정을 끝내니 오전 10시 30분이였는데 숙소에 오니 12시가 다 되었다. 운전기사는 오늘 저녁 8시에 오겠다고 하고 떠났다. 먹을 곳이 마땅치 않아 어제 갔던 호텔에서 점심, 저녁을 모두 해결하기로 했다. 아침에 국립공원에 갔을 때만 해도 또 어제 이 호텔에서 호수를 봤을 때도 생각 못했는데 지금 호수를 바라보니 문득 이 호수가 적으로부터 마야인들을 보호하는 해자 역할을 하지 않았을까 하는 생각이 든다. 티칼지역 자체가 모두 다습한 열대우림의 밀림지역인 데다 마야인들이 거대한 도시국가를 건설했던 국립공원 지역은 약간 고지대이고 이 호수를 중심으로 주변이 저지대인 것이다.

저녁 식사 전에 호수 주변을 따라 계속 걷다 보니 풍경이 너무 아름답다. 물색을 띤 호숫가의 풀밭에서 말이 풀을 뜯고 중간중간 호텔 앞 호수에 살짝 걸쳐 놓은 나무다리가 운치를 더하고, 해는 호수 서쪽 하늘에 드리워져 평온한 아름다움이 가득하다. 호수 바닥이 하얀 걸 보니 물은 석회질 성분이 있는가 보다. 호수 주변을 따라 드러나 있는 길가에는 대만과 합작한 회사도 있고 숙소들이 꽤 있다.

저녁 식사 후 우리 숙소의 친절한 노부부의 배웅을 받으며 8시 출발하여 프로레스에 9시 도착하였다. 어제부터 계속 우리와 함께한 봉고 기사와 아쉬운 작별 인사를 나누었다. 오후 9시 30분에 과테말라의 수도인 과테말라시티로 향해 출발하였다. 버스에 오르고 나니 또 비가 온다. 비가 제법 온다.

10월 04일 (토)

• 긴장의 도시 과테말라시티(Guatemalacity)
  아름다운 도시 안티구아(Antigua)

기간	도시명	교통편	소요시간	숙소	숙박비
10.04	과테말라시티 ⇔ 안티구아	버스(flores) ⇔ 택시	11시간 40분 … 왕복 1시간 40분	Fenix Hotel	12USD

과테말라시티 Guatemalacity 도착 및 시
내 관광 오전8:10 도착~오후2:30 ⇒ 안
티구아 Antigua로 오후3:10 출발 ⇒ 안티
구아 Antigua 오후4:00~4:00 ⇒ 과테
말라시티 Guatemalacity 오후4:40 도착

어젯밤 9시 30분에 탄 버스는 구운 바나나와 음료수도 주고 해서 편히 갈 수 있는 차인가 보다 했더니, 좌석이 화장실 바로 앞이라 냄새가 어찌나 나던지 자리를 옮겼다. 그런데 옮긴 자리는 창문에 비가 새서 가방이 젖는다. 출발한 지 얼마 안 되어서부터 시동이 꺼지기도 하고 문제가 생기기 시작하더니, 결국 중간에 다른 버스가 와서 갈아탔다. 좌석이 부족해 오샘과 곽 교수님은 서서 가고 나는 그나마 등받이도 없는 나무로 된 작은 보조의자에 앉아서 가야만 했다. 처음에 탔던 버스가 고장 때문에 시간이 지체되어서 그런지 갈아탄 버스는 위험한 광경을 연출하면서 과속으로 달린다. 원래 새벽 5시 30분 도착해야 하는데 8시 10분에야 과테말라시티에 도착하였다. 흔들리는 버스에 밤새도록 오샘은 계속 서서 온 것이다.

버스 터미널에 도착하자마자 숙소를 찾는데 영국에서 왔다는 젊은 남녀 여행객이 나침반을 이용해 숙소 위치를 잘 가르쳐 주었다. 그들이 가르쳐 준 대로 숙소 근처에 가서 다시 다른 사람에게 물어보았는데 잘못 가르쳐 주어 배낭을 메고 좀 헤매는 바람에 숙소에

도착했을 때는 이래저래 지쳤다. 밤새 버스에 시달려 오느라 잠도 못 자고 피곤하지만 토요일이라 환전도 해야 하고 멕시코로 올 때 비행기에서 만났던 과테말라시티에 사신다는 교민을 만나 정보도 얻을 겸 계속 움직였다.

거리에 험상궂은 인상의 사람들, 거지들도 많았지만 염두에 두지 않고 조심하면서 은행에서 환전도 하고 식당에 가서 아침을 먹고 택시로 교민에게 갔다. 상가가 있어서인지 거리가 매우 혼잡하다. 교민이 있는 상가 건물은 99% 한국인이 도매상을 하는 곳이란다. 마치 평화시장 의류상가 같다. 교민이 소개한 다른 교민으로부터 해발 1,500m에 위치한 과테말라시티는 온대성 기후로 1년 내내 사람 살기 좋은 기후를 지닌 도시라는 소개부터 여러 가지 정보를 친절하고 상세하게 얻을 수 있었고 커피까지 대접받았다. 강조하시는 말씀이 걸어 다니지 말고 이동은 항상 콜택시로 하고 택시 번호도 알아 놓으라고 당부하신다. 그러고 보니 과테말라시티에 와서 본 건물들에는 거의 총을 든 경비들이 있었다.

그 건물 맨 위층에 한국인 젊은 부부가 운영하는 식당이 있어 오랜만에 찌개를 먹을 수 있었다. 물론 오샘은 외국에서 오샘의 십전

대보탕에 해당하는 김치찌개를 먹었다. 식당의 젊은 부부도 강조를 한다. 그분들도 이곳에서 그분들이 사는 구역 이외에서는 한 번도 걸어서 이동한 적이 없다면서 꼭 콜택시로 다니라는 것이다. 괴한들이 버스도 마구잡이로 세워서 습격한다는 것이다. 이분들을 만나고 나니 도저히 과테말라시티 시내를 못 다닐 것 같다.

1839년 과테말라의 수도가 된 후 '작은 파리'로 불렸다는 이곳을 마음대로 다닐 수 없다는 것이 안타까웠다. 오샘과 곽 교수님 사이에 밀착하여 나는 종종걸음으로 다녔다. 센트럴 파크에 가니 인상 험악한 사람들만 있어, 곧바로 성당으로 가서 사진 한 컷 얼른 찍었다. 성당 앞 도로에 노천 상가들이 늘어서 있는데 빠른 걸음으로 지나쳐 올 수밖에 없었다. 결국 한국인 상가부터 숙소 사이에 가 볼 수 있는 곳만 바삐 다녀온 셈이다. 숙소에 오니 오후 2시 반이다.

그냥 있기 아까워 일정을 당겨 안티구아에 갔다 오기로 하였다. 안티구아는 옛날 수도인데 지진이 18차례나 일어나 과테말라시티로 수도를 옮겼단다. 치안이 불안하여 버스는 엄두를 못 내고, 아까워도 할 수 없이 택시 대절해서 갔다 오는 수밖에. 택시로 1시간 거리란다. 곽 교수님은 가시지 않고 우리만 가기로 했다. 400깨찰에 갔다 오고 안티쿠아에서 1시간 대기해 주는 조건으로 숙소 주인이 알선한 콜택시를 이용했다.

토요일이라 그런지 원래 그런 건지 거리가 매우 복잡하고 시장이 있고 상가들도 많고 북적인다. 이곳에 와서 그동안 다닌 거리 광경을 보아서는 왜 그렇게 범죄가 많이 발생하는 건지 모르겠다. 모든 가게들은 철창으로 다 가려져 있고 건물마다 총 들고 경비들이 서 있다.

외곽 쪽으로 어느 정도 벗어나니 다른 분위기가 다가온다. 건물들

이 페인트칠도 잘 되어 있고 지금 바로 전 도시 모습을 보았을 때는 전혀 상상할 수 없는 분위기인 마을인 것이다. 안티구아에 들어오니 '판타지아'다. 눈이 휘둥그레지고 오전 중의 긴장이 풀린다. 아담하고 철창무늬와 구조도 건물에 맞게 세련되고 계속 붙어서 이어져 있는 건물마다 특색이 있다. 물론 도로 바닥은 돌 박은 바닥이고 호텔, 상가, 식당들이 고풍스럽게 꾸며져 어우러진 콜로니얼풍의 분위기는 역시 세계문화유산으로 등록될 만하구나 하는 생각이 든다. 하지만, 꼭 이런 찰나에 문제가 생긴다. 사진기 배터리가 부족하여 사진 2컷밖에 찍을 수 없어 아쉬웠다. 이 아름다운 안티구아를 사진으로 남기지 못해 또 올 수도 없고. 우리 눈과 마음에 가득 담아 갈 수밖에 없다.

토요일이라 그런지 성당마다 결혼식이 거행되고 있다. 지진에 의해 파괴된 카테드랄에 입장료로 2명이 3깨찰을 내고 들어갔다. 결혼식이 진행되고 있는 화려한 조각을 한 본당 쪽만 복구되고 나머

지 공간은 복구되지 않아 파괴된 건물 잔해가 여기저기 그대로 있는데 그 규모가 엄청나게 크다. 굉장한 건축물이었던 것 같다. 그 잔해물 중간중간에서 초중고생들 몇 팀이 현장학습인지 진지하게 수업을 받고 있는 게 아닌가. 어디서든 이런 아이들을 보면 흐뭇하고 믿음직스럽게 보인다. 카테드랄 주변의 고풍스러운 대학 건물, 총독부 건물, 박물관 등을 둘러보기에 1시간이 너무 짧다. 물론 안티구아 화산도 가보지 못했다. 되돌아오는데 너무 아쉬웠다. 에스토니아의 동화 같은 분위기의 탈린과는 또 다른 아름다운 도시였다.

과테말라시티에 돌아와 역시 무서워서 저녁을 숙소 건너편에 있는, 시끄럽지만 가까운 식당에서 해결할 수밖에 없었다. 스페인 식민지 때의 화강암으로 건축된 숙소가 겉보기에는 멀쩡한데 내부는 어둡고 더운물도 저녁에 아주 잠깐만 주기 때문에 추워서 샤워도 개운하게 못하고 여행의 피로가 오히려 쌓이는 것 같다.

10월 05일 (일)

• 하루 종일 버스에서 살다

기간	도시명	교통편	소요시간	숙소	숙박비
10.05 ~ 10.06	산살바도르 ···➔ 테구시갈파	버스 (pullman)	4시간 15분 ···➔ 7시간 15분	Hotel Iberia	440L

과테말라시티 Guatemalacity 오전8:30 출발 ➔ 국경 Vallei Nueveo 오전10:44~오후12:44 ➔ 산살바도르 San Salvador (엘살바도르) 오후1:44~2:30 ➔ 테구시갈파 Tegucigalpa (온두라스) 오후9:00도착

오전 7시에 출발하는 산살바도르로 향하는 버스를 타기 위해 잠을 설치며 홀리데이인 호텔로 갔는데 8시 30분에 출발이란다. 이곳의 교민들이 겁을 주어, 안전한 버스라고 생각되는 홀리데이인 호텔 앞에서 출발하는 Pullman을 타기로 한 것이다. 버스 매표소가 호텔 내에 있다. 버스가 산살바도르까지만 가는 줄 알았는데 표를 살 때 온두라스의 테구시갈파까지 간다는 것을 알고 테구시갈파까

지 가는 표를 샀다. 버스가 2층 버스인데 시설이 매우 럭셔리하다. 배낭여행객에게는 너무 과분한 것 같다. 승객들도 어제 보았던 보통의 시민들과는 옷차림부터 달라 보였다. 숙소에서 홀리데이인 호텔 쪽으로 오니 거리도 우리가 묵었던 숙소 근처와 달리 넓고 깨끗하고 험악한 인상의 사람들도 거지들도 없고 고급 주택들이 많다. 역시 빈부차가 매우 큰 것 같다. 버스에서의 서비스도 매우 훌륭하다. 키 크고 세련된 호감이 가는 남자 차장이 항상 부드러운 미소로 서비스를 완벽하게 한다. 음료수, 아침 식사, 커피, 사탕을 차례대로 제공한다. 국경 Vallei Nuevo를 통과할 때는 차장이 여권을 모두 거두어 일괄 처리해 준다.

국경에는 개인 환전상들이 달리는 버스에 매달리며 환전하라고 몰려든다. 엘살바도르 국경에 들어서니 전봇대 아래쪽, 가이드라인 등 길가의 기둥들은 모두 엘살바도르 국기인 파랑, 하양, 빨강의 3색이

칠해져 있다. 집들은 돌들을 얹어 날아가지 않게 한 양철지붕들이 납작납작한 것으로 보아 비는 많이 오지 않는 것 같다. 과테말라는 모두 철창들을 달아 놓고 가게에서는 사람 손만 드나들 수 있는 구멍으로 물건을 사고팔게 되어 있는데 이곳은 그런 철창이 없는 것으로 보아 치안이 조금은 안전한가 보다. 아이들이 트럭 뒤에 타고 이동하고 사탕수수를 거두어들인 누런 밭들이 많다. 길가에 서양 무궁화도 많이 피어 있다. 좌우 대립에 의한 정치 혼란으로 내전 발발, 치안 불안, 지진, 화산 폭발 등으로 인해 엘살바도르의 경제는 어려운 편으로 알고 있는데 산살바도르에 있는 쉐라톤호텔의 이 버스 정류장 근처는 고급 주택가로 생각보다 화려하고 계획된 도시 같다.

우리는 타고 온 버스로 계속 온두라스까지 가는 줄 알고 방심하고 있다가 다른 버스로 옮겨 타야 한다고 해서 갑자기 내리느라 중요한 기록이 있는 노트와 가이드북을 버스에 놓고 내리는 실수를 한 것이다. 가이드북은 다시 사면 되는데 기록 노트가 문제다. 떠나려는 버스에 가서 "Note"라고 몇 번 외쳤지만 버스회사 관계자들은 못 알아듣고 우리가 타고 온 버스는 과테말라로 가는 것이라면서 타지 말라는 것이다. 버스 청소하고 주유하고 20분 후에 다시 온다고 한다. 낱장 종이 묶음에 써놓은 기록물을 버스 청소할 때 쓰레기라고 버릴지 모른다는 생각에 불안하다. 다시 출발하기 전 기다리게 되는 1시간 동안 이 주변이라도 둘러보려고 했었는데 점심이고 뭐고 아무 생각도 없다. 그렇게 안절부절못하면서 기다렸는데 드디어 이쪽으로 오는 다른 버스 편에 내 노트, 기록물과 가이드북을 보낸 것이다. 너무너무 반갑고 기뻤다. 길 잃었던 자식을 찾은 기분이다. "무챠스 그라치아스!" 곽 교수님이 오늘 저녁 파티라도 해야겠다고 하신다.

다시 온두라스로 가는 버스로 옮겨 탔는데 점심, 음료, 커피, 사탕이 예의 바른 서비스로 계속 제공된다. 건너편 좌석에 앉은 온두라스 사람에게 오샘이 이것저것 물어보는데 본인은 테구시갈파의 촐루데카강 서쪽인 코마야겔라에 산다면서 인상도 좋고 친절하게 잘 가르쳐 준다. 가이드북에서는 온두라스가 중미에서 제일 위험하고 경제가 낙후된 나라라고 되어 있는데 나는 오늘 과테말라에서부터 같이 온 온두라스에 산다는 세련된 멋진 젊은 여자와 이 사람을 보니 고개가 갸우뚱해진다.

산살바도르를 출발한 지 4시간 후 El Amatillo 국경을 지나니 역시 추수한 사탕수수밭들이 많다. 국경을 지났기 때문에 다른 나라에 왔다는 것을 알 수 있을 뿐이다. 그런데 이 국경을 경계로 이웃하고 있는 엘살바도르와 온두라스는 다른 이유도 있었지만 1969년 월드컵 북중미 대륙 축구 예선전에서의 응원 때문에 100시간 전쟁이 일어났고 결국 두 나라 모두 경제가 악화되고 이민 온 소수의 인도인들이 두 나라의 경제권을 장악하게 되었다고 한다.

고속도로변에서 연 날리는 사람도 있고 집들은 철창이 없고 평범한 우리 시골 동네 같다. 테구시갈파는 해발 약 980m 고지의 계곡에 위치해 있다더니 어두워지면서 계속 오르막으로 올라가기도 하고 구불구불한 도로를 지나기도 하는데 도로 포장한 지 얼마 안 되었는지 도로 상태는 양호하다. 꽤 많은 비가 내린다. 전에 이스라엘에 처음 도착했을 때도 밤 12시 한밤중이었고 비가 많이 와서 고생했던 생각이 나서 이렇게 비가 계속 내리면 밤늦은 시각에 도착하게 되어 어떡하나 하는 생각이 든다.

온두라스의 수도는 영국과 네덜란드인에 의해 금과 은이 발견되고 스페인 사람들이 광산을 개발하여 "은의 언덕"이라는 뜻인 '테구시갈파(테구스)'로 부르게 되었단다. 1998년 허리케인 "밋치"에 의해

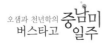

테구스에 흐르는 촐루테카강이 범람하면서 도시는 바다 진흙만 남을 정도로 막대한 피해를 입었었다는데, 여러 나라의 도움으로 이제는 많이 안정된 것 같다.

주위는 깜깜한데 계속 고지로 오르는 것만 같고 도시가 있을 것 같지도 않았는데 비가 그치더니 저 멀리 계곡 사이로 반짝반짝 불빛이 화려하게 나타나는 게 아닌가. 별천지다. 아! 탄성이 절로 나오며 반가움과 동시에 안도감이 나를 감싼다. 점프해서 그곳에 탁 떨어지고 싶다.

도시 안으로 들어오니 그 늦은 시각에 환하게 불 밝힌 운동장에서 축구하는 건강해 보이는 청소년들, 세계적인 피자 가게들, 햄버거 가게들이 즐비하다. 생동감이 있다. 오늘의 12시간 30분에 걸친 버스여행은 끝났다. 내일 새벽에 곽 교수님이 먼저 이곳을 떠나 따로 이동하게 된다. 곽 교수님! 부디 앞으로 남은 긴 여행길에 안전하고 건강하시기 바랍니다.

• 소박한 도시 테구시갈파(Tegucigalpa)

해발 약 980m에 위치한 도시여서 그런지, 그동안 지나온 중미 국가들에 비해 습도가 낮다. 우리나라 초가을 날씨처럼 상쾌하다. 숙소 주인은 오늘 월요일이지만 공휴일이라 은행이 열지 않는단다. 개인 환전상에게 환전하라면서 "no problem."이라고 한다. 반신반의하면서 가까운 곳에 위치한 은행에 가니 영업을 하는 게 아닌가. 환전하는데 지문까지 찍고 꽤 까다로운 절차를 밟는다. 어쨌든 환율이 좋아 기분은 좋았다. 환전하자마자 숙소에 가서 어제 지불하지 못했던 숙박비를 지불하고 나니 후련하다.

테구시갈파는 촐루데카강을 중심으로 동쪽에 위치하고 있고 어제 늦은 밤에 와서 몰랐는데 우리 숙소가 시내 중심가에 위치하고 있다. 18C에 건축된 돔이 있는 우아한 성당 앞 중앙 공원 여기저기에서 사람들이 이야기꽃을 피우거나 한가하게 휴식을 취하고 있다. "차 없는 거리"인 번화가는 우리 명동에 해당하는 곳으로 세련된 상가들이 들어서 있다.

오전인데도 식당에 손님들이 꽤 있다. 우리도 늦은 아침을 패스트푸드로 해결하고 주변의 박물관, 미술관으로 사용되는 안티구오 파라닌 대학, 국회의사당, 대통령 관저 등이 있는 거리와 골목을 조심조심 돌아보고 다시 우리 숙소 쪽으로 와서 시장 쪽으로 갔다. 시장 앞 광장 한편에 성당이 있다. 마침 양말이 부족했기 때문에 시장에서 양말도 사고 어제 잃어버린 볼펜, 형광펜도 사면서 시장 구경을 하고 저녁 먹을 '먹자 시장'도 눈도장 찍어 놓고 숙소로 왔다. 마침 숙소 종업원이 빨래를 널고 있어 주인의 양해를 구해 우리 세탁물을 탈수하니 개운하다.

　오후 5시쯤 시장 안의 먹자골목에 갔는데 벌써 문을 닫은 곳도 있고 장사를 끝내려는 집도 있다. 주로 낮에 영업하고 저녁때는 위험하니까 일찍 식당 문을 닫는 것 같다. 손님이 많은 곳은 앉을 곳이 없다. 기웃기웃하다 아가씨 두 명이 밝은 표정으로 열심히 일하고 있는 식당에서 물김치 비슷한 음식과 바나나구이를 곁들인 닭구이를 먹으면서 사진을 찍는데 아가씨들이 매우 수줍어한다. 온두라스가 바나나 수출액이 매우 많다는데 우리는 실제 바나나는 못 먹어보고 이 식당에서 바나나구이로 만족하는 수밖에 없는 것 같다. 가게를 나오는데 수상한 남자아이가 계속 우리에게 뭐라고 하면서 뒤쫓아와 그를 피해 얼른 숙소로 돌아왔다. 덕분에 이곳을 좀 더 둘러보려던 계획을 취소하고 모처럼 저녁에 여유로운 시간을 가질 수 있었다.

10월 07일 (화)

• 니카라과(Nicaragua)의 수도 마나과(Managua)

기간	도시명	교통편	소요시간	숙소	숙박비
10.07	마나과	버스(tica)	7시간	Hospedije El Molinito	20USD

떼구시갈파Tegucigalpa 오전9:00 출발
⇒ 국경 ⇒ 마나과Managua 오후4:00
도착

니카라과의 수도 마나과로 가는 날이다. 나는 "니카라과"하면 독재자 소모사, 반군이 떠올려지면서 불안정한 나라일 것 같다. 가이드북에 의하면 온두라스도 그렇지만 니카라과 치안도 녹록지 않을 것 같다. 티카 버스 터미널까지 가기 위해 오전 7시 40분쯤 숙소를 나섰는데 숙소 앞 도로의 교통정체가 대단하다.

택시 타는 곳까지 가다가 빵 공장과 빵집을 겸하는 집이 있어 온두라스식 샌드위치를 먹었는데 샌드위치 2개에 12L(1USD = 18.89L:렘필라)인데 물 235ml가 8L이다. 택시는 100L라고 들었는데 150L을 부른다. 할 수 없이 알면서도 속는다.

이 버스 터미널은 겉에서 보면 가정집 대문처럼 보인다. 출발 1시간 전인데도 배낭여행객들이 많이 와 있었다. 남은 돈을 없애기 위해 빵, 과자, 물을 샀다. 예정보다 30분 늦게 버스가 출발하였다. 중미에 와서 버스가 정시보다 늦게 출발하기는 처음이다. 12시 30분 온두라스 국경 el Triunto 도착. 1시 10분 니카라과 국경 el Guasanle를 출발하는데 쏟아지는 비가 멈출 줄 모른다. 국경에서 잠시 쉬는 동안 버스에서 만난 한국 학생이 쏟아지는 비를 맞고 밖

에 나가 찐 옥수수를 사다 준다. 우리가 사 주어야 하는데. 염치가 없다. 국경을 지나니 밭, 사탕수수, 과수원, 목초지 등 사방이 녹색 물결이다. 온두라스만 하더라도 산악지대였는데. 국경에서 2시간쯤 지나 레온에 도착하니 배낭여행객들이 많이 내린다. 바다 같은 마나과 호수가 보이는 것으로 보아 마나과가 멀지 않은 것 같다.

　마나과에 도착하자마자 버스터미널 가까운 곳에 숙소를 정했는데 시내가 이곳에서 먼 모양이다. 어쨌든 택시로 움직여야 한다. 중미에 와서는 치안 때문에 시내에서도 택시를 많이 이용하게 된다. 환전소가 없어 환전도 못하고 어쩔 수 없이 USD로 지불하는데 거스름돈은 전혀 못 받는다. 돈 쓰러 나온 거지만 아깝다. 그나마 잔돈이 있었기에 다행이다. 택시비를 머릿수대로 받는다.

　오후 5시 30분인데도 깜깜해져 이동하기도, 관광하기도 겁난다. 택시로 우선 Plaza de Republica으로 갔다. 광장에는 사람들이 전혀 없고 텅 비어있다. 늦은 시각이라 입장은 못하고 광장 주변에 둘러 있는 구 대성당, 외벽 전면에 커다란 2장의 초상화가 걸려 있는 대통령궁(독재자 소모사 정권에 의해 암살당한 민족주의자 아우구스토 산디노와 소모사 정권을 전복시키기 위한 산디니스타들이 결성한 FSLN의 지도자 카를로스 폰세카의 초상화), 국립 궁전, 박물관의 겉모습만 확인하고 옆에 있는 공원의 기념물을 잠시 보고 길을 건너려는데 우리를 계속 주시하는 청년이 있어 그의 시선을 피해 재빨리 넓은 도로를 건너가 현대식으로 지은 대성당으로 가기 위해 택시를 탔다. 택시 기사에게 부탁하여 대성당을 거쳐 다시 숙소까지 가기로 하고 나니 안심이 되었다. 넓은 도로에 다니는 차가 극히 적다. 택시기사는 가다가 기사 부인을 태우더니 부부는 신나게 이야기한다. 우리가 한국에서 왔다니까 매우 호의적으로 대하면서 가는 길에 보이는 볼거리에 대해서 설명도 해준다. 현대식으로 건축한 대성당은 희미한 어둠 속에서 지붕에 많은 작은 돔들이 보인다. 아쉽게도 문이 닫혀있어 내부는 볼 수 없었다.

숙소 앞에 가니 식당이 한군데 있다. 생선까스 1장, 얇게 썬 오이 2쪽, 토마토 썬 것 1쪽에 9.6USD 이다. 스스름돈이 없단다. 역시 10USD 지불했는데 경제 수준에 비해 매우 비싼 것 같다.

겨우 1시간 정도만 긴장하고 다닌건데 피곤하여 밥을 먹는데도 잠이 온다. 내일은 원래 일정을 바꿔 버스에서 만났던 한국 학생이 간다는 오메페테 섬에 가기로 했다. 이 섬은 니카라과 호수 안에서 화산 폭발이 일어나 생긴 활화산과 휴화산 2개가 연결되어 생긴 니카라과 호수 안에 있는 섬이란다. 오샘은 이 섬에서 피곤을 풀면서 며칠 쉬었다가 여정을 다시 계획하고 출발해야겠다고 한다. 모기향을 피워 놓고 자야만 했다.

10월 08일 (수)

• 호수 안에 있는 넉넉한 화산섬 오메페테(Omepete) 섬

기간	도시명	교통편	소요시간	숙소	숙박비
10.08	리바스 ⋯ 오메테페섬	버스 ⋯ 배	2시간 ⋯ 1시간	Hotel	12USD

마나과Managua 오전8:00 출발 ⇒ 리
바스 Rivas 오전10:00 도착 ⇒ 삼호르제
San Jorge 선착장 오전11:00 출발 ⇒ 오
메떼께섬의 Isla de Omepete 모요갈따
Moyogalpa 선착장 오전12:00 도착 ⇒
숙소 오후1:10 도착

오메페테 섬에 가기 위해서
는 리바스 행이 있는 Mercado R
Huembes 버스터미널로 가야 하
는데 우리 숙소에서 남동쪽으로
꽤 멀리 있어 택시로 이동했는
데 택시 거스름돈을 ₵ (1USD = 19₵
: Cordoba oro)로 받았다. 버스터미
널 입구에 택시가 서자마자 사람들이 몰려들고 수많은 행상들, 승객
들, 승객들을 호객하는 버스 차장들로 정신이 없다.

우리도 재빨리 물을 산 후 말로만 듣던 로컬 버스인 치킨 버스를 타는데 우리나라의 50년 전으로 돌아간 느낌이다. 청년 차장이 3명이나 된다. 그들은 계속 '리바', '리바' 외치면서 손님을 끌어모으고 뒷문으로 별별 짐을 다 실어주고 승객은 앞문으로만 타는데 남녀노소 할 것 없이 모든 승객이 버스에 완전히 올라탈 때까지 차장은 그들을 손으로 붙잡아 준다. 버스에 승객을 태우거나 무거운 짐들을 싣고 짐을 버스에 쌓아 올리고 내리고 하는 것을 보니 기운이 좋은 청년들이 차장 역할을 해야 될 것 같다. 커다란 소쿠리에 농산물이 담겨 있는 마대자루 등... 웬 짐들이 그렇게 많은지 모르겠다. 버스 터미널에서 출발하고도 계속 "리바"를 외치며 승객들을 태운다. 또 승객들이 원하는 곳은 모두 정차한다. 그러면서 승객들이 꽉 찬 버스에 수시로 오르내리는 승객들을 대상으로 버스 안에서 버스 요금을 받으러 다니는데 머리도 좋은 것 같다. 우리는 환전을 못해 버스 요금을 USD로 지불하였는데 그 와중에 태연하게 전자계산기로 두들겨 환산해서 거스름돈을 준다.

　　운전기사는 계속 라디오 소리를 높여서 가고 누구나 먹던 음식 포장지는 창밖으로 아무 생각 없이 버리고 도로 사정도 별로 좋지 않다. 우리는 우리 배낭이 없어질까 봐 차가 정차할 때마다 뒤를 쳐다보면 차장은 괜찮다는 표시까지 한다. 애들을 안고 서 있는 아기엄마, 할머니, 할아버지 등 노약자들이 타도 아무도 양보할 생각을 안한다. 50년 전 우리나라는 안 그랬는데... 오쌤이 일어나 아기 엄마에게 자리를 양보한다. 출발할 때 들었던 버스 예정 시간보다 빨리 도착한 것으로 보아 잘못된 정보였나 보다. 2시간 정도 걸려 리바스에 도착하니 차장은 우리에게 선착장까지 택시로 가야 한다며 택시 승차장까지 가서 택시를 잡아 주고 다시 버스 정류장으로 돌아간다.

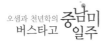

    선착장 입구의 매점에 가서 뱃시간을 물어보니 30분 후에 있단다. 우리는 늦었지만 매점에서 아침으로 바나나와 컵라면을 먹고 있는데 경찰이 와서 배를 타러 오라고 해 페리를 타고 섬으로 가는데 호수가 누렇다. 인간은 도저히 만들어낼 수 없는 호수 위의 파란 하늘만이 만들어내는 구름 쇼를 1시간 동안 감상하면서 갔다.

    선착장에 도착해 배에서 내리자마자 이동 수단을 찾는데 폐차 직전의 봉고차를 만났다. 가다 보니 길이 어찌나 험한지 봉고차 아니면 안 될 것 같았다.

    산 정상에서 화산 연기가 계속 뿜어져 나오고 있다.

    낮 12시 정도인데 중고생들이 벌써 하교하고 있다. 차에서 지나가는 교복 입은 여학생들을 사진 찍으려 하니 수줍어하며 도망간다. 귀엽다. 어느 곳이든 사람의 정서는 다 같은 것 같다. 학교 안 교정의 나무 그늘에서 이야기를 나누는 학생들, 책 보고 있는 학생, 혼자 우두커니 앉아 있는 학생들이 보이고 자전거를 끌고 하교하는 여

 학생들이 지나가고 있다. 이 모든 학생들의 모습이 새삼스럽게 다가온다.

섬이 화산재로 덮여 있어 온통 바닥은 검고 굵은 돌멩이들이 많이 섞여 있다. 바나나밭이 숲을 이루기도 하고 모든 가축들은 방목을 하고 있어 개는 물론 돼지, 말, 닭, 송아지들이 길에서 왔다 갔다 한다. 돼지, 닭 그리고 목이 긴 말이 같이 놀고 있는데 자기들끼리 소통이 되는가 보다.

주변은 습하고 울퉁불퉁 돌길을 흔들리는 차에 몸을 실은 지 40분쯤 지나도록 어쩌다 농가가 한 채 보이더니 이제 겨우 집 몇 채가 보이는데 사람들도 없고 숙박할 만한 곳이 안 보인다. 우리가 찾는 곳이 아닌 것이다. 운전기사에게 다시 잘 설명하니 왔던 길을 되돌아가다가 갈림길에서 다른 쪽으로 해서 가니 골목도 있고 놀이터도 있는 동네가 보인다. 운전기사가 소개한 호텔에 들어갔는데 선물이나 앞마당은 그런대로 번듯해 보이는데 말이 호텔이지 시멘트 바닥에 방을 꽉 채운 철제 침대만 덩그러니 놓여 있는데 지상인데도 마치 습한 지하방 같다. 호수의 물부터 심상치 않더니 오샘의 꿈이 사라지는 순간이다. 내일 새벽 4시 버스로 이 섬을 빠져나가자고 한다. 호텔에서 점심을 먹는데 그동안 중미에 와서 먹던 밥 중 제일 밥이 잘 되었다. 그나마 다행이다.

습한 방에 있기 싫어서 호텔을 나와 로컬 버스를 타고 섬의 일주도로를 돌았다. 역시 버스 뒤쪽에서는 계속 엄청난 짐들이 오르내리고 수시로 손님들이 타고 내리면서. 태풍의 피해가 있었는지 산사태로 도로가 엉망이 된 곳에 선생님과 학생들이 삽, 곡괭이 등 연장을 들고 작업을 하고 있다. 의외로 일주도로를 따라 있는 마을마다 잘 조성된 어린이 놀이터들이 많고 풍요로워 보이는 녹색의 너른 목장도 있다. 선거가 있는지 지나는 도로변이나 동네마다 후보자 사진이 있는 선거벽보들이 많이 붙어 있다. 섬으로 들어올 때는 미처 몰랐는데 버스 종점인 선착장 쪽은 관광지 같은 마을을 형성하고 있다.

버스 종점에서 내려 손과 발을 담그고 쉬어 볼까 하고 호숫가로 갔는데 물이 더러워 보여 실망만 하고 돌아섰다. 다음 버스 시간까지 기다리는 동안 마을을 돌아보는데 어떤 집 테라스에서 의자에 앉아 우리를 보고 "헬로" 하는 '헤밍웨이'가 있다. 앉아 있는 얼굴 모습이나 분위기가 '헤밍웨이'와 비슷해 '헤밍웨이'는 우리가 붙여 준 이름이다. 우리도 당연히 "헬로" 하고 응답했다.

버스에서 내릴 때쯤부터 내리던 비가 계속 오고 있다. 우리는 비를 피해 슈퍼 앞에 있는 의자에 앉아 오고 가는 사람들, 물건을 싣고 내리면서 열심히 일하는 사람들, 빗속을 자전거를 타고 가는 사람들, 슈퍼로 쌀 사러 오는 사람 등 여러 일상생활 모습을 물끄러미 바라보면서 버스 시간을 기다렸다. 물론 이곳 버스 시간도 배 도착 시간에 맞춰지는데, 그나마 지금이 마지막 배 도착에 맞춰진 막차여서 그런지 배에서 내리는 승객들 마음이 바쁜가 보다. 서두르는 기색이 역력하다.

저녁때 자려고 하는데 늦은 시간에 호텔 마당에 사람들이 떠들며 들어오는 소리가 들린다. 이야기들을 나누려고 늦은 시간에 몰려온 배낭여행자들이다. 그 여행객들이 이야기하는 소리 중에 어제 버스에서 만났던 한국 학생의 목소리가 들리는 게 아닌가. 이럴 수가! 오샘은 반가운 마음에 얼른 나간다. 곧이어 귀에 익은 우리나라 인사가 유쾌하게 들려온다. 생각지도 않은 만남에 오샘은 한국 학생 그리고 다른 여행객들과 즐겁게 이야기꽃을 피우다 들어왔다.

10월 09일 (목)

• 코스타리카(Costa Rica)를 향해 새벽 길 나서다.

기간	도시명	교통편	소요시간	숙소	숙박비
10.09	산호세	배 ⋯ 버스(tica)	1시간 ⋯ 8시간 15분	Casa Leon	50USD

오메떼레섬 Isla de Omepete 숙소 오전
4:00 출발 ⇒ 모요갈파 Moyogalpa 선착장
오전4:30 출발 ⇒ 산 호르제 San Jorge 선
착장 오전6:30 도착 ⇒ 리바스 Rivas 오전
8:15 출발 ⇒ 국경 ⇒ 산호세 San Jose 오
후4:30 도착

섬의 선착장으로 가기 위해 새벽 3시 30분 플래시를 켜 들고 로컬 버스에 올랐다. 이 새벽에도 꽤 많은 사람이 우리와 동행한다. 새벽부터 졸면서 할아버지와 버스를 타는 아이, 커다란 짐 보따리를 지닌 아줌마, 커다란 광주리를 등에 진 아저씨 등등. 주위가 깜깜하고 간혹 불을 켜 놓은 집만 있을 뿐인데, 로컬 버스는 험한 길을 잘도 달린다.

오전 5시 30분 선착장에 오니 훤해지기 시작한다. 출발 시간이 되지도 않았는데 우리가 탄 배는 출발한다. 역시 버스와 배 시간을 연결하는 것 같다. 한 청년은 뱃머리에 앉아 열심히 공부하고 있다. 멋진 미래를 꿈꾸는 니카라과 청년인가 보다. 앞날에 행운이 깃들기를 마음으로 빌어준다. 어김없이 출발한 지 1시간 후 내륙 선착장에 도착한다.

어제 갔던 매점에서 아침 식사로 컵라면 1개씩 주문하는데 주인이 알아보고 웃는다. 그런데 우리는 얘기도 안 했는데 매점 앞에서 젊은 택시기사가 계속 기다린다. 우리는 괜히 미안한 마음에 얼른 먹고 그 택시를 탔는데 택시 안이 깨끗하다. 산호세로 가는 티카버스 정류장까지 태워다 주고 택시비도 생각보다 적게 받고 '잘 가라' 라고 상냥하게 인사까지 한다.

산호세행 버스에 몸을 실으니 아침 8시 15분. 새벽에 길을 나선 지 5시간이 지났지만 아직 니카라과이다. 출발한 지 얼마 안 되어 니카라과 국경. 모두 내리라고 하고서 개를 동원해 짐칸까지 모두 검색한다.

니카라과에서 환전을 못해 불편했던 일을 반복하고 싶지 않아 니카라과 국경에 있는 은행에서 코스타리카 돈으로 환전했는데 환율을 안 좋게 받았다. 자투리 돈 없앨 겸 물과 약간의 간식을 샀다. 니카라과 국경에는 행상들이 많이 있다. 곧이어 코스타리카 국경에서 입국 수속을 밟은 후 또 짐을 모두 내리게 하더니 짐 검색을 한다. 양쪽 국경을 통과하는 데 2시간 넘게 걸렸다.

오전 11시 되어서야 코스타리카를 달릴 수 있었다. 새벽부터 움직였더니 잠이 쏟아진다. 잠결에도 코스타리카는 온두라스나 니카라과보다 목초지나 평야지대가 넓은 것 같이 보인다. 남쪽으로 내려가면서 산길을 가게 되고 예상보다 시간이 오래 걸린다. 엄청 큰 고무나무 고목들이 가로수인 길도 있다. 택시는 빨간색인데 현대자동차 엑센트가 많다.

오후 4시 30분에 도착하니 비가 부슬부슬 오고 있다. 가이드북에서는 생각했던 숙소가 버스터미널 근처로 되어 있었기 때문에 숙소 가기가 쉬울 걸로 생각했었는데 버스터미널 자체가 이곳으로 옮겨진 것이란다.

비는 오고 갑자기 다른 숙소를 생각할 수도 없어 또 택시를 이용해야 했다. 그때 어떤 뚱뚱한 택시기사가 본인이 먼저 우리가 찾는 숙소를 안다고 접근하여 우리를 태우더니, 다른 숙소 사진을 보여 주면서 정작 그 숙소 근처에 가서는 모른다고 한다. 모르는 건지, 본인이 소개하는 숙소를 가지 않아 일부러 모르는 척하는 건지. 몇 번이나 오샘이 차에서 내려 사람들에게 주소를 보여 주며 숙소 위치를 물어보는데도 택시기사는 차 안에서 기다리기만 한다. 어두워졌는데 결국 택시 기사는 우리를 아무 데나 내려놓고 가려고 해서 우리가 가려는 숙소 앞에 내려놓고 가라고 했더니 화를 낸다. 결국 우리가 찾는 숙소 앞에 내려놓고는 시간 손해를 보았다며 돈을 처음 말했을 때보다 2배를 내라며 거스름돈도 안 준다. 별난 택시기사를 만나는 바람에 주객이 전도된 것이다. 오샘은 피곤했는지 식당에서 음식은 잔뜩 시켜 놓고 저녁 먹으면서도 졸리다고 한다. 그러더니 침대에 눕자마자 정신없이 코를 곤다. 숙소는 외관에 비해 내부가 세련되고 깨끗하게 잘 되어 있었다. 부엌 식당도 훌륭했다. 온두라스나 니카라과의 숙소와는 비교가 안 될 정도로 좋아 보였다. 그런데 일이 생겼다. 침대에 빈대같은 벌레들이 많아 밤새도록 이들과 전쟁하느라 나는 밤을 꼬박 지샜다. 오샘은 쿨~ 쿨~ 자는데…

10월 10일 (금)

갑작스런 일정 변경

산호세 San Jose 판광 ⇒ 파나마시티
Panamacity 로 오후11:00 출발

주인에게 어젯밤 얘기를 했더니 방을 바꿔 주겠다고 한다. 같은 집인데 다른 방이라고 괜찮을까 하는 생각이 들기도 했지만, 방을 바꾸기로 하고 오늘은 모처럼 여유있게 쉬면서 하루를 보내기로 했다. 시내를 한 바퀴 돌아보고 중앙시장에 가서 점심, 저녁 내일 아침 식사분까지 준비해서 숙소에서 만들어 먹기로 했다. 온두라스나 니카라과와는 비교가 안 될 만큼 활기 넘치는 거리 분위기, 화려한 상가들, 은행 시설 등 선진국 수준이다. 물가도 비싸다. 크

고 작은 공원에는 이 나라도 역시 노인 천하다. 중앙시장에 가서 세 끼분 식사 재료를 사 와서 오랜만에 점심을 해서 먹었다.

　오후는 푹 쉬려고 했는데 내일 파나마로 가려면 버스표를 미리 구입해야 한다고 주인이 알려 주어 옛날 버스 터미널로 버스표를 사러 갔다. 그런데 파나마시티행은 항상 밤 11시, 12시에만 출발하는 것이다. 표를 알아보니 결국 오늘 밤 11시 버스로 갈 수밖에 없다. 내일 여유 있게 가려고 했던 일정이 바뀌어 갑자기 바빠졌다. 오늘 밤은 푹 자려고 방도 바꾸었는데 갑자기 떠나게 된 것이다. 숙박비는 약간만 환불해 주겠다고 한다. 약간이라도 고맙습니다.

　어제 오후에 올 때는 택시비로 5,000col을 주었는데도 택시 기사는 화를 냈는데 오늘 밤늦게 버스터미널로 갈 때는 택시비로 2,000col을 받는다. 같은 길을 가는데 어제는 2배도 더 받은 것이다. 어디를 가나 바가지 요금은 여행자의 마음을 불쾌하게 만든다.

10월 11일 (토)

● 여행한 지 한 달 만에 가족과 통화

기간	도시명	교통편	소요시간	숙소	숙박비
10.11	파나마시티	버스(tica)	17시간	Costa Azul Hotel	30USD

산호세 San Jose ⇒ 국경 ⇒ 파나마시티
Panamacity 오후4:00 도착

여행을 하다보면 생각지도 않은 일들이 많이 발생한다. 어젯밤 야간버스로 이동할 수밖에 없었는데 하필이면 우리 좌석 위에서 물이 떨어져 자리를 옮기려 했지만 밤 11시에 출발하는 야간버스에 승객이 꽉 차있어 자리를 옮길 수 없었다. 그나마 미리 표를 샀으니 다행이지 출빌힐 때 1~2시간 일찍 나와서 표를 사면 표를 못 살 뻔한 것 같다. 전날 밤에 잠을 못 자서인지 버스에 불이 꺼지자마자 2시간 정도 잠을 잔 것 같다. 오전 7시쯤 버스에서 제공하는 아침밥을 먹고 나자, 오전 9시쯤 코스타리카 국경에 도착했다. 국경도시 paso canos에서 입국 수속을 밟는데 2시간 정도 걸렸다. 입국 서류를 작성하는데 초등학교 5, 6학년쯤 되어 보이는 남자아이가 오더니 자기가 서류를 작성해 주고는 1USD를 요구한다. 이 나라는 입국세를 받는다. 버스에 오르니 점심도시락이 제공된다. 살기 위해 먹어야지.

파나마에 들어서니 다른 중미 국가들과 달리 외곽 지역인데도 집들이 큼직큼직하고 깔끔한 편이다. 파나마시티에 가까워 오면서 희뿌옇게 보이는 억새풀이 도로를 따라 야산에 많다. 심지어 어느 야

산은 산 전체가 억새풀을 이불 삼아 덮어서인지 잔설이 남은 것처럼 보인다. 드디어 운하 입구인지 산적한 컨테이너를 잔뜩 실은 커다란 배들이 보인다. 물론 'HYNDAI'가 쓰인 컨테이너, '한진' 마크가 있는 배도 있고. 이 엄청난 물량이 드나드는 것으로 인한 파나마 경제에 미치는 영향이 대단할 것이 실감되는 현장이다.

오후 4시 파나마시티 버스터미널에 도착하였으니 국경 통과 시간을 포함해 16시간 30분 버스를 탄 셈이다. 나도 대단한 체력이다. 처음 찾아간 게스트하우스의 주인아줌마는 몇 개의 방을 보여 주더니 우리가 머물 만한 곳이 못 될 뿐만 아니라 방도 없다며 본인 차로 우리가 묵을 만한 저렴한 호텔로 데려다 주는 것이다. 이렇게 친절한 파나마 사람을 만나 여행의 즐거움을 느낄 수 있었다.

그런데 호텔에서 수속을 끝내고 나니 본인이 내일 파나마시티를 50USD로 안내해 줄 수 있다며 의사를 묻는다. 속는 셈 치고 내일 관광을 약속하였다. 그런데 그 아줌마가 떠난 후 생각해 보니 1인당 가격인지 2인에 해당하는 가격인지 알 수가 없다. 구두로만 계약을 했으니. 우리가 너무 경솔하게 행동한 것이다.

우리 호텔 가까운 곳에 인터넷 전화가 있어 아주아주 오랜만에 집에 안부를 전할 수 있어 다행이었다. 시간이 더 늦기 전에 여행사에 가서 콜롬비아나 베네수엘라 가는 비행기 표를 알아보려고 호텔에서 가르쳐 준 여행사를 찾아가는데 도중에 비가 쏟아지기 시작하고 여행사도 못 찾고 길만 헤매다 어두워져 숙소로 되돌아왔다.

• 아름답고 활기 찬 도시 파나마시티(Panamacity)

　　어제 약속한 대로 9시쯤 게스트하우스 주인인 아줌마가 자가용을 갖고 오셔서 기대 반, 우려 반 파나마시티 관광에 나섰다. 이렇게 가이드와 함께 다녀 본 적이 없기 때문이다. 출발한 지 얼마 안 되어서 비가 오기 시작하는데 하루 종일 줄기차게 비가 올 것 같다.

　　가이드는 최대한 성의를 보이며 설명한다. 우선 현지인들은 집값이 비싸 구입하지 못하고 미국이 물러나고도 아직 미국 사람들이 많이 거주하고 있는 고급 주택단지가 있다는 Cerro Ancon으로 갔다. 3입구부터 철문으로 봉쇄하고 철저한 경비를 하고 있다. 야트막한 산에 위치하고 있어 구시가지, 신시가지, 태평양, 대서양, 아메리카 브리지 등이 비로 인해 부옇게 한눈에 들어온다. 가이드 덕분에 이곳을 와 보는 것 같다. 내려와서 mi pueblito로 가는 길에 7종족의 원주민들이 사는 곳이라는 의미를 담은 조각상이 있는 곳을 지났다. mi pueblito는 파나마 운하 건설하는데 참여한 사람들을 상류층, 중산층, 하급 노동자로 3등급으로 분류하여 숙소를 각각 분리한 3채의 2층 목조건물이 있는데 건물 외벽도 각각 색을 달리하여 구별되

어 있다.

　다음은 Ancon에서 내려다보았던 파나마시티 동쪽에 있는 San Felipe라 불리는 구시가지 casco viejo로 향했다. 갱단도 많이 있었다는 구시가지는 볼수록 안타까움을 안겨 주었다. 식민지 시대의 계획된 돌길을 따라 멋진 스페인식 건물들이 잘 보수된 곳도 있고 기념품 가게들이 있기도 하지만 낡은 발코니가 있는 칠이 벗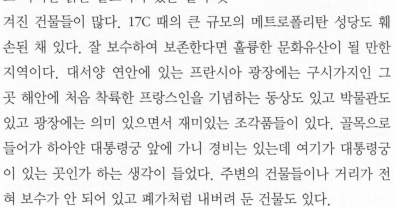겨진 건물들이 많다. 17C 때의 큰 규모의 메트로폴리탄 성당도 훼손된 채 있다. 잘 보수하여 보존한다면 훌륭한 문화유산이 될 만한 지역이다. 대서양 연안에 있는 프란시아 광장에는 구시가지인 그곳 해안에 처음 착륙한 프랑스인을 기념하는 동상도 있고 박물관도 있고 광장에는 의미 있으면서 재미있는 조각품들이 있다. 골목으로 들어가 하아얀 대통령궁 앞에 가니 경비는 있는데 여기가 대통령궁이 있는 곳인가 하는 생각이 들었다. 주변의 건물들이나 거리가 전혀 보수가 안 되어 있고 폐가처럼 내버려 둔 건물도 있다.

노상에 줄을 길게 늘어선 사람들이 있어 물어보니 쌀을 사기 위한 줄이란다. 가이드는 몇 년 전에 이곳에 살았었다며 가다가 가끔 아는 사람들과 인사도 하고 숙소도 좋은 곳, 안 좋은 곳 하면서 우리에게 이야기를 해 주는데 꽤 이 도시에 친근감을 갖는 것 같았다. 이곳에서 서쪽으로 고층 빌딩 숲인 신시가지가 보이지만 나는 잠시 돌아보고 있는 이 지역에 뭔가 모를 애정이 갔다. 줄기차게 비만 오지 않았으면 이 거리, 저 거리 골목골목 구시가지를 걸어 보고 싶은 마음이다. 파나마시티의 구시가지여 영원하라.

아메리카 브리지로 가기 전에 Naos, Penico, FLAMENCO Shopping Center가 있는 Amador로 가는데 컨벤션센터 등 파나마 경제가 활기에 찬 모습을 나타내는 큰 규모의 건축물들이 건축 중에 있다. 요트들이 즐비하게 늘어서 있고 비가 오는데도 드문드문 관광객들이 자전거로 된 차를 타고 주변을 돌면서 즐기고 있다. 관광지인 것 같은데도 일요일이라 문을 닫은 상가들, 음식점들도 있다.

우중에 자가용에 실려 관광을 하는데도 오샘은 매우 배고파한다. 벌써 11시 30분인 것이다. 가이드가 점심으로 파나마 음식을 시켜 주었는데 채소를 넣고 볶은 소고기인데 마치 우리 불고기 맛과 비슷했다. 음식이 나왔을 때는 너무 많아 보여 남길 것 같아 아까운 생각이 들었는데 의외로 오샘은 다 먹는 것이 아닌가. 어지간히 궁하고 맛있었나 보다. 집을 떠나온 후 오샘이 제일 맛있게 많이 먹은 것 같다. 가이드도 우리가 먹는 것을 보고 놀란 것 같다. 속으로 불쌍한 '코리안' 하셨겠지.

우리는 콜롬비아나 베네수엘라로 가는 비행기 표를 사고 싶은데 오늘이 일요일이라 여행사가 일찍 문 닫을 것 같아서 아메리카 브리지는 생략하려고 했지만 가이드는 좋은 곳이라며 가야 한다고 한다.

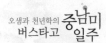

어쨌든 가이드의 성실한 태도에 감사할 뿐이다.

아메리카 브리지를 거쳐 드디어 교과서에서만 보았던 파나마 운하에 입성하였다. 내가 지금 서 있는 운하 전망대 양옆으로 태평양과 대서양이 보인다. 내가 이 현장을 오다니 감개무량하다. 파나마운하는 1904년부터 10년에 걸쳐 미국이 프랑스 기술자와 기술을 사서 건설하였다는데 프랑스가 약 100여 년 전인 1900년에 이런 기술을 갖고 있었다는 것이 대단한 것 같다. 미라플로레스 수문 관람대에서 바라보이는 광경 즉, 육중한 수문의 여닫이에 의해 수량이 조절되는 과정과 곧 이어서 엄청 커다란 배가 배 전후좌우에 연결된 조그마한 차 6대에 의해 조종되면서 수문을 지나 배의 폭에 꼭 맞게 뚫려 있는 좁은 수로에 꽉 차서 한 치의 오차도 없이 서서히 이동해가는 모습은 경탄스럽기까지 하다. 인간의 두뇌가 이렇게 명석할 수가. 오늘 하루 종일 내리는 비로 개운하지 않던 마음이 확 뚫리는 기분이다.

구시가지와는 정반대로 엄청난 빌딩 숲인 신시가지로 왔다. 여행사도, 안경점도 모두 문이 닫혀 비행기 표 구입도 안경 수리도 내일로 미루게 되었다. 하루 종일 비가 오는데도 불구하고 운전을 계속하면서 우리에게 최대의 성의와 친절로 파나마시티를 안내해 준 가이드님께 거듭 감사드린다. 차 기름값, 점심 식사비, 파나마운하 입장료도 다 포함해서 모두 50USD이니까, 심지어 비도 왔는데 서비스도 좋은 것까지 생각하면 아주 저렴하게 관광을 한 것이다. 호텔로 밤에 우리가 모르는 여행사로부터 4박 5일에 걸쳐 콜롬비아 카르티헤나로 가는 배를 이용하지 않겠느냐는 제의가 들어왔다. 그 늦은 시간에 택시로 낮에 같이 다녔던 가이드에게 가서 확인을 한 후 제의를 거절하였다. 역시 그 가이드는 낮에 우리 때문에 피곤할 텐데도 불구하고 매우 친절하게 여행사에 연락도 해보고 조언도 해 준다. 가이드님 행운이 가득하시기를….

10월 13일 (월)

• 오늘은 휴식일

　혹시나 오늘 가는 비행기 표를 구입할 수 있을까 하고 일찍 여행사에 갔으나 오늘 저녁 8시 30분 표가 있다고 한다. 베네수엘라는 매우 치안이 불안한 국가라는데 너무 늦은 시간에 도착하게 되어 결국 내일 오전 10시 비행기를 이용할 수밖에 없다. 모처럼 오늘 하루 완전히 놀고먹는 날이 된 셈이다. 숙소로 돌아오는 길에 안경점을 찾아가 안경을 수리하고 왔는데, 오샘은 아침 일찍부터 여행사 찾고, 비행기 표 구입하고, 안경점 찾아 안경 수리하는 일에 신경을 써서 피곤하단다. 그동안 여행하는 동안 계속 신경 쓰느라 피곤이 누적된 것 같다.

　고급 중국집 찾아 팁까지 합해 9USD에 푸짐하고 우아한 점심을 먹었다. 파나마가 음식이 푸짐하면서 우리 입맛에도 맞고 값도 싼 것 같다. 우리 호텔 가는 길 입구에 있는 중국인이 운영하는 슈퍼에서 식사 재료를 사느라 우리가 벌써 3일째 이용하니까 단골이 된 느낌으로 오늘 저녁과 내일 아침 식사 거리를 구입하였다.

　중미 여행은 오늘로 끝이다. 중미의 국가들은 대개 지진, 화산 폭발 등 자연재해도 많고 스페인으로부터 독립한 이후에 정치 불안으로 인한 내전도 많아 대개 경제적으로 어렵고 치안이 불안한데 다행히 우리는 무사하게 중미 여행을 다녀서 매우 감사한 마음이다.

CHAPTER .02

위대한 자연, 남미

이동경로

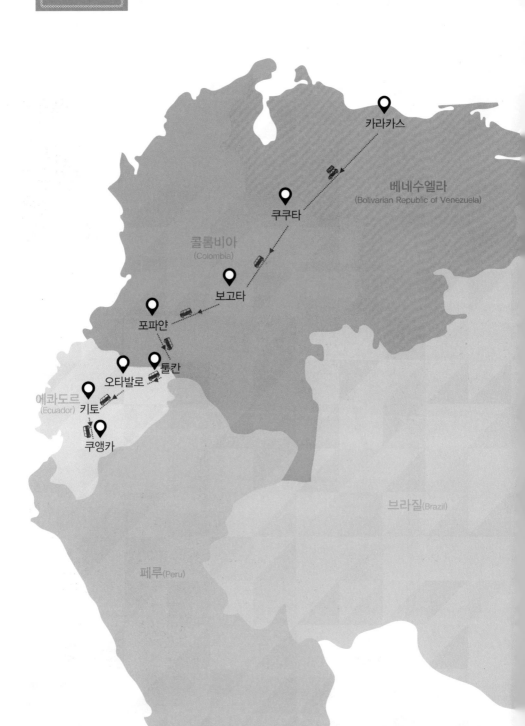

카라카스

베네수엘라
(Bolivarian Republic of Venezuela)

쿠쿠타

콜롬비아
(Colombia)

보고타

포파얀

툴칸

오타발로

에콰도르
(Ecuador) 키토

쿠앵카

브라질(Brazil)

페루(Peru)

• 비행기로 카라카스 (Caracas)에 가다

기간	도시명	교통편	소요시간	숙소	숙박비
10.14	카라카스	비행기	2시간 46분	Hotel Altamira	72USD

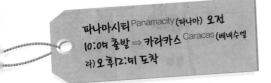

파나마시티 Panamacity (파나마) 오전
10:0여 출발 ⇒ 카라카스 Caracas (베네수엘
라) 오후12:버 도착

중미 여행을 끝내고 오늘은 수영을 못하는 관계로 비행기로 카리브해를 건너 남미 여행의 시작인 베네수엘라로 가는 날이다. 파나마에서 콜롬비아로 가는 육로는 게릴라들 때문에 소위 안전 요원 십여 명과 같이 이동해도 매우 위험하단다. 그래서 카리브해안에 있는 국가들을 갈 생각으로 우선 베네수엘라에 가기로 한 것이다.

조금은 긴장된 마음으로 서둘러 숙소를 나섰다. 파나마 공항, 카라카스 공항 모두 분위기가 자유로웠다. 공항에서 환전을 했는데 우리가 알고 있던 환율이 아니다. 카라카스 공항을 나서면서 괜히 우리는 긴장이 되어 아무 택시나 탈 수가 없어 공항 앞에서 안내해 준 택시로 시내를 들어가는데, 택시비를 그나마 깎아서 100볼리바르로 갔다. 처음 찾아간 카테드랄 역 주변의 호텔은 방이 없단다. 호텔비도 가이드북에 표시된 것보다 훨씬 비쌌다. 그 호텔에서 알려 준 다른 호텔은 또 훨씬 더 비싼데도 방이 없단다. 전혀 예상하지 않았던 이런 일이 발생하다니. 주변은 차 없는 거리이지만 혼잡하다. 큰길로 나오니 많은 차량들, 서로 질세라 울려대는 자동차 경적소리 등으로 정신없다. 택시를 잡아타고 치안이 안전한 곳이라고 소개된 알타미라 역으로 가서 그 근처의 호텔로 가는데 택시비로 35볼리바르를 달라고 한다. 공항에서 타고 온 택시비에 비해 훨씬 싸다. 운전기사는 한국인이라니까 친근감을 보인다. 최근에 화폐개혁을 한 것 같다. 가이드북에 나온 것과 환율이 완전히 달라 감이 잡히지 않는다. 치안이 안전한 곳이라고 소개된 알타미라 역 주변의 호텔에도 방이 없단다. 그 호텔에서 알려 준 호텔도 역시 방이 없단다. 난감하다. 다른 호텔을 또 소개받아 찾아가니 다행히 방이 있었다. 호텔비도 비싼데 이렇게 방 어렵게 구하긴 처음이다. 정신이 없다. 중, 고급 호텔이 공급에 비해 수요가 많은가 본데 왜 수요가 많은지 모르겠다. 활발한 경제 활동이 이루어지기 때문인가?

저녁 먹으러 오후 5시 30분쯤 나가니 역 주변이 엄청나게 차들도 많고 사람들도 많다. 어두워지면서 거리는 쏟아져 나온 퇴근하는 인파로 물결을 이룬다. 이 근처에 회사가 많은가 보다. 사람들이 특히 많이 쏟아져 나오는 쪽으로 가니 식품을 판매하는 슈퍼가 있어 저녁, 아침거리로 빵, 쨈, 새우볶음, 훈제고기 등을 사 왔다. 이제 정신 차리고 환율 계산을 해보니 이 식품값만도 우리 돈으로 30,000원이 넘는 게 아닌가. 큰 빵 하나는 안에 건포도, 햄, 치즈, 올리브가 잔뜩 들어 있다. 공항에서 들어올 때의 택시 값 100볼리바르도 매우 비싼 택시를 탄 것이다. 물가가 비싼 건지 오늘은 완전히 당하면서 다닌 기분이다. 다 털어버리고 편히 잠자야지.

해가 떨어졌는데도 호텔 바로 옆 학교에서는 아직 수업 중이다. 운동장에서는 체육수업을 하고 있는데 청소년들 모습이 씩씩해 보인다.

10월 15일 (수)

• 베네수엘라 카라카스(Caracas)

카라카스 Caracas 관광, 오후8:10 출발
⇒ 산크리스토발 San Cristobal (베네수엘라)로 향함

모처럼 어젯밤 개운하게 잘 잤다. 아침 7시 바로 옆 학교에서 울리는 종소리에 창밖을 보니 학생들이 교문 안쪽 운동장에 모여 있는 광경이 새삼스럽다. 오늘은 오전에 장거리 버스터미널에 가서 메리다행 버스표를 사고 오후에 지하철을 이용해 카라카스 시내 관광을 한 후 저녁에 야간 버스를 탈 예정이다.

거리는 출근하는 행렬이 부산하다. 이곳은 지하철이 잘 되어 있지만 낯선 곳이라 환승하는 곳에서 두리번거리고 있으니까 어떤 중년 여인이 오더니 친절하게 영어로 방향을 가르쳐 주어 쉽게 환승할 수 있었다. 장거리 버스 터미널에 가니 각 버스회사 직원들이 손님들을 유치하느라 혼잡하다. 메리다를 들렀다 가려니 힘들 것 같아서인지 오샘은 표 사는 과정에서 국경도시인 산크리스토발로 가자고 한다. 오후 8시 10분 출발하니 밤을 버스에서 보내야 한다. 가이드북에 산크리스토발에 대한 정보가 없어 숙소 구하는 일이 조금은 걱정이지만 현지에 가서 부딪치는 수밖에 없을 것 같다.

배낭을 숙소에 맡기고 지하철 1호선을 타고 카테드랄 역에 내려 국회의사당 쪽으로 갔다. 아름다운 정원은 황금빛 돔이 있는 하얀색이 햇빛에 더욱 화사하게 보이는 국회의사당을 더 돋보이게 한다. 볼리바르 광장에서 쉬면서 말을 타고 달리는 볼리바르 동상, 아름다운 콜로니얼풍의 대성당을 바라다보고 있노라니 고즈넉함이 느껴진다. 커피 행상이 소주잔 크기의 플라스틱 컵에 주는 커피 맛이 비가 와서 그런지 아주 매력적이다. 광장 주변의 시청사를 지나 볼리바르 생가로 가는 넓은 거리는 인파로 북적였지만, 볼리바르 생가가 있는 앞거리는 조용하다. 단층 건물들이 단아하게 늘어서 있고 돌로 된 거리 바닥은 운치를 더한다. 볼리바르 박물관을 지나 단층으로 된 볼리바르 생가가 있는데 ㅁ자형의 가옥 구조다. 안채가 있고 안뜰과 뒤뜰 사이에 부담이 없는 적당한 크기의 뚫린 문이 있어 자연스럽게 공간이 연결이 되기도 하고 나뉘기도 한다. 뜰에 나무 몇 그루 심겨 있고 기와지붕을 타고 비가 마당으로 흘러내리고 벽을 따라 있는 홈통을 타고 흘러내리는 빗물 소리. 항아리, 돌확 등. 마치 우리 한옥과 같은 분위기이다. 우리나라와 정반대인 이곳에서 스페인식 석조 건물이 아닌 우리의 한옥과 비슷한 가옥과 집기들을 본다는 것이 신기하다. 볼리바르가 1800년대 부모를 일찍 여의고 어린 시절을 지냈던 이 집은 볼수록 정감이 가고 차분한 분위기이다. 남미에 오기

전까지는 볼리바르에 대해 알지 못했는데 베네수엘라의 화폐단위, 볼리바르 광장, 볼리바르 생가를 찾게 되면서 볼리바르에 대한 자료를 찾아보게 되었다. 볼리바르는 남미 중북부, 파나마에서는 독립투사이고 민주주의와 독립의 아버지로 불릴 만한 사람이다.

다시 지하철 1호선으로 Bellas Artes역에 가서 중앙공원에 가니 공원 안이 높은 빌딩 숲이다. 그중 관광청이 있다는 가장 높은 빌딩인 54층짜리 빌딩으로 갔다. 전망대가 있는 54층은 못 올라가고 39층에서 카라카스 시내를 내려다보는 것으로 만족해야 했다. 빗줄기와 함께 우뚝우뚝 솟아있는 빌딩 숲이 시야에 넓게 들어오는데 마치 과거 경제가 좋았던 시절을 증명이라도 하는 것 같다.

다시 우리 숙소가 있는 알타미라 역으로 와서 노란 파초들이 화사하게 피어 있는 공원에 갔다. 시원하게 흘러내리는 파란 인공폭포, 파란 폭포와 잘 어울리는 노란색 파초들, 하늘거리는 코스모스, 붉은색의 봉숭아꽃, 분수, 녹색의 잔디, 우뚝 솟은 오벨리스크는 평화로움과 아름다움을 한껏 드러낸다. 공원 뒤 저 멀리에 파란 하늘을 머리에 인 높은 푸른 산이 병풍처럼 둘러 있다. 이 아름다운 공원에서 한가한 시간을 보내고 있는 가족들, 연인들 사이에서 우리도 함께 했다. 날씨까지 한가로움을 보태준다. 어느새 비가 그치고 맑고 파란 하늘이 드러난 것이다. 성미 급한 자동차들의 서로 지지 않으려는 듯한 경적소리를 빼고는 역 주변에 고급 오피스 빌딩들이 많고 우리가 묵은 이 지역이 특히 치안이 잘 된 지역이어서인지는 몰라도 여행 준비과정에서 생각했던 공포심은 전혀 느끼지 못했다.

오후 5시 20분 택시로 장거리 버스터미널로 향했다. 택시를 타자마자 어두워졌는데 웬 교통정체가 그리 심한지. 버스터미널로 가는데 보이는 카라카스는 엄청난 빌딩들, 사람들, 자동차들로 온통 덮여 있다. 활력이 넘쳐 난다. "카라카스"라는 곳은 나에게 또 하나의 대도시로 다가왔다. 버스터미널에서 귀인을 만났다. 부모, 중고등학생인 딸과 아들로 가족이 4명인데 그들은 기다리는 줄에서 우리 바로 뒤에 있었다. 우리는 출발 시간을 잘못 보고 버스를 놓친 게 아닌가 하고 전전긍긍했는데 마침 그 가족 중 아버지가 우리 버스표를 확인하더니 자기네와 같은 Bolivar 버스라면서 온 가족이 버스 탈 때까지 우리에게 여러 가지 배려를 많이 해주었다. 그 가족들은 종점까지 가지 않고 중간에 내렸다. "Adio glacias." 보름달이 우리 버스를 계속 따라오고 있다. 남미 장거리 버스는 괜찮겠거니 생각하고 침낭을 갖고 타지 않았는데 에어컨을 강하게 틀어 춥고 저녁도 주지 않는다. 우리는 비상용 비스킷으로 저녁을 대신했다.

10월 16일 (목)

• 콜롬비아 국경도시 쿠쿠타(Cucuta)에 가다.

기간	도시명	교통편	소요시간	숙소	숙박비
10.16	산크리토발 ⋯ 쿠쿠타	버스(Bolivar) ⋯ 합승택시	13시간 20분 ⋯ 2시간 15분	Hotel Mary	42000co$

산크리스토발 San Cristobal (베네수엘라) 오전 9:30 도착, 오전10:15 출발 ⇒ 쿠쿠타 Cucuta (콜롬비아) 오후 12:30 (현지시각 12:00) 도착

　　깜깜하던 바깥이 버스 창문을 통해 뿌옇게 시야에 들어오기 시작한다. 오전 5시 조금 넘었다. 벌써 문을 연 정육점도 있다. 여명이 밝아오기 전 주위는 고요해 보이는데 정육점 주인은 정육점 바깥 의자에 앉아 있는 모습이 여유로움이 묻어나면서도 부지런함을 느낄 수 있다. 버스는 소 떼들과 왜가리가 한가로이 있는 목초

지, 늪, 목장을 따라 2시간 이상 달린다.

소마다 대개 소의 다리 아래쪽에 왜가리들이 있다. 공생관계에 있나 보다. 무리지어 있는 흰 소 떼들을 보더니 오샘은 오늘은 길조라고 한다. 오늘뿐 아니라 매일매일이 길조였으면 하는 마음이다. 너무 과한 욕심인가.

여기서 보이지는 않지만, 저 넓고 습한 목초지에는 우리가 모르는 많은 생물들이 서로 어울려 살고 있겠지. 내린천, 아우라지를 지나 국경도시 산크리스토발에 가까워져 오는지 차량정체가 심하다. 양방향으로 출퇴근 차, 화물차들도 많고 산크리토발도 활력 있는 도시인 것 같다. 산속에서 또 산을 몇 번 넘으면서 산에 도시가 보이기 시작한다. 버스터미널에 내리니 오전 9시 30분이다. 13시간 20분을 야간 버스를 타고 왔는데 앞으로 이런 일이 계속될 것 같다.

버스터미널에서 간단히 아침을 먹은 후 숙소를 구하러 갔던 오샘은 지금 합승택시로 콜롬비아의 국경도시 쿠쿠타까지 가기로 했다는 것이다. 이곳에서 쉬기로 했었는데 오늘 생각지도 않게 콜롬비아로 가게 되었다. 피곤하지만 움직여야지…

여기 도착한 지 45분 만에 택시로 버스터미널을 나오는데, 출구에서 택시 안에 있는 승객들의 국적과 명단을 적는다. 건드리면 부서질 것 같은 미국산 올드 카인 택시에 갓난아기와 여자아이, 애들 엄마, 다른 여자아이, 이 아이 엄마 모두 현지인들 5명, 우리 둘까지 승객 7명 그리고 짐들을 가득 싣고 아주 젊은 운전기사는 다른 차를 추월하면서 잘도 달린다. 높지 않은 산을 오르내리면서 창밖으로 겹겹이 보이는 산자락들의 풍경이 아담한 아름다움을 자아낸다.

마을 골목골목으로 된 언덕을 헐떡거리며 올라갈 때는 이 차가 견딜까 걱정되기도 한다. 운전기사는 Capacho 같은 경치 좋은 곳에서는 사진을 찍도록 배려해준다. 운전기사는 영어를 전혀 못하지만 아기 엄마들이 영어를 할 줄 알아 택시 안에서의 의사소통은 잘 되는 편이었다.

가다 보니 많은 사람, 자동차들이 쉴새 없이 오가고 있는 다리가 보인다. 운전기사는 다리를 경계로 베네수엘라에서 콜롬비아로 가는 것이라고 한다. 다리 저 앞에 세관이 보여 운전기사에게 우리는 '출입국 스탬프를 받아야 한다.'라고 몇 번을 이야기했는데도 운전기사는 계속 '괜찮다'라고 한다. 나중에는 택시 안의 현지인들까지 "no problem."이라며 합세를 한다. 산크리스토발 버스터미널을 출발한 이후 한두 차례 검문을 할 때도 여권, 짐 검사를 받았지만 무사 통과되었기 때문에 결국 오샘은 이곳도 서유럽처럼 자유롭게 통과되는가 보다 생각하게 되었다. 결국 출입국 스탬프는 받지 못하고 지나갔다.

휴게소에서 내가 과자를 사서 여자아이에게 주니까 아기 엄마는 아이에게 1개만 먹고 다시 드리라고 한다. 차에서 내릴 때도 흘린 과자 부스러기를 모두 털어낸다. 또 운전기사에게 버스표를 살 수 있게끔 우리를 터미널로 안내하고 호텔까지 구해주라면서 내린다. 우리는 귀인을 만난 것이다. Glacia, Glacia……

택시 운전기사는 2시간 15분을 달려와 쿠쿠타의 버스터미널과 이코노믹 호텔이라며 건너편에 있는 호텔을 알려 주는데, 깨끗한 호텔이다. 택시비로 베네수엘라 돈 30Bv를 받고 남은 베네수엘라 돈도 환전해 주는데 보통 있는 일인 것 같다. 카라카스공항에서 100Bv로 카라카스 시내로 들어간 것은 완전히 속은 것이나 마찬가지인 셈이다.

잠시 쉬고 버스표를 사러 나가려니 갑자기 천둥 번개 치고 소나기가 쏟아지면서 전기가 나간다. 호텔의 우리 방에는 물이 넘쳐흘러

들어온다. 종업원이 달려와 닦느라고 애쓰지만 쉽게 물이 없어지지 않는다. 어느 정도 닦은 후 더 늦기 전에 버스 터미널에서 환전도 하고 버스 표도 사야 하기 때문에 호텔 밖으로 나왔다.

환율은 안 좋지만 쿠쿠타가 국경도시여서 버스터미널에 사설 환전소가 있는 것 같았다. 버스터미널 가는 길이 진흙탕 물로 넘쳐나 터미널 쪽으로 건너갈 수가 없다. 중남미 쪽에 와서의 경험에 의하면 스콜인 것이다. 길어야 1시간 정도 지나면 엄청난 비도 그친다. 비 그치기를 기다리는 동안 호텔 아래층에 있는 식당에서 점심으로 닭 육수에 감자, 옥수수 등 채소를 넣고 끓인 따끈한 Ajiaco를 먹고 나니 뿌듯하다.

빗줄기가 가늘어지는 듯하자 결국 오샘은 급한 성미에 나를 업고 진흙탕 물에 빠지면서 건너는 일이 벌어지고 말았다. 터미널에서 보고타행 버스표를 사고 환전을 하고 보니 아까 택시 기사가 엄청 나쁜 환율로 환전해 준 것이다. 호텔로 돌아와 잠시 후 밖을 내다보니 없어질 것 같지 않게 넘쳐흐르던 진흙탕 물이 거의 없어진 게 아닌가. 이곳 날씨가 기다림의 여유를 가르쳐 주는 것 같다.

10월 17일 (금)

• 활력 넘치는 국경도시 쿠쿠타(Cucuta)

기간	도시명	교통편	소요시간	숙소	숙박비
10.17	보고타	버스 (Bolivar)	16시간 30분	–	–

쿠쿠타Cucuta 관광, 오후4:30 출발 →
보고타Bogota로 향함

아침에 밖을 내다보니 버스터미널 앞에는 벌써 과일 구루마 행상들이 모여들기 시작한다. 낮 12시 되어서야 숙소를 나섰다. 시내 쪽으로 가는 길이 완전히 상업 지구다. 온갖 종류의 상가가 꽤 많이 몇 블록은 늘어서 있다. 도시가 반듯반듯하게 계획된 도시 같다. 쿠쿠타는 국경도시에 불과한데 온두라스의 수도인 테구시갈파보다 훨씬 상가가 많다. 행상, 노점상들도 많은데 그중에는 마호병에 넣은 따뜻한 커피를 팔러 다니는 행상들도 많다. 평일 대낮인데 웬 콜라텍들이 성업 중이다. 성당은 문이 굳게 닫혀 있어 발걸음을 돌릴 수밖에 없다.

지금은 무척 더운 날씨이지만 어제 장거리 버스에서의 실수를 범하지 않으려고 버스에서 밤을 지내기 위해 침낭 등 준비를 단단히 하고 떠나야겠다. 어제 버스 탄 시간보다 2시간이 더 길다. 쿠쿠타에서 보고타까지 예정 시간은 15시간이지만 글쎄….

터미널에서 저녁거리로 빵과 음료수를 사고 모처럼 귤 3개, 사과 2개를 샀다. 터미널에 가게들은 많은데 파는 식품들이 거의 같다. 보고타행 Bolivar 버스에 오르니 정확히 오후 5시 30분에 출발한다. 산길을 따라 오가는 차들이 많다. 산등성이에 목가적인 풍경이 아름다운 그림처럼 드러나기도 하고 깊은 산 중에서 여전히 햇빛도 강렬하고 더워 땀을 뻘뻘 흘리며 도로 공사하는 현장의 일하는 사람 중에 체격 당당한 젊은 여자들의 당찬 모습도 보인다. 이 깊은 산중에서 그녀들이 어두워지기 전에 집에 돌아갈 수 있는지 괜한 걱정도 해본다.

그런데 우리는 저녁을 먹으려고 빵을 꺼냈는데 제일 비싸게 준 빵이 없는 것이다. 가게에 놓고 온 것이다. 이럴 수가….

승객들을 실은 버스는 오르락내리락 무심히 계속 자기 갈 길을 가는 것 같다. 차창의 커튼도 어느새 다 내려지고 버스 안이 고요하다.

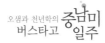

10월 18일 (토)

- 안데스산맥 고원 분지에 위치한 수도 보고타(Bogota)

어느새 주위가 환하게 밝아 오면서 차창 밖에 보이는 투명해 보이는 파란 하늘, 하얀 구름, 초목들의 색깔이 산뜻하다. 꽤 높이 올라온 모양이다. 수많은 건물들이 빼곡히 들어차 있는 드넓은 분지가 시야에 들어온다. 과연 대도시이다. 이런 고지대에 이렇게 엄청난 규모의 대도시가 있다니. 연착되어 거의 16시간 30분 만인 오전 10시에 도착하였다.

어제 쿠쿠타에서 연락할 때는 방이 없다고 했었는데 터미널에 도착하자마자 혹시나 하고 숙소에 전화해보니 오늘은 다행히 방이 있단다. 밤새도록 오랫동안 버스를 타고 와서 오늘은 푹 쉬어야겠다.

버스터미널에 도착하니 경찰들이 곳곳에서 삼엄하게 터미널을 지키고 있다. 버스터미널이 매우 크고 깨끗하고 정해진 위치에 가게와 식당들이 있고 잡상인도 없다. 택시들이 모두 한국 경차와 소형차들이다. 모두 노란색으로 칠해진 우리 차들이 아주 귀엽다. 택시 요금도 미터제로 요금표가 승객 좌석에 걸려 있어 그대로 적용해야만 하는 체제이다. 어쨌든 우리 같은 외국인은 여행 준비과정에서 갖게 된 부정적인 생각보다 꽤 안심되는 부분이 많았다. 다행히 택시 기사도 친절했다.

보고타 인구가 매우 많은 것으로 아는데 거리뿐 아니라 골목들도 널찍하니 시원시원해 보인다. 가로수들도 아름드리 고목들이다. 집들도 큼직큼직하다. 중남미 국가들을 보면 다른 부분은 몰라도 스페인 사람들이 거리나 골목 등 기반 도시 계획은 잘해 놓은 것 같다.

　잠깐 한국 학생을 만났던 니카라과를 빼고 한국인이 운영하는 게스트하우스에서 한국 음식은 없어도 집 떠난 지 한 달 만에 우리나라 사람들을 만나 우리나라 말을 할 수 있었다. 뭔가 해방된 기분이고 밥을 해 먹을 수 있어 좋다. 이 게스트하우스를 운영하는 시스템이 잘 되어 있는 것 같다. 주인은 한국인이지만 게스트하우스에는 나오지 않고 실질 관리는 현지인이 하고 주방도 별도로 사람을 써서 깨끗하게 관리하고 있다. 심지어 이곳에 오래 머무는 한국 여행자가 접수도 받고 여행자들이 적응하는 데 많은 도움을 주고 있다. 외국인 여행자들도 많고 여행 정보도 다양하다. 낮에는 햇빛도 따갑고 더웠는데, 침대에 준비되어 있는 두꺼운 담요를 보니 밤에는 추운가 보다.

10월 19일 (일)

● 아름다운 대도시 보고타(Bogota)

　숙소에 있는 우리 여학생들 2명과 같이 보고타 시내 관광에 나섰다. 버스 운행체제가 안전하고 운영방식도 아주 잘 되어 있는 것 같다.

　일요일이어서인지 황금박물관이 있는 거리부터 볼리바르 광장 있는 곳까지 차 없는 거리여서 많은 젊은이는 물론이고 아이들이 자전거, 인라인스케이트를 타고 거리를 누비고 있다. 볼리바르 동상이 있는 광장은 비둘기들이 자기 집인 양 온통 차지하고 있다. 광장을 중심으로 둘러 있는 대통령궁, 카테드랄을 지나 카테드랄 뒤편의 유네스코 문화유산으로 지정된 언덕진 거리로 향했다.

콜롬비아는 6.25동란 때 참전한 유일한 남미 국가이기 때문에 참전국의 친근감과 예의로 군사박물관 관람을 했는데 볼만했다. 그런데 그 박물관에 근무하는 젊고 잘생긴 군인들이 우리 여학생들에게 호감을 갖는 것 같다.(사진 몇 장 찍어주는 것으로 성의를 표할 수밖에.)

볼테르 미술관으로 가는데 옛 스페인식 건물들이 아름다운 거리를 조성하고 있다. 골목 언덕 끝과 맞닿은 파란 하늘은 더없이 맑아 보인다. 거리를 한층 화사하게 만든다. 볼테르 미술관은 무식한 나로 하여금 "볼테르"라는 인물에 대해 새로운 인물로 감명 깊게 느끼도록 해주었다. 또한 너그러움을 안겨 주었다. 부(富)의 표현을 아주 특색 있게 나타내어 더욱 재미있었다.

보고타 시내가 내려다보이는 몬세라테 언덕을 찾아가는데 골목에서 웬 검은색, 흰색의 수도복 같은 복장과 모자를 쓴 사람들 3명이 우리를 보더니 어디서 왔느냐고 한다. 한국에서 왔다니까 사진을 함께 찍자고 한다. 골목을 따라 한참을 걸어 넓은 길로 나오니 몬세라테 언덕 올라가는 길이 보인다. 마치 숭례문에서 남산 케이블카 있는 곳 올라가는 길 같다. 일요일이라 그런지 가족 단위의 현지인들도 많고 길을 따라 노점상들이 많다. 언덕 입구에서 케이블카나 전차로 올라가는데 일요일은 이용료가 싸단다. 내 생각에는 이용객이 많은 일요일이 더 비쌀 것 같은데, 신도들 때문인지도 모르겠다.

　케이블카로 올라가니 종점 주위에 있는 아주 아름다운 정원이 눈
에 들어온다. 내용은 모르겠지만 신부님의 강론 소리가 들려온다.
입구까지 걸어 올라올 때 약간 힘들기는 했지만 견딜 만했는데 케이
블카로 올라와 성당 아래쪽에서부터 고산증 증세가 나타니 한참을
쉬면서 정상에 있는 성당까지 힘들게 겨우 올라갔다. 동행했던 학생
들에게 먼저 올라가라고 하고 오샘은 나 때문에 많이 힘들었다.

　하얀 면사포를 쓴 화사한 느낌이 들면서 동화나라에 온 것 같은 크
지도 작지도 않은 성당의 겉모습이 너무 예뻐 나는 성당 안에도 꼭 들
어가 보고 싶었다. 이 성당은 해발 3,000m에 위치하고 있으니까 수도
원이 아닌 일반 신도들이 미사를 드리는 성당 중 세계에서 가장 높이
있는 성당이 아닌가 싶다. 포기하지 않고 어렵게라도 올라오길 잘한
것 같다. 덕분에 오샘은 몬세라테 언덕 정상에 있는 아름다운 성당에
서 경건한 미사를 드린 소중한 추억을 갖게 된 것이다.

전차 타는 곳으로 내려오는 길 주변도 잘 꾸며 놓았다. 몬세라테 언덕의 성당과 성당 주변의 야경이 아주 예쁘고 아름다울 것 같다. 내려오면서 벼룩시장을 들렀는데 벌써 파장하는 분위기이다. 벼룩시장에서 눈요기만 하고 황금박물관을 가보려니 개관 시간이 지났다.

숙소에 올 때 버스를 잘못 타고 또 내리는 역도 착각을 해서 많이 헤맸다. 숙소에 와서 숙소에 있는 사람들한테 베네수엘라 산크리스토발에서 콜롬비아 쿠쿠타까지 오는 과정을 이야기하며 출입국 절차를 밟지 못했다고 했더니 우리가 콜롬비아에 밀입국한 것이 되기 때문에 문제가 된다는 것이다. 너무 어이가 없다. 우리가 임의로 합승 택시를 탄 것도 아니고 버스터미널에서 출발할 때도 명단을 제출하고 또 다리 건너 세관 건물이 있어 택시기사와 현지인들에게 몇 번이고 출입국 수속을 해야 한다고 이야기했었는데. 억울하고 허망하지만 어쨌든 사태를 해결해야겠기에 일요일이지만 한국 대사관에 연락을 하니 내일 오전 11시쯤 해결 방법에 대한 연락을 주시겠다고 한다. 순조롭게 해결됐으면 하는 바람이다.

10월 20일 (월)

• 보고타(Bogota)에서 밀입국사건 처리

기간	도시명	교통편	소요시간	숙소	숙박비
10.18 ~ 10.20	보고타	–	–	Posada del sol	120,000Co$

오늘 일이 잘 처리되어야 할 텐데. 어제 전화로만 연락을 취했기 때문에 우리가 직접 가서 일을 처리하는 것이 나을 것 같다. 일부러 조금 늦게 10시 넘어서 대사관에 도착했다. 대사관에 계신 여직원이 우리가 국경 넘어오는 과정을 스페인어로 메모를 해 주어 출입국관리사무소(DAS)로 가서 신고를 하였다. DAS에 도착했을 때 괜히 우리는 화가 나서 증명을 남기려고 멀리 가서 DAS 건물 일부를 사진 찍었는데 건물 인에 들어갈 때 사진 찍었다고 경비병이 우리에게 사진기를 내놓으란다.

우리는 처음에는 쉽게 해결되는 줄 알았다. 그런데 시간이 지나면서 분위기가 무겁게 감지된다. 우리의 사정은 알겠지만 객관적으로 증명할 수가 없다고 하면서, 지문은 물론 눈동자도 찍었다. 완전히 밀입국한 범인이 된 것이다. 출입국사무소에 영어를 하는 직원의 시간과 맞추어 일이 진행되려니, 점심도 못 먹은 채 복도에서 2시간을 기다리게 되었다. 기다리는 동안 바깥에서 바람이 살살 불어 들어오는데, 바깥볕은 따가운데도 몸은 춥고 억울하기도 하고 처량하기도 했다. 하지만 한편으로는 그저 잘 해결되었으면 하는 마음뿐이다.

진술서 작성한 후 벌금을 내고 내일 다시 오라고 하는데 벌금이 엄청 많은 액수다. 우리는 벌금이 너무 많다고 했더니 벌금을 내든지 2년간 옥살이를 해야 한다는 것이다. 어이가 없어 다시 벌금을 확인하니 벌금에 있는 화폐단위가 USD가 아니고 콜롬비아 $(페소)라는 것이다.

은행 마감시간은 다 되어 가는 것 같은 데 벌금 내는 은행을 찾지 못해 애를 태웠다. 은행 찾느라 마음 급하게 걸을 때는 날씨까지 더 더운 것 같다. 겨우겨우 벌금 내고 나니 우리는 만사가 귀찮다. 원래 오늘은 닭백숙을 해서 숙소의 다른 여행객들과 보신 좀 하려고 했었는데.

거의 한 달 만에 한국 식당에서 점심 겸 저녁을 먹으려고 찾아가니 문이 닫혀 있다. 오후 6시부터 시작이어서 지금은 4시 30분이라 문이 닫혀 있는 것이었다. 먹고 싶은 김치찌개는 없었지만 주인의 아량으로 조금 이른 저녁을 먹을 수 있었다. 우리는 숙소의 다른 여행객들에게 주려고 남은 김치와 무말랭이무침을 싸 갖고 왔다. 택시로 숙소에 오는데 이제는 숙소 근처는 길이 익숙하다. 오늘은 택시를 몇 번을 탔는지 모르겠다. 이동할 때마다 탔으니. 이면 도로들도 길이 매우 넓고 도로 사이의 녹지공간도 아주 잘 조성되어 있다. 건물들도 높지 않아 항상 시야가 탁 트이는 기분이다. 오늘은 아무것도 생각하기 싫다. 내일 일은 내일 걱정해야지.

10월 21일 (화)

• 여정에 없던 도시 포파얀(Popayan)으로 행선지 변경 함

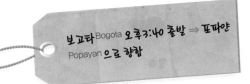

보고타Bogota 오후3:40 출발 ⇒ 포파얀
Popayan 으로 향함

오늘 드디어 밀입국자 신세였던 콜롬비아를 탈출하는 날이다. 대사관도 들렀다 출발해야 하기 때문에 아침부터 서둘러 출국 증명서를 받으러 출입국관리사무소 (DAS)에 가니 사진 1장이 필요하단다. DAS 앞에서 즉석 사진을 찍어 제출하고 또 지문 찍고 증명서를 발급받았다. 씁쓸하면서도 해방된 기분이다. 한국 대사관에 가서 계속 죄송하다는 인사를 하고 숙소로 돌아왔다.

숙소에서 남은 음식으로 점심을 때우고 밖으로 나섰다. 떠나는 우리를 위해 모두가 나와서 오랜 지기처럼 아쉬워하면서도 격려의 헤어지는 인사를 한다. 서류 때문에 생각지도 않게 가장 오래 머물렀던 숙소였다.

콜롬비아 국경도시인 이삐알레스까지 가는 우리가 타려고 했던 버스가 우리가 도착한 시각 이후에는 없어 할 수 없이 시간이 맞는 오후 3시 40분에 출발하는 다른 버스(Flores)로 가게 되었다. 버스비가 우리가 타려 했던 버스보다 저렴하다고 오샘은 좋아한다. 버스 크기가 작은 것은 상관없는데 엔진 소리도 이상하고 어두워졌는데도 계속 비디오 틀고 버스가 작아서 그런지 사람들 떠드는 소리가 더 시끄럽게 들린다. 화장실도 앞쪽에 있는데 냄새가 진동하고, 완행인지 가면서 계속 승객을 태우고, 어떤 아기는 못마땅한 게 있는지 계속 울어댄다. 보고타를 벗어나면 괜찮을 줄 알았는데 갈수록

태산이다. 이렇게 좁고 열악한 야간 버스로 15~17시간 정도를 갈 생각을 하니 까마득하다. 생각다 못해 오샘에게 이 차로 국경까지 못 가겠다고 했다. 버스비를 손해 보지만 11시간 정도 가면 있는 도시 포파얀에서 내려서 다른 버스를 타고 갔으면 한다고 하니 흔쾌히 그러자고 한다. 오샘도 꽤 불편하고 힘들었나 보다. 결국 우리는 내일 새벽 2시쯤 도착되는 포파얀에서 내리기로 했다. 창문밖을 내다 볼 여유가 없이 정말 힘든 여정이었다. 오늘 콜롬비아를 탈출하려던 계획은 무산된 것이다.

10월 22일 (수)

- ### 하얀 도시 포파얀(Popayan)

기간	도시명	교통편	소요시간	숙소	숙박비
10.22	포파얀	버스(flores)	14시간 50분	Cacique Real	32,000Co$

《 포파얀 도착 및 관광 》

예정 시간이 11시간인데 거의 15시간 걸려 몽롱한 상태로 아침 6시 30분 포파얀에 도착하였다. 버스터미널이 작지만 깨끗하고 시설이 잘 되어 있다. 보고타에서 내려올 때는 머물 생각을 하지 않았던 도시여서 다른 숙소에서 갖고 온 명함 중에 있는 숙소를 찾는데, 그 숙소를 찾지 못해 더운물이 나오지 않는 다른 숙소에 자리 잡았다. 주인아주머니는 친절을 베푸느라 열심히 말씀하시는데 우리는 무슨 말인지 전혀 모르겠다. 아침을 먹으러 나가니 식당도 없고 어설프

다. "cafe"라고 쓰여있는 조그마한 구멍가게로 갔다. 조그맣고 동글납작하게 기름에 지져 낸 부침개 비슷한 것과 커피로 요기를 했는데 아무것도 들어 있지 않은 조그만 부침개가 꽤 맛이 좋았지만, 아쉽게도 그 음식 이름을 기억하지 못하고 이후 그 음식을 보질 못했다.

낮 11시쯤 이뻬알레스 가는 버스표를 사러 버스터미널에 갔다가 금방 도착한 벨기에 부부 여행객이 우왕좌왕하고 있으니까 오샘은 그들에게 뭔가 도움을 주고 싶어 다가간다. 오샘은 그들이 찾는 숙소가 있는 부근인 센트로까지 안내할 수 있다는 기쁨에 태양빛이 내리쬐고 더운데도 불구하고 신이 나서 빠른 걸음으로 앞장서 간다. 그 여행객의 부인은 배낭이 무거워 힘들어하면서 더운 날씨에 얼굴이 벌겋게 익어 뒤쫓아 간다. 동병상련이라고 그 부인이 안됐지만 나로서는 그 부인을 어떻게 도울 방법이 없다. 오샘에게 좀 천천히 가라는 말밖에는…. 숙소 근처까지 가니 그 부부들은 오샘에게 "good guide."라며 좋아한다.

센트로에 가니 포파얀에 오길 잘했다는 생각이 들었다. 늘어서 있

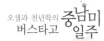

는 하얀색으로 칠한 건물들 사이로 길게 난 돌을 깔아 놓은 골목과 골목 끝까지 멀리 보이는 하얀 구름이 살짝 흩뿌려진 엷은 파란 하늘로 하여금 하얀색 스페인식 건물들이 더욱 아름답고 화사하게 살아난다. 모든 건물을 하얗게 칠하는 등 관광지답게 관리 · 유지하고 있는 아름다운 콜로니얼풍 도시이다. 사람 사는 건 다 같겠지만 우리가 모르는 세상이 너무 많은 것 같다. 생각지도 않은 하얀 아름다운 도시를 만나니 마음이 더 환해지는 것 같다.

이 거리는 꽤 번화하다. 가톨릭 교회에서 운영하는 여학생만 다니는 초등학교가 있는데 200년 된 학교라고 플래카드가 걸려 있다. 안을 들여다보니 수녀님들이 계시고 아주 예쁘게 꾸며 놓았다. 하교시간인지 교문밖에서 부모들이 많이 기다리고 있다. 어느 곳이나 부모들의 아이들에 대한 관심이 많은 것 같다.

센트로 지구에서 안전하다는 곳까지만 갔다가 2시쯤 점심을 먹고 있는데 갑자기 비가 쏟아진다. 우리는 언젠가 그치겠지 하고 여유를 갖는다. 비가 그치기를 기다렸다가 좀 더 거리를 둘러보고 슈퍼에서 아침, 저녁거리를 준비해서 집에 오니 6시가 다 되었다.

10월 23일 (목)

• 콜롬비아에서 에콰도르 국경도시 툴칸(Tulcan)까지 기나긴 여정

기간	도시명	교통편	소요시간	숙소	숙박비
10.23	툴칸	미니버스, 봉고차	10시간 30분	Hotel ALPES	14USD

포파얀Popayan 오전9:00 출발⇒ 파스토 Pasto 오후3:30 도착 및 출발 ⇒ 이뻬알 레스 Ippialles (콜롬비아) 오후4:00 도착 및 출발⇒ 국경 ⇒ 툴칸Tulcan (에콰도르) 오후 7:30 도착

아침 9시 버스여서 느긋하게 버스터미널에 나와 인터넷 전화로 집에 안부도 전하고 소식도 들을 수 있었다. 오늘은 콜롬비아에서 에콰도르로 넘어가는 날이다. 예정대로라면 오후 5시쯤 도착할 수 있을 것 같다.

포파얀에 올 때보다 너 작은 미니버스이지만, 어제 탔던 버스보다 차 성능은 더 좋은 것 같아 다행이다. 포파얀을 벗어나면서 우리가 탄 미니버스는 푸른 산 위의 푸른 산, 그 산 위의 산으로 또 그 산허리를 타고 돌아가다 공중에 떠 있는 듯한 짧은 다리를 건너 옆 산으로 가 그 산 위로 오르다 또 산으로 가다 또 산 위로 오르니 바로 하늘 아래인 듯하다. 아래를 도저히 내려다볼 수 없는 깎아지른 위를 계속 구불구불 올라갔다 내려가고, 내려가는 듯하다 또 올라가는 것이다. 터널을 만들지 않고 생긴 대로 길을 내어 계속 대관령 고개인 것이다. 맑고 깨끗한 파란 하늘 아래 햇빛을 받는 방향에 따라 밝고 짙은 여러 가지 녹색 빛의 향연이 연출되고 있다. 눈앞에 계속 펼쳐지는 파노라마는 무슨 협곡 같기도 하고 도저히 사진에 담을 수 없

는 자연만이 만들어낼 수 있는 신비한 광경인 것이다. 여기가 천국이 아닌가 싶다. 그러한 산꼭대기에 어쩌다 한두 채 집이 있는데 빨랫줄에 빨래가 가득 널려 있는 것을 보니 여기도 사람 사는 곳이구나 하는 생각이 든다. 그 좁은 구불구불한 오르막길, 내리막길을 많은 화물차들과 어깨를 스치기도 하고 경쟁을 하기도 하면서 우리 미니버스는 잘도 달린다. 거리가 문제가 아니라 워낙 길이 구불구불하니 어쩔 도리가 없다. 이런 곳을 5시간여를 달려, 도저히 동네가 나타나지 못할 듯한 높은 곳에 잘 지어진 집들이 있는 동네가 나타나기도 하더니 예정 시간보다 1시간 30분쯤 더 걸려 6시간 30분 만에 꽤 큰 도시 파스토에 도착하였다.

도시가 꽤 크고 부유해 보인다. 파스토에 오니 마지막까지 버스에는 우리 둘만 남아 있다. 여기서 운전기사는 우리를 다른 버스에 옮겨 타게 한다. 곧 어두워질 텐데 숙소 구하는 것도 문제이고 오늘 국경을 넘을 수 있을지 모르겠다. 무리는 안 하는 것이 좋은데.

출발 30분 후인 오후 4시 콜롬비아 국경도시 이뻬알레스에 도착하니 숨 놀릴 겨를도 없이 봉고차가 오더니 국경까지 간다고 빨리 타란다. 콜롬비아 국경에 도착하여 DAS에서 벌금까지 내고 발급받은 출국 증명서를 제출하고 출국 수속을 밟는데, 묘한 생각이 든다. 개인 환전상이 있어 남은 콜롬비아 돈을 에콰도르 돈으로 환전한 후 에콰도르 쪽으로 다리를 건너는데, 혹시 콜롬비아 국경 쪽에서 우리를 다시 불러 들이지 않을까 하는 생각에 걸음이 빨라진다.

에콰도르 국경에서 입국 수속을 밟고 나니 어둑어둑해지는 것이다. 어두워지니 어떻게 에콰도르의 국경도시 툴칸까지 가나 하고 걱정했는데 먼지를 날리며 봉고차가 오더니 툴칸 간다며 타란다. 이렇게 몇 시간을 먼지를 잔뜩 뒤집어쓰며 정신없이 연이어 차를 옮겨 탄 결과, 오후 7시 30분 불빛만 남은 툴칸에 도착하였다.

　버스에서 내려 그 근처 어떤 사람이 소개한 버스터미널 옆에 있는 더운물이 나온다는 숙소로 갔다. 그런데 더운물이 나오는 듯하더니 끊겨 오샘은 적도에서 샤워를 하다 너무 추워서 얼어 죽는 사태가 일어날 뻔했다. 하여간 오늘 어찌어찌해 드디어 적도의 나라 에콰도르에 왔다.

10월 24일 (금)

• 정겨운 도시 오타발로

기간	도시명	교통편	소요시간	숙소	숙박비
10.24	오타발로	버스(local)	2시간 45분	Residencial el Rocio	12USD

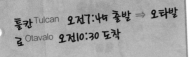

툴칸 Tulcan 오전7:45 출발 ⇒ 오타발로 Otavalo 오전10:30 도착

　아침 7시 30분쯤 숙소 밖으로 나왔는데 아직도 새벽잠에서 안 깨어난 것처럼 버스터미널이 썰렁하니 조용하다. 추워서 몸을 덥히기 위해 커피를 마시려고 근처 작은 가게로 갔는데 젊은 또순이(?)는 손님을 위한 음식 준비로 부지런히 몸을 움직이더니 손님에게 재빨리 먹음직스러운 김이 모락모락 나는 밥이 있는 음식을 푸짐하게 내놓는데 음식값이 싸다. 1$(에콰도르 화폐단위, 1USD = 2$)란다. 그러니까 0.5USD인 것이다. 이런 곳이 있는 줄 알았으면 숙소에서 아침으로 차가운 빵을 억지로 먹지 않았

을 텐데라는 아쉬움이 남는다. 적도 지역이고 냉방을 하지 않았는데
도 아침 시간에는 버스가 추워 침낭을 꺼냈다.

어제와는 또 다른 풍요로움이 계속 펼쳐진다. 자그마한 녹색 나무
들로 울타리를 만들어 경계를 표시한 것이며, 인간이 자연을 손상
시키지 않으며 공존하기 위해 일구어낸 물기를 머금은 듯한 싱싱한
녹색의 밭, 검은 빛깔의 비옥해 보이는 밭, 연한 녹색의 목초지들이
끝없이 이어지는 산들과 분지들을 온통 뒤덮고 있다. 이 파노라마로
펼쳐지는 풍경은 인간이 자연에 순응하면서 자연과 하나가 되는 분
위기다. 자연을 거스를 수 없는 인간의 근면함을 보여 주는 모습이
기도 하다. 자연은 인간에게 인간은 자연에게 완전히 상호의존적인
관계인 것 같다.

버스 정류장마다 거의 경찰이 한 사람씩 있다. 우리는 차장에게
"오타발로"를 몇 번씩 부탁해 놓았다. 아닌 게 아니라 부탁을 했기
망정이지 그냥 지나칠 뻔했다. 어떤 한적한 시골 정류장에 우리만

덜렁 내린 것이다.

마침 경찰이 있어 숙소 주소를 적은 종이를 내미니 택시로 1$면 간다면서 택시를 잡아 주는 것이다. 풍채가 있는 나이 지긋한 주인 아주머니가 능수능란한 태도로 우리를 맞아 주신다.

2층에 있는 방을 잡고 햇빛이 잘 드는 안 마당의 빨랫줄을 보니 갑자기 밀린 빨래를 하고 싶은 생각이 든다. 햇빛에 바짝 말릴 수 있을 것 같다. 빨래거리 한 보따리를 샤워기로 물을 내뿜으면서 목욕탕 바닥에서 빨다 보니 너무 힘들다. 그래서 빨래를 싸 들고 주인이 사용하는 빨래터로 갔는데 물을 그릇에 담아 빨래를 헹구는 것이 아니고 물을 받아 두는 콘크리트 통에서 물을 계속 퍼가면서 헹구어야 하는 것이다. 한 손으로만 빨래를 헹구어야 하니 대충 헹굴 수밖에 없다. 모처럼 해가 드는 마당 빨랫줄에 빨래를 널고 나니 개운하다. 빨래를 널고 나서, 나는 왠지 모르게 이곳에서 하루 더 묵고 싶다고 하니 오샘도 쉽게 그러자고 한다.

주인이 가르쳐 준 식당에 가서 점심을 먹을 때까지도 이곳 분위기가 아직 어설프다. 점심을 먹은 후 거리를 따라 걷다 보니 이렇게 정답게 꾸며 놓은 곳이 있을까 싶다. 거리도 깨끗하고 가로등, 정류장, 집, 상가, 카페, 건물들 하나하나 아주 예쁘고 세련되게 잘 꾸며 놓았으며 거리도 깨끗하고 자동차도 좋아 보인다. 처음에 버스에서 내렸을 때의 분위기와는 다르다. 아주 특이하게 꾸민 음식점 겸 카페가 있어 쉴 겸 들어갔는데 젊은 여주인의 옷차림새는 독특했고 ㅁ자형의 2층집을 여러 가지 식물과 새들로 독특하게 꾸민 카페에서 우리는 환경친화적인 색다른 분위기를 만끽할 수 있었다.

휴대전화 상점도 많고 인터넷 카페도 분위기가 있어 보인다. 물론 참새가 방앗간을 그냥 지나칠 수 없듯이 모처럼 마음 놓고 애들과 통화를 한 것 같다.

원주민 시장에서는 주로 원주민들이 만든 수예품, 장식품, 장신구, 잡화 등이 주로 있다. 단체로 오신 수녀님들도 이 시장을 돌아보고 계시고 배낭여행객도 몇 명 눈에 띈다. 이 잡화 시장 옆에는 원주민들이 재배한 과일, 채소시장이 있어 과일을 조금 샀다.

볼리바르 광장 쪽에 가니 시청 앞에서 무슨 공연이 있는지 하얀 의자들이 잔뜩 놓여 있고 공연 준비로 바쁘다. 공연 연습하는 것을 보다가 저녁 식사 후 다시 와 보기로 하고 빨래도 걷을 겸 집으로 돌아오는데 지나는 거리들도 또 건물들도 너무 잘 꾸며 놓았다. 그렇게 경제가 좋지 않은 나라의 소도시에 식민지 시대의 건물, 도로를 살리면서 이런 예쁜 도시를 만들 생각을 하고 설계를 하고 실현했다는 것이 대단한 것 같다. 세련된 옷들을 세련된 감각으로 디스플레이 해 놓은 의류점, 우아한 가구점, 가전제품점, 음향기기점, 원주민 여자들의 전통복장인 하얀 블라우스, 감색 긴 치마, 납작한 까만 신발 등을 파는 상점과 레스토랑들이 즐비하다. 거리를 오가는 이곳에 사는 원주민들 모습이 전혀 어색하지 않고 다른 도시민들과 원주민들이 완전히 한 공동체인 것이다. 어쨌든 잠시이지만 원주민이거나 원주민이 아니거나 이 도시 사람들 표정을 볼 때 행복 지수가 매우 높을 것 같아 보였다.

저녁에도 치안에 문제가 없을 것 같아 오후 8시쯤 나가려니 매우 춥다. 최대한 옷을 껴입고 가로등이 비추는 거리를 따라 공연장으로 갔는데 이미 공연은 거의 끝나가고 있었다. 건너편 건물 주차장에서 우아하게 차를 타고 나가는 관객들도 많고 꽉 차 있던 관람객들이 흩어지자 우리도 공연을 놓친 아쉬움을 뒤로하고 돌아올 수밖에 없었다.

오샘은 숙소로 돌아오면서 무언가 아쉬움이 남는 듯 매주 토요일 오전에 선다는 원주민 시장을 조금만 더 보고 오전 9시쯤 이곳을 떠나자고 한다. 아니 아까 하루 더 묵자는 것에 대해 쉽게 동의하더니. '그럼 그렇지. 늑진하게 있을 사람이 아니지. 내가 기대한 것이 불찰이지.'라고 생각하면서도 조금은 화가 난다. 참을 수밖에. "네에. 그러죠."

10월 25일 (토)

• 적도에 위치한 도시 샌 안토니오(San Antonio)

기간	도시명	교통편	소요시간	숙소	숙박비
10.25	샌 안토니오 ⋯> 키토	버스(local) ⋯> 버스(local)	1시간 40분 ⋯> 1시간 30분	Housi Contimental Hotel	16USD

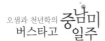

오타발로 Otavalo 오전9:40 출발 ⇒ 샌안토니오 San Antonio 오전11:30 도착, 오후 1:00 출발 ⇒ 키토 Quito 오후2:30 도착

오전 7시 30분, 토요일마다 선다는 원주민 시장터로 갔다. 벌써 시장은 북적거린다. 남미 원주민 시장으로는 가장 규모가 크다고 한다. 산더미처럼 쌓인 채소, 과일, 식품, 토끼, 닭, 강아지, 토산품, 일용품, 잡화, 장신구, 기념품, 농기구, 의류, 신발 등 종류도 다양하고 물량도 엄청나다. 팔 물건이나 산 물건을 넣은 커다란 광주리나 헝겊 주머니를 또는 아기를 넣은 주머니를 등에 지고 다니는 원주민들도 있고 살아 있는 닭 2마리를 팔러 나온 원주민 모녀는 손에 한 마리씩 닭의 다리를 잡고 시장을 활보한다.

　이런 장터에서 빠지지 않는 노상 음식점에서 빵 대신 따뜻한 밥과
생선구이로 아침 식사를 하고 나니 그냥 기분 좋다. 시장 사람들 틈
에 섞여 시장 여기저기 기웃기웃하면서 돌아다니다 인터넷 카페에
서 집에 전화를 하였다.

　정든 오타발로를 떠나 샌안토니오로 가기 위해 부지런히 걸어서
버스정류장에 오니 그곳에는 원주민들이 가축들을 물물교환하는 장
터가 있다. 오전 10시도 채 안되었는데 벌써 장터 일을 끝마치고 집
으로 돌아가는 원주민들로 정류장이 북적인다. 버스가 오니 우리가
타는 버스에 원주민들이 닭, 강아지, 새끼 돼지 등 살아 있는 가축
들을 담은 마대자루를 버스 아래쪽 짐칸에 잔뜩 싣고 문을 쾅 닫는
데 버스의 더운 밀폐된 공간에서 내릴 때까지 가축들이 얼마나 힘들
까 하는 생각이 든다.

　가다 보니 산 높은 정상에 집들이 많이 보여 어떻게 저리 높은 곳
에 살까 했는데 우리가 탄 버스가 그곳으로 가는 게 아닌가. 그 높
은 곳에 사람 냄새나는 큰 규모의 도시가 펼쳐진다. 그곳이 적도(위
도0°)에 위치한 도시 샌안토니오인 것이다. 도착 시각도 오전11시 30
분 마음껏 적도에서의 경험을 해 볼 수 있을 것 같다. 덥지만 날씨
가 흐려 따가운 햇살은 없다.

적도 기념관 입구에 배낭을 맡길 곳이 없어 할 수 없이 배낭을 맡길 만한 큰 레스토랑으로 갔는데 값만 비싸고 너무 맛이 없다. 배낭을 맡길 수 있다는 것만으로도 다행으로 생각하고 적도 기념관 전망대로 올라갔다. 직선으로 태양에 좀 더 가까이 다가간 것인가. 전망대에서 보이는 도시 샌안토니오는 그 주변을 둘러싸고 있는 산들과 어우러져 안정감 있고 평화롭게 보인다. 전망대에서 내려와 적도 기념관 입구 바깥에 있는 0°-0′-0″ 지점으로 갔다. 그 지점에서 우리는 남북으로 갈리는 이산가족이 되기도 하고 빙~ 돌아가서 동서로 떨어져 있기도 하면서 사람들이 별로 없는 조용한 적도는 우리 차지가 되었다. 그런데 이상하게도 적도에 있다는 실감이 나지 않는다. 그늘이 될 만한 나무들이 없는데도 날씨가 흐려서인지 별 무리 없이 다닐 수 있었다. 우리가 배낭 메고 힘들어할까 봐 날씨가 도와준 것 같다.

샌안토니오에서 키토까지 버스를 타니 약 1시간 30분 걸렸는데 버스비가 1인당 0.4에콰도르$이고 키토 외곽의 버스 터미널에서 트롤리로 갈아타고 키토의 센트로까지 오는데 시외버스와 트롤리가 연계되어 공짜인 것이다. 너무 싸서 미안할 정도이다. 아까 오타발로에서 샌안토니오에 도착해 샌안토니오 버스정류장에서 적도 기념관 갈 때 10분 정도 가는 택시비로 7에콰도르$를 냈으니 택시비를 바가지 쓴 건지 헷갈린다. 에콰도르의 수도인 키토는 해발 2,850m에 위치해있다더니 센트로에서 구시가지 거의 중심에 있는 숙소까지 택시로 오는데 또 가파른 길로 계속 올라온다. 가파르게 올라오는데 구시가지의 중심이 되는 더 높은 언덕위에는 파란색 하늘 바탕에 하얀색 성모상이 그림처럼 우뚝 서 있다. 고산증이 나타나지 않도록 서서히 걸어야겠다.

　숙소에서 장거리 버스터미널까지 가까운 것 같아 숙소 도착한 후 곧 쿠엥카 가는 버스표를 사기 위해 장거리 버스터미널 가는 길을 경찰에게 물으니 트롤리로 1정거장만 가면 되는데 위험하니 걷지 말고 트롤리를 타고 가란다. 오후 4시 30분쯤 된 시간인데 트롤리도 장거리 버스터미널도 꽤 사람이 많다. 조심하면서 다녀야 할 것 같다. 여러 버스회사가 있어 그동안 버스 타고 다닐 때의 문제점을 감안해 여러 조건들을 확인 또 확인하고 버스표를 샀다. 숙소 가까이에 있는 조그만 식당에서 "오늘의 메뉴"가 2인분에 3.5에콰도르\$이다. 시장(嘶腸)이 반찬이라고 푸짐하게 느껴진다.

10월 26일 (일)

• 적도 고원에 위치한 수도 키토(Quito) —인류의 문화 유
  산 도시

키토Quito 관광 ⇒ 쿠엥카Cuenca로 오
후9:30 출발

아침 8시인데 밖으로 나서려니
쌀쌀하고 일요일이라서 그런지
길은 한가하다. 숙소가 스페인풍
의 건물과 거리로 된 구시가지 중
심에 있어 쉽게 독립광장을 중심
으로 이글레시아, 대성당, 대통령궁, 슈크레장군 기념관, 산토도밍
고 교회, 수도원, 라콤파니아 교회, 라메세르교회, 수도원, 트롤리
종점에 있는 산프란시스코 교회, 수도원 등 여러 볼거리들을 둘러볼
수 있었다. 몇몇 여행객만 눈에 띌 뿐이다. 그래서 우리에게는 하얀

건물은 눈부시게 하얀색을 뿜어내는 이 아름다운 구시가지가 더 넉넉한 공간으로 또 파란 하늘이 더 산뜻한 느낌으로 다가온 것 같다.

쿠엥카로 가는 버스가 오후 9시 30분 출발이어서 숙소에 와서 점심을 먹고 배낭을 숙소에 맡긴 후 트롤리로 신시가지 쪽으로 갔다. 신시가지도 일요일이어서인지 상가들도 닫혀 있고 차도나 거리가 한산하다. 신시가지 중심 쪽으로 가다 선글라스가 많이 걸려 있는 중국인이 운영하는 가게가 있어 오샘과 나는 중국제 선글라스 2개를 4에콰도르$에 샀다. 이번 여행에서는 선글라스가 계속 말썽이다.

신시가지 중심에 가니 구시가지와는 다른 분위기이다. 구시가지가 우아하고 고풍스러운 분위기라면, 신시가지는 예쁘게 장식한 집들이 많고 레스토랑과 카페들마다 손님들이 그득하니 앉아 이야기꽃을 피우고 활기 있는 분위기에 생동감이 넘친다. 많은 여행객들이 이곳에서 머무는 것 같다.

시간도 보낼 겸 우리도 여행객들 틈에 섞여 레스토랑에 한자리를 차지하고 앉아서 커피를 마시고 있는데 바쁜 걸음으로 지나가는 한

국 남녀 2명을 만났다. 회사에서 출장 왔다고 한다. 낯선 타국 땅에서 만나니 서로 놀라면서도 잠시이지만 반가움이 앞선다. 바쁘신 것 같아 아쉽게도 차 한잔 같이 못하고 금방 헤어졌다.

지금 오후 3시쯤인데 흐린 날씨에 쌀쌀하다. 벗었던 긴팔 옷을 다시 입는다. 낮 1시만 되어도 그림자가 생겨 그림자 안에 들어가면 시원하다. 고원에 위치해 있어서인지 적도라는 것이 실감 나지 않고 하루에도 봄, 여름, 가을 3계절이 다 나타난다.

부지런히 서둘러 4시 30분쯤 구시가지에 오니 결국 비가 오기 시작하고 6시쯤 되니 비가 더 세차게 온다.

우비로 완전무장하고 버스 터미널에 6시 30분쯤 도착해서 버스 출발할 때까지 KFC에서 기다리는데 9시 되어가니 문을 닫는 것이다. 우리가 탈 버스 있는 곳으로 가려고 버스표를 내고 나오는데 동전을 넣어야만 짐이 통과되는 게 아닌가. 그동안 여행 중 이런 적이 없었다. 10시간 야간 버스를 타야 한다. 최적의 버스를 고르느라 애썼지만 버스 환경이 어떨지 모르겠다.

10월 27일 (월)

• 세계문화유산 역사지구인 쿠엥카(Cuenca)

기간	도시명	교통편	소요시간	숙소	숙박비
10.27	쿠엥카	버스	9시간	GRAN Hotel	28USD

쿠엥카Cuenca 오전6:30 도착 및 관광

밤 버스인데도 새벽에 승객들이 자주 내리고 탄다. 쿠엥카에 가까워지면서 출퇴근하는 사람들이 많이 이용하는 것 같다. 쿠엥카로 오면서 보이는 마을들의 집들이 크고 페인트칠이 깨끗하게 잘 되어 있고 부유해 보이는 느낌이다. 항상 도착 예정 시간보다 1~2시간 정도 늦었는데 오늘은 1시간 빠른 아침 6시 30분에 도착하여 우리는 당황하면서 내렸다. 하지만 다음 행선지인 후아낄라 가는 버스 회사가 아직 문을 열지 않았다.

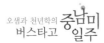

주변을 살펴보니 아
직 이른 시간인지 거리
에 자동차나 사람이 별
로 없다. 숙소는 우리
가 생각했던 것보다 비
쌌지만 할 수 없이 묵
기로 했다.

야간 버스에서 잠
을 못 자 숙소에서 휴
식을 취한 후 대성당이 있는 공원 쪽으로 가는데 고유한 전통복장
을 한 원주민들이 그들의 전통 악기를 연주하면서 지나가고 있고 오
랜 시간이 느껴지는 돌이 깔려 있는 거리 주변의 잘 보존된 콜로니
얼풍 건축물들로 도시는 안정감있는 아름다움이 드러난다. 이곳 원
주민들 생김새나 의상이 오타발로의 원주민들과 완전히 달랐다. 오
타발로의 여자 원주민들은 얼굴도 작고 왜소하고, 동양적이면서 다
소곳하고, 표정이 밝은 모습에 레이스나 셔링이 있는 하얀 블라우
스와 감색이나 까만 긴 치마에 까만 샌들을 많이 신고 있었다. 반면
이곳 여자 원주민들은 얼굴이 크고 거무스름하며, 키가 작고 뚱뚱하
고, 뒤가 들린 듯한 종아리 중간 정도까지 내려오는 퍼진 치마를 입
고 길게 땋아내린 머리에 중절모 비슷한 모자들을 쓰고 있다. 남자
원주민들은 오타발로에서 보았던 원주민과 차이가 없어 보였다.

일방통행이라 버스터미널 가는 버스를 반대로 타고 종점까지 갔
다가 다시 버스터미널로 가서 후아낄라행 버스표를 사기로 했다. 외
곽 쪽으로 가는데 중간중간 밭이나 집들이 있는데 대부분 대가족이
사는지는 몰라도 집들이 모두 저택이고 겉모습들이 깨끗하다. 밭에

서 일할때나 집에서도 원주민들은 종아리 부분까지 오는 넓은 치마에 긴 양말도 신고 모자까지 쓴 모습이다. 덥고 불편할 것 같은데 밭에서 일할 때도 외출 나와 있는 밖에서 본 모습과 같다. 하루 종일 그런 차림으로 있으면 답답할 것 같다.

쿠엥카뿐 아니고 에콰도르의 집들은 대개 페인트칠이 깨끗하게 잘 되어 있다. 페인트칠도 일률적으로 규제한 것 같다. 모두 주황색 지붕에 황토색 벽인데 집들마다 칠을 깨끗하게 하고 마당들도 잘 꾸며 놓았다. 창틀이나 밖에서 비쳐보이는 커튼 등을 보면 내부도 잘 꾸며 놓았을 것 같았다. 우리 눈에 보인 "에콰도르"는 거지도 많지 않고 치안도 괜찮은 편이고 잘 사는 것 같다.

종점까지 갔다 되돌아오는데, 12시 30분이 하교 시간인가 보다. 초등학교 1, 2학년 학생들이 땀에 젖은 모습으로 아이스크림 하나씩 입에 물고 왁자지껄 버스에 우르르 올라탄다. 차장은 꼬마 학생들 버스 요금 받느라 정신없다. 오샘이 카메라를 꺼내니 수줍어하는 아이, 얼굴을 내미는 아이, 눈망울이 초롱초롱하고 귀엽다. 적도라고는 생각되지 않을 교복인 스웨터, 두꺼운 체육복 차림들이다. 아무렴. 얘들아, 너희 조상들이 비옥하게 만든 땅. 에콰도르에서 긍지를 갖고 살려무나.

버스표를 사고 오는 길에 비가 오기 시작하더니 점점 빗줄기가 굵어진다. 그런데 계속 오는 비가 그칠 기세가 아니다. 오샘은 피곤해서 입술도 부르트고 입맛도 없다고 한다. 오후 6시인데 깜깜하고 비가 오는데 할 수 없이 입맛 날 만한 음식이 있을까 하고 밖으로 나왔다. 오샘은 이곳저곳 기웃기웃하다 옷 시장이 있는 노점에서 우산을 쓰고 닭꼬치, 닭똥집 꼬치구이를 맛있게 먹는다. 천만다행이다.

오샘은 내일 페루 툼베스에 가면 아름다운 곳이라니까 이틀 정도 쉬고 리마로 가자고 한다. 오샘은 여독이 많이 누적된 것 같다. 내일은 아침 7시 버스를 타야 하기 때문에 서둘러야 한다.

CHAPTER .03

잉카의 잃어버린 도시,
마추픽추

이동경로

후아낄라

툼베스

에콰도르(Ecuador)

페루(Peru)

브라질(Brazil)

아구아스
칼리엔테스

마추픽추   쿠스코

리마   푸노   라파스

볼리비아(Bolivia)

이키케

칠레(Chile)

10월 28일 (화)

• 드디어 페루에 입국 함

기간	도시명	교통편	소요시간	숙소	숙박비
10.28 ~ 10.29	후아낄라 ⋯ 툼베스	버스 ⋯ 콜렉티보	5시간 30분 ⋯ 40분	Hospedigie LOURDES	60sol

쿠엔카Cuenca 오전7:00 출발⇒ 후아낄라huaquillas 오후12:30 도착 및 출발⇒ 국경⇒ 툼베스Tumbes 오후1:30 도착

오늘은 뜻밖에 아름다운 나라로 다가왔던 에콰도르를 떠나 페루로 가는 날이다. 국경을 넘을 때는 항상 쉴 새 없이 바쁘게 움직여야 하는 것 같아 벌써 괜히 피곤해진 다. 오타발로에서 하루만에 떠나

조금은 아쉬웠는데 쿠엥카에서도 비 때문에 꽃시장을 가보지 못하고 떠났다. 손님이 없어 30분 정도 늦게 출발하였다. 차장은 후아낄라로 갈 때까지 계속 손님을 끌어들이느라 소리치며 애쓴다. 쿠엥카에서 벗어나서도 역시 집들을 깨끗하게 건사하는 것 같다. 최소한 먹고사는 것은 해결되는 것이 아닐까. 점점 내려가는 듯하더니 다시 산으로 오르는 듯하고 이렇게 푸른 산, 푸른 들판, 푸른 목장을 품에 안은 채 계속 가는데 이런 첩첩산중에 노점이 나온다. 그런데 이게 웬일인가. 노점이 시야에서 벗어나면서 황량한 산악지대가 벌거벗은 채 드러나는데 마치 벌거벗은 한계령 같다. 푸른색은 다 어디로 사라졌는지 안 보인다. 누런 풀포기, 선인장들만 여기저기 흩어져 있는 사막지대이다. 그렇게 거의 20분을 달리더니 버스가 구름 속으로 들어가는 것 같다. 어느덧 시간이 지나 푸른 나무들이 나타나고 빨래가 널려 있는 걸 보니 사람 사는 동네인가 보다. 빨래는 사람만이 하는 특권이니까. 한 아주머니가 버스에서 내리고 한 젊은 여자가 버스에 오른다. 인가가 드물어지면서 우리는 베네수엘라와 콜롬비아 국경에서의 경험 때문에 줄곧 에콰도르 국경도시 후아낄라에 신경을 곤두세웠다. 바나나 농장이 이어지고 도로공사 중인 길을 피해 흙먼지를 날리며 가는가 했는데 얼마 남지 않은 승객들이 친절하게 '스탬프 찍는 곳'이라고 시늉을 하면서 알려 준다. 출국 수속이 늦어져 기다리는 버스 승객들에게 미안한데 버스기사는 계속 클랙슨을 눌러대고 재촉한다. 잠시 후 후아낄라 버스 종점에서 모두 내린다.

다행히 짐을 잔뜩 든 여자 승객 한 분(억순 아줌마?)이 우리가 가려는 페루의 국경도시 툼베스까지 간다고 한다. 억순 아줌마는 짐을 잔뜩 들고 부지런히 앞서 가고 우리도 놓칠세라 부지런히 쫓아가는데 페루에 들어섰다. 우리는 억순 아줌마께 계속 스탬프를 받아야 한다는 시늉을 하면서 쫓아갔다. 햇빛은 쨍쨍 내리쬐고 땀으로 온몸이 흠뻑 젖는다. 혼잡한 시장 속으로 해서 이리저리 돌아서 가는데 억순 아줌마 없었으면 찾아가지도 못했을 것 같다. 우리를 태우려고 택시 기사가 쫓아오는데 억순 아줌마 덕분에 택시는 못 타고 땀범벅을 하면서 쫓아가야 했다. 억순 아줌마는 택시가 아닌 모터택시(자전거에 모터를 달아 만든 인력거)를 세우더니 가격 흥정을 하고 곧 모터택시에 그 많은 짐과 사람 3명까지 타고 뒤에 실은 배낭이 떨어질까 봐 팔을 뒤로 뻗어 배낭을 꽉 붙든 채 모토 택시는 뜨거운 길을 용을 쓰며 간다.

드디어 페루 입국장에 도착하였다. 어느 길로 왔는지 전혀 기억이 나지 않는다. 에콰도르 국경을 출발한 지 굉장히 오랜 시간이 지나 도착한 느낌이다. 짐을 잔뜩 든 억순 아줌마는 우리를 위하여 뜨거운 햇볕 아래 그 고생을 하면서 일부러 입국장에 들려서 친절하게 안내해 주셨다. "고맙습니다. 고맙습니다. 억순 아줌마 아니었으면 우리는 페루 입국장을 찾지도 못하고 더운데 무거운 배낭을 메고 어지간히 헤매었을 것입니다." 여행의 즐거움은 이처럼 좋은 분들의 도움을 받았을 때 힘들고 어려웠던 시간들이 녹아 나는 것 같다.

입국 수속을 마치고 나오는데 도로에서 봉고차가 툼베스 간다면서 얼른 타라고 한다. 우리가 정신없이 콜렉티보에 오르고 배낭을 차에 꾸겨 넣고 나니 인원이 꽉 찬 모양이다. 우리가 타자마자 흙먼지를 날리며 출발한다. 국경마다 콜렉티보들은 사람과 사람, 사람과 짐, 짐과 짐이 포개질 정도로 실어야만 출발하는 것 같다. 계속 내리고 타며 사람으로 차를 꽉꽉 채우면서 달리더니, 꽉 찼던 사람들이 모두 내리고 우리만 남는다. 차장은 숙소 주소를 보더니 숙소 가까운 곳에 우리를 내려준다.

덥기도 하고 흙먼지 날리는데 배고픔을 느낀다는 것은 사치인 것 같다. 배고픈 것을 잊어버렸다. 처음 간 숙소가 신통치 않아 다른 숙소로 가서 배낭을 내려놓으니 한숨 놓이면서도 막막하다. 기대했던 아름다운 해안도시가 전혀 아닌 것이다. 쉬는 건 고사하고 자동차 경적 소리, 모터 택시들이 뒤엉킨 거리는 정신이 없다. 얼른 이 도시를 벗어나고 싶은 마음뿐이다.

광장에 가니 광장을 중심으로 여러 방향으로 길이 나 있다. 은행이 있는 거리로 가 은행에서 환전을 하고 그 거리를 따라가니 상가들이 형성되어 있긴 한데 과일가게, 빵집은 거의 보이지 않고 점심 먹을 곳도 마땅치 않다. 큰길로 나와 허름한 식당에서 겨우 입에 풀칠하고 먹음직스러운 망고 1개를 사 왔다.

숙소에서 망고를 먹고 외출했다 들어오니 숙소방의 탁자와 화장실 쓰레기통에 개미가 들끓고 있다. 망고를 먹은 것이 문제를 일으킨 것이다.

광장으로 다시 갔는데 광장의 도로가 포장되어 있는데도 흙먼지가 계속 날린다. 광장 주변의 식당이나 카페들의 식탁은 닦아내도 곧 먼지가 쌓인다. 그런 카페에서 차를 마시기도 하면서 광장 주변만 맴돌다 오후 5시면 문을 닫는다는 가이드북에 소개된 식당에 혹시나 하고 갔더니 역시 문이 닫혀 있다. 상가들이 있는 넓은 거리로 가니 자동차, 모터 택시, 사람들로 붐빈다. 그 거리에 불이 환하게 밝혀진 닭튀김 전문식당이 있어 들어갔는데 손님들로 북적이는 걸 보니 유명한 집인 것 같다.

　숙소에 거의 다 왔는데 숙소 앞거리가 사람들로 인산인해다. 성모
대축일 축제가 열리고 있는 것이다. 낮에 처음 이 숙소에 들어갈 때
그 앞거리에서 어른, 아이들이 색종이로 색동 고리를 만들어 걸고
있더니 이 축제 준비를 하고 있었던 것이다. 우리는 축제를 본 것까
지는 좋았는데 밤늦도록 시끄러워 깊은 잠을 자지 못한 아쉬움이 남
는다.

　숙소에 들어오니 방에 있던 개미가 모두 화장실 쓰레기통으로 가
서 잔치를 벌이고 있는 것이다. 숙소 주인한테 사정을 이야기하니
킬러(개미약)를 준다. 킬러를 뿌리니 냄새가 어지간하다. 더운물 샤워
를 할 수 있다고 해서 들어온 숙소인데 더운물은 안 나오고 기온이
워낙 높아 자연적으로 차가운 기운이 가신 물이 나오는 것이다. 오
늘은 다양한 경험으로 하루가 지나간 것 같다. 또 국경을 통과하는
데 몸이 많이 고달팠다.

10월 29일 (수)

해안사막지대를 따라 툼베스(Tumbes)에서 리마로 향함

툼베스 Tumbes 오후4:00 출발 ⇒ 리마
Lima 로 향함

흙먼지 날리는 뿌연 거리에 나가기 싫어 꾀를 부리다 낮 12시쯤 배낭을 숙소에 맡기고 나왔다. 오후 5시면 문을 닫는 식당이어서 어제 가지 못 했던 식당으로 점심을 먹으러 갔다. 그런데 오늘도 그 식당은 겉에서 보면 꼭 문 닫은 식당처럼 보인다. 또 식당 내부도 입구 부분, 그 안쪽, 안쪽에 문이 있고 그 문 안쪽 공간. 이렇게 3부분으로 나뉘어 있다. 같은 종류의 음식이라도 위치에 따라 가격이 다른지는 모르겠다. 맨 안쪽은 쾌적했다. 우리는 팁까지 모두 13sol(1USD = 3.04sol)로 닭에서 벗어나 생선으로, 어제보다는 좀 좋은 환경에서 우아하게 점심을 먹은 셈이다.

공원에서 구두닦이의 끈질긴 유혹을 물리치기도 하고 오가는 사람들 구경도 하면서 할 일 없이 오후 2시 반까지 시간을 보내다 오후 4시에 리마행 버스를 타러 Curse del Sur 버스회사로 갔다. 손님들이 의외로 많다. Curse del Sur 버스는 버스비가 비싸지만 사람들이 선호하는 좋은 버스라더니 터미널에서의 짐 검사가 까다롭다.

버스를 타고 판아메리카 도로를 따라 리마로 향하다 보니 툼베스부터 리마 쪽이 모두 해안사막지대인 것이다. 항상 뿌옇게 흙먼지가 덮여 있는 환경인 것 같다. 안데스 산맥을 따라 푸른 태평양 바다는 넘실대는데 바닷가의 집들, 어쩌다 있는 나무 모두 뿌옇고 산은 모두 벌거숭이 사막이다. 시야에 들어오는 안데스산맥은 모두 사막이다. 아니. 시야 넘어서까지 사막일 것이다. 그런데 가끔 누렇게 벼가

오샘과 천년학의 **중남미**
버스타고 **일주**

익어가는 논도 보이고 녹색의 밭도, 넓은 바나나밭도 보인다. 어쩌다 나타나는 야자수대와 야자수 잎으로 지어진 집들이 있는 마을들 모두 흙먼지를 뒤집어썼다. 바로 길 건너는 푸른 바다가 넘실대는데.

그런 마을에 있는 학교 건물들은 마을에서는 그중 번듯해 보였다. 물이 한 방울도 없을 것 같은 이런 삭막한 곳이지만 아이들이 밖에 나와서 놀고 있다. 물론 흙먼지를 뒤집어쓰면서. 아이들이 불쌍해 보인다. 저 아이들과 같은 또래의 우리 아이들은 훨씬 자라는 환경이 좋은 것이다. 저 아이들은 풀이나 나무의 색을 무슨 색이라고 할까. 어떤 색이 녹색인지 알까.

좀 더 내려가다 보니 에콰도르의 끝자락부터 툼베스를 지나 계속 이어지는 태평양 해안가인데 건물들이 훨씬 산뜻해 보이는 마을이 나타난다. Mancora라는 곳인데 이곳에 대통령 별장이 있다고 하니 꽤 운치 있는 지역인가 보다. 툼베스가 휴양지라는 말이 이곳 때문인 것 같은데 내가 보기에는 이곳이 대통령 휴양지가 될 만큼 쾌적한 지역은 아닌 것 같다. 뭔가 이유가 있겠지. 누우런 삭막한 해안 사막지대가 계속 이어진다. 그나마 조금이라도 바다가 비치면 다행이다.

사막 지대를 계속 가다 모처럼 크고 하얀 콘크리트 건물이 보여 뭔가 했더니 검문소였다. 오랫동안 기다리게 하더니 승객을 모두 내리게 하고 짐칸에서 짐도 모두 내려 짐 검색대를 통과시키면서 철저히 짐 검사를 한다. 꽤 많은 시간이 걸렸다. 마약 검사를 하는 건지. 국내에서 이렇게 엄격한 검사를 하는 이유가 있겠지.

검사를 받는 동안 건물을 올려다보니 새집이 있는 것이다. 이런 삭막한 사막에도 먹이가 있나 보다. 새들의 안식처가 여기에 마련된 걸 보니. 그런 황량한 사막만 보이는 곳에 어쩌다 나홀로 양계장이 있다. 주위의 영향을 받거나 주위에 영향을 끼치지도 않기 때문에 이런 곳에 양계장이 있는 것 같다.

거의 20시간 리마까지 오는 동안 이런 황폐한 풍경이 계속 이어진다. 스페인 사람들은 왜 이러한 안데스산맥 줄기인 메마른 사막지대에 "리마"라는 대도시를 세울 생각을 했을까. 지하자원이 풍부한 건지. 무모한 것 같기도 하고 개척정신이 강한 것 같기도 하고.

어제 버스표를 살 때 저녁과 아침 식사가 포함되었다고 했는데 저녁 7시, 8시가 되어도 저녁을 주지 않는다. 졸음이 밀려오는데 9시 30분 돼서야 Curse del Sur 버스회사에 도착해서 저녁 도시락을 주는 것이 아닌가. 이곳은 대개 점심은 1시~2시, 저녁은 8시 반~9시 반에 먹는다는 것이다. 우리는 이번 여행 중에 계속 어긋나게 행동하고 있다. 추울까 봐 침낭 준비하면 버스에 준비되어 있고 준비 안 하면 버스가 춥고 식사 시간도 헷갈린다.

10월 30일 (목)

• 페루의 수도 리마(Lima) 도착 함

기간	도시명	교통편	소요시간	숙소	숙박비
10.30 ~ 10.31	리마	버스 (Cures del Sur)	20시간	그린하우스	80USD

■ 볼리비아 입국 서류 준비 때문에 라파즈의 숙소 예약비 3.7USD 인터넷으로 지불함

리마Lima
정오12:00 도착

졸며 자며 하다 보니 주위가 부옇게 밝아지려고 한다. 새벽에 차창 밖 모습 여전히 사막이다. 야자수로 지은 허름한 집들이 점점 많이 보이는 걸 보니 리마가 가까워지는 것 같다. 에콰도르에서 우리가 거친 곳은 도시가 아니더라도 집들이 겉보기에는 페인트칠이 깨끗하게 잘 되어 있고 높은 산들도 잘 개간하여 비옥한 기름진 땅, 넓은 녹색의 밭들이 우리에게는 풍요롭게 보였는데 페루에 와서는 아직 그런 풍경을 보지 못했다. 여전히 흙먼지로 뿌옇지만 점점 북적거리는 움직임이 바쁜 거리가 보이고 좀 번듯한 집들도 보인다. 아침을 못 먹어 오샘은 과자로 허기를 달래는데, 예정시간보다 2시간 더 걸려 20시간만인 낮 12시에 도착하였다.

볼리비아 비자 문제도 있고 해서 9월 18일 여행 첫날, 둘째날 이후 오랜만에 한국인이 하는 민박집에서 묵기로 하였다. 민박집이 있는 곳은 그동안 보인 페루의 모습과는 전혀 다른 아주 쾌적한 동네였다. 스페인 식민지 시절 조성한 거리답게 널찍한 도로, 아늑한 공원, 고목의 가로수들, 큼직큼직하고 넓은 집들이 있고 가끔 경비초

소도 있는 걸 보니 부촌인 것 같다. 친절하게 우리를 맞아 주시는 민박집 주인들을 보니 저절로 피곤이 풀리는 것 같다. 오늘은 점심, 저녁 모두 주인이 소개해 준 맛도 좋고 저렴한 중국집에서 해결하였다. 모처럼 밥 먹은 것처럼 먹은 것 같다.

10월 31일 (금)

• 세계문화유산인 콜로니얼풍의 구시가지와 세련된 신시가지가 조화를 이루고 있는 리마

불가리아 대사관에 가서 비자 신청을 하는데 서류가 미비해서 신청을 못했다. 완벽하게 서류 준비한다고 했는데 요구하는 서류가 다르다. 준비 서류에 필요해서 묵지도 않을 볼리비아 숙소도 인터넷으로 예약했는데, 볼리비아 가는 버스표가 있어야만 한다. 리마에서는 불가능한 서류인 것이다. 요구하는 서류가 너무 황당하고 비현실적이다. 그러면서 대사관에서는 푸노에 가서 비자를 받으라고 한다. 어이가 없다. 서류 준비하느라 경비 쓰고 시간 허비한 것이 아깝다. 비자 신청도 못하고 대사관을 나온 시간이 12시다.

신시가지인 미라플로레스로 가서 점심을 먹기로 하고 버스를 탔는데 차장이 잘못 가르쳐 주어 미라플로레스의 해안가는 가지 못하고 미라플로레스의 중심가로 갔다. 굉장히 활기 넘치는 거리다. 중앙공원 근처에 있는 손님이 많은 식당에서 점심도 먹고 환전도 했다. 그런데 중심가 여기저기에 심지어 은행 앞에도 개인 환전상들이 매우 많다. 그들은 모두 같은 복장을 입고 있었다. 깜비오는 전혀 보이지 않는다. 식당에서 어떤 젊은 여행자에게 환전하려고 은행을 물으니 젊은 여행자는 개인상들이 환율이 훨씬 좋은데 왜 은행에서 환전하느냐고 한다. 개인상을 믿어도 되느냐고 하니 젊은 여행자는 단호하게 "no problem."이라고 한다. 그럼에도 우리는 안심이 안 되어 굳이 은행에서 환전을 했다.

Amano 미술관을 어렵사리 찾아갔는데 문이 닫혀 있다. 벨을 누르니 직원이 나와서 개별로는 안 되고 가이드가 같이 동행해야만 하는데 일본어, 스페인어의 가이드만 있고 예약해야 한단다. 우리는 이 박물관이 찬카이 문화에 대한 전시가 아주 잘 되어 있다고 해서 일부러 찾아왔고 내일 떠나야 하기 때문에 시간이 없다고 사정을 하였다. 직원은 안에 들어갔다 나오더니 3시 30분까지 기다려 일본 관광객과 함께 관람하라고 해서 1시간 정도 기다렸다가 관람을 했는데 기다렸다 관람하기를 잘한 것 같다. 일본 사람이 개인적으로 소장하고 있는 잉카문명 바로 전 단계인 찬카이 문화를 중심으로 나즈카를 알 수 있는 토기류, 직물류를 전시해 놓았다. 토기의 모양이나 무늬를 사람, 동물을 형상화한 것이 많은데 악기를 연주하는 5인 등 아주 재미있게 표현하고 색감도 깊이가 있다. 직물의 무늬와 색은 단순한 것 같으면서 화려하고 헝겊으로 만든 인형은 마치 요즈음 시대 것처럼 보인다. 그 당시 생활상이 그려지는 듯하다. 또 악기 연주하는 모습을 토기로 만든 것을 보니 그 오래전의 시대나 현재나 사람 사는 것이 비슷함을 알 수 있었다. 토기도 직물도 보존 상태가 아주 좋다. 개인이 역사의식을 갖고 이러한 업적을 이루었다니 존경스럽다. 토기실 1, 직물실 1만 보고 나오는 데 1시간이 걸렸다.

어두워지기 전에 구시가지로 향했다. 스페인은 잉카시대부터의 수도였던 쿠스코에서 리마로 수도를 옮기면서 구시가지 아르마스 광장을 중심으로 스페인식으로 도시 건설을 했단다. 아르마스 광장 입구는 금요일 오후라 그런지 자동차와 사람들로 인산인해다. 파란 잔디와 빨간 샐비어가 피어 있는 광장 중심에는 나팔을 불고 있는 천사상과 그 주변에 재규어를 덮친 사자가 물을 뿜는 조각상이 있다. 재규어는 잉카인을, 사자는 스페인 정복자를 나타낸 것이라는데, 글쎄 우리나라 같으면 철거당했을 조각상이 더군다나 이 조각상은 정부청사 앞에 있는 것이다. 정부청사에는 투명하게 파란 하늘 아래 만국기가 펄럭이는데 역시 태극기가 빠지지 않고 휘날린다. 이 만국기는 APEC에 가입된 21개 국가들의 국기이고, 금년 11월에 이곳 리마에서 APEC 회의가 개최된다고 한다.

아르마스 광장에서 남쪽으로 뻗은 번화한 라우니온 거리를 인파에 휩쓸려 가다 라우니온 성당에 들어가니 바깥 거리는 복작거리는데 성당 안에서는 엄숙하고 조용하게 결혼식이 진행되고 있다.

산마르틴 광장을 지난 거리에서 Curse del Sur 버스터미널까지 가는데 택시가 15sol을 요구한다. 그곳까지 직접 가는 버스가 없으니 할 수 없다. 오늘은 대사관 가는 일부터 시작해서 택시비가 꽤 많이 든다. Curse del Sur에 가니 내일 쿠스코 가는 버스가 만석이어서 겨우 맨 뒷자리인 화장실 바로 앞자리와 따로 떨어져 있는 좌석만

있는 것이다. 우리는 별걱정 안 하고 표를 사러왔는데 너무 늦은 것이다. 할 수 없이 따로 떨어져 있는 좌석 표를 사고 나니 벌써 어두워졌다. 여기에서도 숙소 쪽으로 가는 버스가 없어 또 택시를 타고 가다 어제 갔던 단골(?) 중국집에서 저녁을 해결했다. 숙소로 가는데 어둡고 늦은 시간인데도 화려한 옷을 입은 아이들이 지나간다. 오늘이 핼로윈데이란다. 오늘은 길에서 계속 우왕좌왕한 기분이다.

11월 01일 (토)

• 잉카제국의 수도 쿠스코(Cusco)로 향하다

기간	도시명	교통편	소요시간	숙소	숙박비
11.01	쿠스고	버스 (Cures del Sur)	21시간	Hostal agu Wavi	40

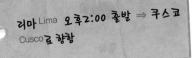

오늘은 잉카문명의 중심지였던 쿠스코로 가는 날이다. 아침에 일어나니, 우리 방은 괜찮았는데 다른 방은 옆집에서 핼로윈데이 축제를 하여 시끄러워 밤새 잠을 못 잤다고 한다. 한글판이 있는 컴퓨터가 있는 숙소에서 볼리비아 비자 서류를 준비해야 하는데 다행히 다른 여행자의 적극적인 도움으로 서류 준비를 할 수 있었다. 그동안 주인부부의 따뜻한 배려로 몸과 마음을 푹 쉴 수 있었다. 주인아저씨는 버스터미널까지 가는 택시도 현지인이 잡아야 1sol이라도 싸다면서 끝까지 배려해 주신다. "감사합니다. 타지에서 건강하시고 사업 번창하시기 바랍니다."

오후 2시에 출발하여 20시간 예정이니, 정상으로 가면 내일 오전 10시 도착 예정이고 보통 1, 2시간은 연착하는 것 같았다. 오샘과 내 자리가 엇갈려 있었는데 다행히 승객의 흔쾌한 양보로 자리가 조정되었다. "세뇨르! 고맙습니다." 리마로 올 때는 저녁 식사를 밤 9시 30분에 주더니 오늘은 오후 6시 30분이 되니 저녁을 준다. 감을 못 잡겠다. 잉카 콜라나 코카잎 차를 주문받는다. 물론 고산증을 대비해 코카차를 마셔야지. 이카에 도착하니 많은 승객이 탄다. 그 이후 오샘은 피곤하여 잠을 자는데 나는 소화도 안 되고 울렁울렁하고 잠도 안 오고 몸이 아프고 기운이 없어 어찌할 바를 모르겠다.

11월 02일 (월)

• 신성한 퓨마의 심장에 해당하는
   쿠스코의 아르마스 광장

기간	도시명	교통편	소요시간	숙소	숙박비
11.02	쿠스코	버스 (Cures del Sur)	21시간	Hostal aqu Wasi	40sol

쿠스코 Cusco
오전11:00 도착

차창 밖으로 희미하게 날이 밝아오는 것을 보면서 깜빡 잠들었다 깨어나니 아직도 계속 우리 버스는 산길을 휘감으며 서서히 올라가고 있다. 산을 개간한 넓은

오쌤과 천년학의 중남미
버스타고 일주

밭들이 싱그런 청록색 이불을 덮고 있다. 원주민 복장 차림을 한 여자 원주민이 길 건너 동네에 마실 갔다 오는지 다듬어지지 않은 길을 따라 산 중턱에 있는 집까지 올라가고 있다. 마치 오리가 뒤뚱뒤뚱 걷는 모습이다. 산허리를 돌아 더 높이 올라간 곳에 허름한 집 한 채가 있는데 원주민 여인이 갓난아기를 정성스럽게 안고 있는 모습을 보니 어디서나 갓난아기는 소중한 것 같다. 그 귀한 아이들이 자라면서 환경에 따라 다양한 삶에 처하게 되는 게 아닌가 생각하니 안타깝다.

이렇게 계속 산을 돌아 돌아 한없이 올라갈 것만 같았는데 납골당이 보이더니 커다란 꽃 시장은 사람들로 분주하다. 납골당 가는 사람들을 위한 꽃 시장인 것 같다. 예정보다 1시간 늦은 오전 11시에 도착했다.

오샘은 배낭여행자로부터 삐끼들이 소개하는 숙소도 싸고 좋다는 이야기를 듣고 쿠스코의 숙소는 신경을 쓰지 않는다. Curse del Sur 버스터미널에는 삐끼가 한 사람밖에 없어 그가 소개하는 숙소를 갔는데 아주 꼭대기에 있다. 꽃이 피어있는 소박한 마당도 있고 숙소 분위기는 좋은데 고산증이 오는 것이다. 버스에서부터 계속 고산증에 시달려 온 것 같다. 숙소는 쿠스코에서도 높은 위치니까 고산증이 낫지를 않는 것이다. 2층에 있는 우리 방은 바깥은 햇볕이 쨍쨍하고 한낮 1시인데도 춥고 머리도 아프고 소화도 안 되고 어찌할 바를 모르겠다. 가지고 있는 과일, 비스킷, 녹차로 오샘은 점심을 대신하고 한잠 자고 나더니 고산증 때문에 쩔쩔맨다. 숙소 주인이 친절하게 코카차를 끓여 주었는데도 별로 모르겠다. 물론 버스에서 제공하는 코카차를 마셨고 고산증에 관한 약을 먹었는데도 소용이 없다. 추워도 밖으로 나가는 것이 더 나을 것 같다. 내일 마추픽추도

가야 하는데 방에 있어도 춥기만 하고 자고 나면 고산증이 좀 적응이 되셌시 하고 내일 일정을 강행하기로 했다.

숙소에서 소개해 준 여행사에서 내일 쿠스코에서 출발은 가능한데 기차로만 갈 수 있는 표는 없고 버스 타고 가다 기차로 갈아타고 가는 표밖에 없다고 한다. 마추픽추 갔다가 다시 이곳으로 와야 하니까 짐을 분리하고 배낭은 숙소에 맡기고 가야 한다. 배낭을 메고 다니지 않아도 되니 홀가분할 것 같다.

어두워진 후 높은 언덕에 위치한 숙소에서 아르마스 광장까지 계단과 옆에 램프가 있는 돌로 된 좁은 골목길을 계속 따라 내려오는데 쿠스코 시내 야경이 아름답다. 골목길 자체가 잉카인의 체취를 풍기는 듯하다. 짐 이동이 목적이었는지는 모르겠는데 보수하면서 만든건지… 그 옛날에 계단과 함께 램프도 만들었다는 것이 놀랍다.

쿠스코가 잉카제국의 수도일 때 아르마스 광장은 잉카인들이 신성하게 여긴 퓨마의 심장에 해당하는 위치란다. 이 광장을 중심으로

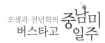

방사상으로 좁다란 골목길들이 뻗어 있다. 이 광장 주변의 잉카제국의 궁전이나 신전 자리에 유럽인들이 정복한 후 교회나 수도원이 세워졌지만, 지진이 발생했을 때도 그 옛날 잉카인들이 건물에 쌓아 올린 돌로 된 벽들은 아직도 그 존재를 과시하고 있는 것이다. 글로 남겨진 것은 없어 돌을 다룬 기술을 알 수는 없지만, 그 옛날 이런 고지대에 과학적인 기술과 태양을 향한 지극한 신심이 없이는 거친 환경에도 무너지지 않는 돌로 된 건물로 이루어진 도시를 건설해낼 수 없을 것 같다.

시내 중심인 광장 주변에 있는 유럽인들에 의한 건축물인 바로크 양식의 아름다움을 간직한 대성당, 교회들과 고풍스러운 상가 건물들이 아름다운 조명으로 온화하면서도 화려하고 색다른 분위기가 연출되고 있다. 관광지답게 안전을 담당하는 여자 경찰들이 곳곳에 있다.

입맛이 없어 한식당을 찾아갔는데 문이 닫혀 있다. 이곳저곳을 기웃기웃하다 피자집에서 나는 호박 수프를 주문했는데 따끈하고 먹을 만 했다. 나는 하루 만에 입에 풀칠(?)을 한 셈이다. 인터넷 카페가 있어 애들한테 전화를 하는데 전화가 안 되어 결국 통화를 못했는데 애들이 어떻게 지내고 있는지 궁금하다.

숙소로 돌아갈 때는 고산증 때문에 택시를 이용할 수밖에 없었다. 택시기사는 우리 숙소가 바로 "뒤"에 있다고 한다. 후후. 기운이 없어 겨우 고양이 세수하고 옷을 다 껴입고 침낭에 들어가서 두꺼운 이부자리를 덮고 자는데도 춥고 잠이 오지 않는다. 고산증에 시달린 하루이다.

11월 03일 (월)

• 잉카인들의 숨결이 느껴지는 마추픽추(Machu Picchu)

기간	도시명	교통편	소요시간	숙소	숙박비
11.03 ~ 11.04	아구아스칼리엔테스 ⇔ 마추픽추	기차 ⇔ 버스	3시간 10분 ⇔ 20분	Hostal Joe Inn	80sol

포로이 Poroy역, 오전7:35 출발 ⇒ 아구아스칼리엔테스 Aguas Calientes 역, 오전 10:40도착, 오전11:30출발 ⇒ 마추픽추 Machu Picchu 오전11:50 도착, 오후2:30 출발 ⇒ 아구아스칼리엔테스 오후2:40 도착

오쌤과 나는 밤을 새우다시피 하고 마추픽추 가는 약속 시간이 아침 6시여서 5시부터 서둘러 마추픽추를 다녀올 짐만 준비하고 있는데 바깥은 아직 어둡다. 5시 30분쯤 여행사 직원이 오더니 오늘 돌아오는 표를 구할 수 없단

다. 관광비는 이미 지불했으니 어쩔 수 없이 생각지도 않게 배낭을 모두 다시 꾸려서 마추픽추로 가야 한다. 숙소에서 빵과 커피를 주는데 우리 두 사람은 모두 모래 씹는 듯 한쪽씩만 겨우 먹고 종점인 산 페드로 기차역으로 갔다.

여행사 직원은 표를 알아보더니 표가 없어 숙소로 가야겠다고 했다가 다시 기다려 보라고 했다가 계속 우왕좌왕한다. 우리는 어떻게 돌아가는 건지 영문을 모르고 계속 기다리고 있는 사이 기차는 출발한다. 기차가 출발한 후 여행사 직원이 오더니 택시를 타고 다음 역인 포로이역에 가서 기차 타고 가라며 택시에 태운다. 다음 역에 가니 부대시설들이 아주 깨끗하게 잘 관리되고 있는데 승객은 우리뿐이다. 원래 포로이역이 종점이었다고 한다. 7시 35분에 기차가 오는데 기차가 거의 비어 있는 채로 오는데 어찌 된 건지 모르겠다. 바로 전에 기차 종점에서는 좌석이 없어 기차를 못 탔는데, 물이 기차 가는 방향으로 흐르는 걸 보니 마추픽추는 쿠스코보다 낮게 위치하고 있는 것 같다. 잉카인들이 내가 고산증 때문에 고생할까 봐 마추픽추로 내려간 것 같다. 어쨌든 고산증에서 해방될 수 있을 것 같다.

마추픽추 가는 길 역시 절경이다. 기차 안에서는 바깥 경치를 사진에 담느라 차창에 매달려 있는 사람들이 많다. 중남미 온 지 한 달 반 정도 지내는 동안 낮에는 매우 더운 날씨였는데 마추픽추 가는데 산에 아직 흰 눈이 남아 있다. 눈부시게 파란 하늘에 잔잔히 떠 있는 흰 구름 아래 짙푸른 산은 고고한 자태를 드러내기도 하고 또 그 산 위로 새털구름이 흩날리기도 한다. 우루밤바 계곡을 따라 맑은 물이 흐르는 풍경은 마치 강원도의 경치 좋은 계곡을 지나가고 있는 것 같다.

버스를 갈아타는 올란타이탐보역에 있는 찻집이 예쁘다. 잉카인들이 스페인 사람들에게 쫓겨 갈 때는 얼마나 절박한 심정으로 도망갔을 텐데 내가 이런 감상을 갖는다는 게 조금은 미안하다.

무슨 큰 작업이 있는지 거의 70여 명은 되는 장정들이 짐과 담요로 가득 채운 커다란 배낭을 메고 뭔가 잔뜩 들어 있는 묵직해 보이는 포대를 들고 계곡에서 줄지어 이동하고 있는 모습이 보이기도 하고, 또 철로 변에서 어떤 할머니 원주민이 기차에 탄 승객들에게 팔려고 꽃을 몇 포기 들고 애타게 기차를 향해 흔들어댄다. 첩첩산중으로 계속 들어가는가 했더니 오전 10시 45분 종점인 아구아스칼리엔테스 역에 도착하였다.

역 주변으로 짙은 녹색의 산들이 빙둘러 있다. 겹겹이 높은 산으로 둘러싸인 산속에 푹 파묻힌 셈이다. 역에는 많은 가이드들이 나와 여행자들을 맞이하느라 분주하다.

역 옆에 있는 시장을 지난 후 버스 정류장에서 버스를 타고 20분 정도 고개를 올라가 해발 2,280m에 위치한 마추픽추 입구에 도착하였다.

12시쯤 여행사 가이드 안내로 마추픽추 입구에 서니 사진에서 익히 보았던 산을 뒤덮은 계단식 농경지들과 도시 모습이 보인다. 건너편에 짙은 녹색의 우뚝 솟아 있는 산이 한눈에 들어온다. 내가 왜 이리 감개무량할까. 그동안의 피곤도 잊어버린 듯하다. 한참을 여기에 서 있다 보니 잉카인들과 소리 없이 소곤소곤 이야기하고 있는 듯한 느낌이다. 잉카인들은 쿠스코에서 이 먼 곳까지 험한 잉카 길을 오며 왜 하필이면 이곳에 머물렀을까. 가이드의 설명에 의하면 이곳 마추픽추의 산의 모습이 퓨마와 콘도르, 또 높은 마추픽추산의 아래를 휘감으며 흐르는 강이 뱀을 뜻하기 때문에 잉카인들이 이곳에 정착하게 된 것이란다. 마추픽추 도시에 세워진 건축물, 계단식 농경지를 이루고 있는 수많은 돌 하나하나에서 모두 잉카인들의 숨결이 느껴지는 듯하다. 그들이 글은 남기지 못했지만 이런 위대한 도시 흔적을 남겼다는 것만으로도 감히 그들의 문명을 가늠할 수 있을 것 같다. 한낮의 따가운 햇살도 잊은 채 도시로 들어가는 돌

로 된 문부터 시작해 도시의 이곳저곳을 눈에 가득 담고 다시 계단
식 농경지를 따라 올라와 마추픽추의 도시를 뒤돌아보니 가슴이 절
절하면서도 그 풍광은 더할 나위 없다. 마추픽추 입구는 마추픽추도
보호하고 관광객도 보호하고 잡상인이 일체 접근할 수 없게끔 체계
적으로 철저하게 관리되고 있는 것 같았다.

  쿠스코에 있는 여행사에서 소개한 숙소로 오니 바깥은 햇빛이 쨍
쨍한데 방이 지하에 있는 습하고 어두운 방이고 케케묵은 냄새가 난
다. 다시 고산증이 오는 것 같다. 방도 그렇고 해서 숙소를 나와 기
차역 근처의 기념품 시장을 둘러보고 있는데 갑자기 비가 쏟아진다.
할 수 없이 시장에 있는 식당에서 저녁을 먹고 비가 어느 정도 그치
기를 기다렸다가 숙소에 오니 이미 어두워졌는데 아직 가이드로부
터 내일 떠날 기차표에 대한 아무 연락도 설명도 없다. 내일 못 가
면 또 다시 이 어둡고 습한 숙소에서 하루를 더 자야 한다. 이곳을
빨리 탈출하고 싶은 마음뿐이다.

11월 04일 (화)

• 친절한 기차 매표소 여직원

《 아구아스칼리엔테스 》

  아침 일찍 숙소 근처로 나가 보니 조그만 광장도 있고 광장 주변에
오래된 2, 3층짜리 목조건물들이 있고 레스토랑들이 빙둘러 있다.
골목에 시장이 있는 건물도 있다. 광장 주변에 따끈한 팬케이크를 하
는 식당에서 아침은 따끈한 팬케이크를 먹고 싶은데 오샘은 우리 숙

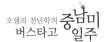

소에서 먹어주는 것이 예의가 아니냐는 것이다. 좀 환한 곳으로 방을 옮기고 할 수 없이 숙소에서 먹는데 우리의 갑작스러운 주문에 주인은 괜히 바빠진 것이다. 메뉴는 차고 마른 빵에 잼과 음료수인데 1인당 10sol이나 한다. 먹지 않을 수 없으니 이것도 감사한 마음으로 먹었다.

여행사만 믿고 있다가는 내일도 못 올라갈 것 같아 우리는 아침 먹자마자 기차역으로 갔는데 오늘 아침에 기차표를 못 사면 내일도 올라갈 수 없기 때문이다. 이른 아침 아늑하고 조용한 기차역은 이곳저곳에서 청소를 열심히들 하고 있고 아무나 함부로 못 들어가도록 철저히 관리하는 듯하다. 우리 사정을 이야기하니 다행히 정문에서 우리가 들어가는 것을 허락한다. 내일 쿠스코 가는 기차표를 어렵게 구했다. 그것도 중간에 버스를 갈아타야 하는 표를 구입할 수 있었다. 정말 우리가 서둘렀기 망정이지 가이드만 믿고 있었다가는 낭패를 볼 뻔했다. 우리는 이미 여행사에 기차 왕복표 값을 모두 치른 상태라 어찌해야 하나 했다. 매표소 여직원이 우리 가이드에게 전화하더니 가이드는 쿠스코에서 표를 구해서 보내주면 우리에게 그때 가라고 하더란다. 너무 무책임하다. 매표소 여직원이 다시 가이드에게 연락하여 차비도 환불받을 수 있도록 해 주고 좌석도 한 자리밖에 없었는데 여직원의 배려로 두사람 기차표를 구할 수 있었다. 매표소 여직원의 친절과 배려에 진심으로 감사할 뿐이다. 예쁜 얼굴이 더 예뻐 보인다. 사랑해요. 기차표 구입하느라 신경 쓰더니 오샘은 피곤한가 보다.

이곳에서 딱히 갈 곳이 없어 할 수 없이 우리나라에서도 가지 않던 온천을 오후에 가기로 했다. 점심은 시장 건물 2층에 있는 현지인 식당가에서 아주 싼값에 해결할 수 있었다. 시장 상인들과 식당

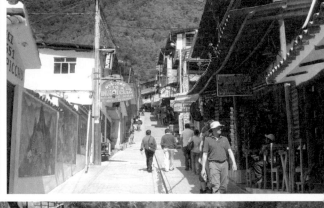

주인들의 자녀들이 학교 끝나고 하교하는 시간인지 초등학생들이 가게마다 엄마와 포옹하고 서둘러 자녀들 밥 차려 주는 모습이 포근하고 행복해 보인다.

온천물이 흘러가는 계곡을 계속 거슬러 온천으로 향해 올라갔다. 온천 앞에도 잡상인이 없다. 생각지도 않게 아침에 우리에게 큰 친절을 베풀었던 매표소 여직원을 온천에서 보았다. 친구들과 같이 온 매표소 여직원은 우리를 보지 못했다. 우리는 반가웠지만 인사는 건네지 못했다. 높이 솟은 마추픽추를 바라보며 온천을 즐기는 것도 싫진 않았다. 그런데 잠시 후 어두운 구름이 끼는 듯하더니 비가 금방이라도 쏟아질 듯해 비가 약간 오는데도 불구하고 얼른 온천을 빠져나왔다.

저녁때 광장에 앉아 있으면서 보니 청소, 쓰레기 분리수거를 아주 철저히 하고 있다. 이 좁은 지역에 청소원, 쓰레기 분리수거원, 경찰들이 많다. 관광지답게 관리를 잘하는 것 같았다.

오샘은 밥맛이 없어 쩔쩔매다가 어떤 식당에서 양고기 요리를 주문하더니 그런대로 먹을 만했는지 맛있게 먹는 모습을 보니 다행이다 는 생각과 여행이 끝날 때까지 건강하게 여행할 수 있길 바라는 간절함이 묻어난다.

자고 있는데 밤 9시에 가이드가 왔단다. 기차표 요금을 되돌려 주려고 왔는데 잔돈은 없다며 잔돈은 안 주고 가더란다. 어쨌든 내일 새벽 5시에 쿠스코로 떠날 수 있다는 것만으로도 다행이다.

11월 05일 (수)

• 남미에서 제일 높은 도시 푸노(Puno) 도착

기간	도시명	교통편	소요시간	숙소	숙박비
11.05 ~ 11.06	푸노	버스 (산마르틴)	5시간	Hospedaje Qoni Wasi	60sol

아구아스칼리엔떼스 Aguas Calientes 오전 6:35 출발 ⇒ 쿠스코 Cusco 오전10:30 도착, 오후2:30출발 ⇒ 푸노 Puno 오후 7:30도착

이미 그 새벽에 기차역에는 많은 승객으로 붐비고 있었다. 그런데 이곳에서 느끼는 건데 이곳 사람들은 장정이든, 여자이든 남녀노소 할 것 없이 웬 짐 보따리가 그리 크고 많은지 모르겠다. 기차를 타는데 보니까 현지인들과 외국 관광객이 타는 칸이 다르다. 그래서 좌석 수에 제한을 받게 되니 표를 구하기 힘든 것 같았다.

아침 7시 30분 올란타이탐보 역에서 버스로 갈아타기 위해 내려 여행사에서 보낸다는 가이드를 찾았다. 우리와 만난 가이드는 사람들 틈새로 부지런히 앞질러 간다. 고산증 때문에 몸이 힘들어 배낭 메는 것이 부담이 가지만 어쨌든 놓치지 말고 부지런히 쫓아가야 한다.

그런데 가이드는 택시에 태우는 게 아닌가. 어느 버스를 태우려고 이렇게 헐레벌떡 가나 했는데 생각지도 않은 택시다. 그 역에서의 이동 수단이 버스만이 아니고 미니버스, 택시 등 여러 가지였다. 택시에 타는 순간 이제 좀 편하다는 생각이 든다. 다행히 가이드 겸 운전기사도 친절하다.

나오다가 기사가 소개한 식당에서 오샘은 토스터에 구운 동글납

작한 빵과 계란프라이 2개, 나는 따끈한 우유를 먹었다. 얼마 만인가. 모두가 집 떠나와서 처음 맛보는 것이다. 아침 식사를 했다는 기사도 물론 함께 했다. 오늘은 며칠 만에 뭔가 좋은 날이 될 것 같은 기분이다.

기사는 쿠스코까지 1시간이면 간다는 것이다. 기차보다 훨씬 빠른 것이다. 어째 이런 기분 좋은 일이 우리에게 생겼을까. 자동차 도로도 잘 닦여 있고 주변 풍경도 이채롭다. 우리나라에서 황토집이라고 좋아할 짚을 넣어 만든 흙벽돌로 된 집들이다. 높은 지대라 산에는 키가 큰 나무들이 거의 없고 그나마 그 많은 산들을 대부분 개간하여 기름진 땅 또는 황토들이 드러나 있어 흙벽돌집들은 주변 환경과 잘 어울린다. 나무 한 그루도 없는 이미 개간한 산을 돌아 산을 넘어 또 산으로 계속 올라가면서 흙냄새 물씬 한 그 많은 산들은 녹색의 물결로 넘실대는 평사리가 펼쳐진다. 그 넓은 땅에 재배되는 채소 물량이 엄청날 것 같다. 그 많은 산들을 개간하느라 얼마나 많은 땀방울을 흘렸을까. 파란 하늘 바로 아래 그늘 한 자락 없는 끝없이 펼쳐지는 비옥한 땅에 해마다 새로운 생명을 가꿔가는 그들의 노고는 감히 무엇에 비교할 수 있을까. 경외감마저 든다. 인고의 세월이 녹아 있는 이러한 밭들 사이에 난 길을 지나가는 우리는 분명 선택받은 사람들이다.

그렇게 1시간 반 정도 산을 넘고 또 넘어 우루밤바를 지나 모든 세상이 내 눈 아래 있는 듯, 더 높이 위치한 Chinchero를 지났다.

쿠스코 거의 다 온 곳에서 검문이 있어 시간이 지체되었지만, 오전 10시 30분쯤 쿠스코의 일반 버스 터미널에 도착했다. 웬걸 1시간이 아니라 거의 2시간 걸린 셈이다.

푸노로 가는 오르메뇨 버스 시간을 알아보니 10시 30분 버스가 금방 떠났다는 것이다. 우리가 아침 식사로 시간을 뺏기지 않았으면 좋았을 걸 하는 아쉬움이 남았다. 리도 버스 2시 30분 차를 예약하니 4시간 정도 여유가 있어, 다시 그 택시로 시장을 지나쳐 대성당이 있는 아르마스 광장 쪽으로 왔다. 쿠스코는 아름답고 볼 곳이 많은 역사적 가치가 있는 도시인데 우리와는 인연이 안 닿는 곳인가 보다. 시간이 있는데도 다니고 싶은 생각이 안 들어 맥도널드에 들어가 창밖 아르마스 광장을 바라보며 여유롭게 시간을 보냈다.

푸노행 버스를 타는데 예약한 리도 버스가 아닌 산마르틴 버스다. 별다른 생각 없이 예약한 버스 좌석 번호만 생각하고 그 좌석에 앉았다. 가다가 어느 정류장에서 많은 승객들이 내리고 또 다른 승객들이 타는데 우리도 잠시 내렸다 버스에 오르니 우리 좌석에 다른 사람들이 앉아 있는 것이다. 우리에게 알려 주지 않아 버스도, 좌석도 바뀐 것을 몰랐던 것이다. 우리는 졸지에 염치없는 사람들이 된 것이다.

푸노는 쿠스코보다 더 높은 곳에 위치하고 있으니 계속 고산증에 시달리겠지. 산을 넘고 넘어 또 넘어 어디론지 하염없이 가는데 주위는 온통 깜깜하다. 사람 흔적이 전혀 나타나지 않을 것 같더니 저만치 빙둘러 가며 오밀조밀 반짝반짝 빛나는 불빛이 아름답고 환상적이다. 후유~~ 안도의 숨이 저절로 나오며 얼른 저 불빛에 파묻히고 싶다는 생각이 든다.

오후 7시 30분에 도착하니 늦은 시각이라 라파스 가는 버스 시각은 알아볼 수 없다. 버스 터미널을 나서려는데 어떤 남자가 다가오더니 숙소를 안내한다. 가이드북에서 본 숙소이다. 늦은 시간이라 다른 숙소 찾는 것도 번거로운 것 같아 안내인을 따라 그 숙소로 갔는데 생각보다 괜찮았다. 숙소에서 내일 우로스섬 관광을 예약했다.

그런데 3층인 우리 방으로 올라가는데 너무 힘들어 나는 겨우 올라가 그냥 쓰러져 꼼짝할 수가 없다. 오샘은 프런트에 부탁해 코카 차를 가져오게 하고 보온병에 뜨거운 물도 받아오고 약도 먹이고 오샘도 힘들면서 나 때문에 너무 애쓴다. 겹겹이 옷을 다 껴입고 환상의 불빛 속이 아닌 두꺼운 이불과 침낭 속에 파묻혔다. 안데스 산맥의 중앙, 해발 3,850m에 위치한 남미에서 제일 높은 도시에 온 값을 톡톡히 치른 셈이다.

11월 06일 (목)

• 호수에 떠 있는 갈대바닥으로 된 우로스 섬

《 볼리비아 비자 신청 및 발급 받음. 티티카카 호수의 우로스섬 》

3층이라 아침 햇살이 밝게 비쳐 들어온다. 오랜만에 맞아들이는 아침 햇살이다. 다행히 아침에 일어나니 어제보다 훨씬 몸이 개운하다. 숙소에 아침 식사를 부탁했더니 똑같은 메뉴인데도 마추픽추 숙소에서보다 훨씬 맛있고 값도 싸다.

이곳 피노 광장 근처에 있는 볼리비아 대사관은 리마의 볼리비아 대사관과는 달리 9시에 시작한다. 볼리비아 비자를 발급받기 위한

서류로 볼리비아 행선지인 라파스 가는 버스표가 있어야 하기 때문에 8시쯤 우선 버스터미널로 가서 라파스로 가는 오르메뇨 버스표를 구입했다. 그런데 푸노의 볼리비아 대사관에서 요구하는 서류와 리마의 볼리비아 대사관에서 요구하는 서류가 많이 다른 것이다. 같은 국가 대사관에서 요구하는 서류가 왜 이렇게 다른지 이해가 안 간다. 리마에서 준비했던 몇 가지 서류는 빼고 다시 첨부해야 하는 서류 중에 황열병 이외에 홍역 예방 접종을 했다는 서류를 첨부해야 한다는 것이다. 푸노의 어느 병원에서 해오라고 해 그 병원에 갔더니 홍역 예방 접종은 39살 이하인 사람들만 하는 것이라고 한다. 우리는 홍역 예방접종에 해당하는 서류를 요구하여 그에 준하는 서류를 발급받았다. 대사관에서는 홍역예방접종 기준도 모르고 서류를 요구했나 하는 생각이 든다. 병원의 안내인부터 직원들이 매우 친절해서 다행이었다.

이렇게 겨우 서류를 준비하여 비자 신청을 하고 기다리는 동안 중앙시장을 비롯해 이곳저곳 다니면서 보는 푸노는 작은 도시이지만 정겨우면서도 활력이 넘쳐 보인다. 손님이 유난히 많은 대중식당에 들어가니 음식 값이 매우 싸고 푸짐하고 먹을 만하다. 2인분에 2,000원 정도였는데 좀 싸고 맛있으면 이곳도 사람이 많이 몰리는 걸 보니 어디나 살아가는 모습이 비슷한 것 같다.

볼리비아 비자를 받은 후 우로스 섬에 대한 궁금한 생각과 설렘을 안고, 어제 예약했던 대로 오후 4시 우로스 섬 관광에 나섰다. 내가 우로스 섬을 실제로 간다는 사실이 꿈만 같고 대견하다. 안데스 산맥의 거의 중앙이고 해발 3,890m인 남미에서 제일 고지대에 위치한 폭이 160km나 되는 바다같이 넓은 티티카카 호수의 한 끝자락인 것이다. 고지대에 위치한 티티카카 호수의 중간은 페루와 볼리비아

의 경계란다.

드디어 선착장에서 관광객 8명만 태운 작은 배는 통통 소리를 내며 티티카카 호수의 갈대 숲 사이로 빨려 들어가기 시작한다. 갈대숲을 약 40분간 헤치며 바닥이 땅이 아니고 갈대(토토라)로 되어 있는 호수에 떠 있는 우로스 섬에 도착하였다. 부드러운 하얀 구름이 떠 있는 하늘은 청명한 파랑이다. 배가 도착하니 원색의 전통복장을 한 원주민들이 좌판에서 모직물로 된 판초, 모자, 목도리, 베게커버, 장신구 등 여러 가지 수공예품을 판다.

이 우로스 섬은 잉카인의 비극과 인간의 억척스러움을 간직하고 있는 섬이다. 스페인 사람들에게 쫓겨 잉카인들은 이 호수의 갈대숲에 숨어들게 되면서 특이한 삶의 형태를 유지하며 살고 있단다. 불을 때는 아궁이를 제외하고 바닥은 물론 채소를 기르는 밭, 가축의 먹이, 불씨, 모든 집들, 구조물들, 베니스의 곤돌라처럼 생긴 "바루사"라는 배들까지도 토토라로 되어 있다. 우로스 섬은 다시 말하면 인공 갈대섬인 것이다. 약 40개 정도의 크고 작은 갈대 섬으로 이루어진 이 우로스 섬은 섬 하나하나가 다른 동네이고 이 우로스 섬에도 학교가 있다는데 학교는 가보지 못했다. 바닥이 갈대로 되어 있어 아이들이 운동을 할 수 없을 것 같았다. 어쨌든 매우 특이한 섬, 특이한 역사와 삶의 형태를 지닌 이 섬에서 오랜 전통을 지키며 살고 있는 케추아족과 아이라마족의 혼혈인 어른, 아이들을 눈으로 확인하고 있다는 것이 신기했다. 물론 섬에 사는 사람들은 우리와 똑같은 인간인데 말이다.

두 군데 동네만 둘러보고 오후 6시쯤 사위가 어두워진 후 되돌아오는 배에서 내다보이는 호수를 빙둘러 가며 불빛이 반짝이는 푸노의 도시 모습이 고요하고 아담해 보이는 아주 예쁜 도시다. 아니 우로스 섬에서 우로스 섬 사람들이 보는 티티카카 호숫가의 도시 푸노의 모습도 항상 그렇게 보이지 않을까?

• 세계에서 가장 높은 곳에 위치한 수도
볼리비아의 라파스(La Paz)

기간	도시명	교통편	소요시간	숙소	숙박비
11.07	라파스	버스 (오르메뇨)	8시간 30분	Public Hotalal	210BS

　오늘 드디어 세계의 수도 중에서 제일 높은 곳에 위치한 볼리비아의 라파스로 가는 날이다. 볼리비아 입국 비자를 받기 위해 동분서주한 걸 생각하면 씁쓸하기도 하다. 아침 7시 출발하는 버스를 타기 위해 어두운데 서둘러 숙소를 빠져나왔다. 오르메뇨 버스 터미널에 도착하니 벌써 우리 같은 배낭여행자들이 몇 명 와 있었다. 의외로 남미에 와서 다니는 동안 배낭여행자들을 거의 만나지 못했는데 그들을 보니 반갑다. 버스에서 아침으로 햄을 넣은 빵과 음료수를 준다. 오샘은 모자랄 것 같아 간식을 챙겨 주어야 한다는 것을 알면서도 나는 계속 잠을 자다 깨다 했다.

　티티카카 호수 근처여서 그런지 라파스로 향하는 주위 풍경이 그림 같다. 중간 중간 마을이 꽤 나타나는데, 원주민 얼굴이나 활이나 창을 든 모습이 그려져 있는 건물 벽들이 많다. 저 건너편 산에 계속 이어지는 산길이 보이더니 산길에 지나가는 사람이 자그마하게 보인다. 그 풍경이 매우 서정적이다. 에콰도르에서 페루로 입국할 때도 페루 국경은 많은 사람과 모터 택시들, 상인들로 혼잡했는데 페루에서 볼리비아로 출국하는 페루의 국경도시도 상인과 인력거, 사람들로 역시 매우 혼잡하고 개인 환전상이 즐비하다. 볼리비아 입국 스탬프가 찍히는 것을 보니 안심이 된다. 안데스 산맥의 알티플

라노 고원지대를 더없이 깨끗한 파란 하늘, 한가하고 순박한 자연과 함께하는 여정이다.

비몽사몽 중에 라파스에 도착한 것 같다. 알티플라노 고원의 해발 3,250m~4,100m에 위치한 이 도시는 완전히 구덩이 속에 푹 들어가 있는 모습이다. 오밀조밀한 붉은 지붕들이 내려다보인다.

오후 3시 30분 버스터미널에 도착하자마자 칠레 이키케로 가는 오후 7시에 출발하는 pullman 버스표를 사는데 USD를 받아 주어서 다행이었다. 볼리비아 서류 때문에 이미 예약했던 숙소로 가니 그 숙소는 역시 도미토리만 있다. 다시 그 숙소에서 소개한 다른 숙소로 갔는데 숙박비가 31USD나 한다. 내일 아침 일찍 떠나야 하기 때문에 숙소에 체류하는 시간이 짧아 숙박비가 아까웠지만, 시간이 없어 그 숙소에서 묵기로 했다.

힘들지만 지금밖에 시간이 없어 대통령 관저, 정부청사, 국회, 대성당, 국립예술 박물관이 있는 무리요 광장으로 향해 아주 느린 걸음으로 서서히 올라갔다. 좁은 분지에 형성된 도시여서 그런지 도로 폭은 좁은 편이다. 독립운동가인 무리요 장군 동상이 있는 무리요 광장은 비둘기들로 여유로운 분위기가 묻어난다. 고지대에 적응하기 위해 광장에서 잠시 쉬고 아래쪽에 위치한 산프란시스코 성당이 있는 산프란시스코 광장으로 갔다.

내려가는 길이어서 그런지 몸이 가벼운 느낌이다. 이런 고산지대에 많은 고층건물들이 있고 거리에는 사람들과 자동차들로 복잡하다. 산프란시스코 광장 근처에 있는 성당 옆 거리에는 남대문 시장과 비슷한 기념품상과 잡화상들이 자리하고 있다. 라파스는 고지대에 도시 자체가 아래로 꺼진 절구통 같은 분지에 분지 언덕으로 빙둘러 가며 형성되어 있어 계속 올라갔다 내려갔다 다시 올라와야 하기 때문에 고산증이 있는 우리는 조심하는데도 매우 힘들다.

점심도 굶은 상태라 저녁은 먹어야 하는데 한 발자국도 움직이기가 싫다. 우리는 중국 식당을 찾아 헤매다 찾지 못해 할 수 없이 닭튀김 집에서 해결했다.

안데스 산맥의 고지대에 있는 이 도시는 움푹 파인 분지와 움푹 파인 언덕을 따라 오밀조밀 들어서 있는 붉은 지붕과 많은 사람으로 북적이는 도시 풍경이 매우 인상적이었다. 이 분지의 위쪽과 아래쪽에는 원주민인 인디오들이 많이 거주하고, 중간 지대는 주로 백인들이 많이 거주한단다. 에스파냐의 멘도사 장군이 몇백 년 전에 바다를 건너와서 왜 이런 높고 깊숙한 곳까지 찾아들었는지 모르겠다. 또 얼마나 많은 사람이 희생되었을까.

11월 08일 (토)

• 사막을 달리다

기간	도시명	교통편	소요시간	숙소	숙박비
11.08 ~ 11.10	이키케	버스	13시간 30분	Backpacker	54,000페소

라파스 Lapas 오전7:00 출발 ⇒ 국경 ⇒
이키케 Iquique 오후8:30 (현지 시간 9:30)
도착

라파스에서 우유니 소금사막으로 가는 여행 일정은 지금 우리 건강 상태로는 너무 무리인 것 같아, 라파스에서 칠레의 북부 항구 도시 아리카를 지나 이키케에서 머물기로 일정을 변경한 것이다. 볼리비아를 탈출해 칠레 이키케로 가는 날이다. 오늘은 고산증에서 벗어나는 날이 될 것 같다. 역시 어둠이 채 걷히기 전 숙소를 빠져나와 버스터미널로 향했다. 그런데

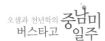

우리가 예약한 버스가 아니다. 쿠스코에서 푸노 갈 때도 예약한 버스가 아니었는데 또 그런 상황이 반복된다.

이키케로 가는 지형은 완전 사막지대라 풀 한 포기 없는 태백산맥이 펼쳐진다. 높은 산맥 줄기들이 모두 사막이다. 높은 사막들에 나 있는 길을 따라 자동차들이 이동하는 풍경이 마치 영화의 한 장면 같다. 그런 사막 중에도 어쩌다 사막 계곡에 싱그러운 진초록의 들판이 펼쳐진다. 오아시스다. 이런 깊숙한 사막 안에도 살아가고 있으니 인간이 산다는 것이 뭔지 모르겠다.

칠레의 북쪽 끝 아리카를 지나면 한쪽으로 푸른 태평양 바다를 끼고 시원하게 달릴 줄 알았는데 해안도로를 만들기가 여의치 않았는지 해안 안쪽 사막 산길로 계속 달리니 역시 온통 주위가 풀조차도 전혀 눈에 띄지 않는 사막뿐이다. 그런데 주위를 아무리 둘러보아도 눈에 보이는 것이 온통 사막뿐인 곳에서 내리는 승객이 가끔 있다. 어디에 집이 있는 건지, 또 보이지도 않는 집까지 온통 사막인 길을 어떻게 걸어가는지 궁금하다.

언제 도시가 나오나 하는데 저 앞쪽에 반짝반짝 불빛이 다투어 드러난다. 이제 다 왔나 했더니 그곳을 그냥 지나친다. 또 사막산을 휘돌아 나가더니 우리 버스는 반짝이는 불빛 속으로 들어가기 시작한다. 우리는 완전히 별 보기 운동을 하는 것 같다. 위도가 높아졌는지 저녁 8시까지도 어둡지 않다.

이키케 가까이에서 9시가 되니 이키케 사막산 위에 커다랗게 "9:00"라는 글자가 불 밝혀 나타난다. 이제 사람 냄새가 나는 것 같다. 오늘은 7시간 정도면 목적지에 도착할 줄 알았는데 시간 계산을 잘못했고 버스도 지체되기도 해서 13시간 30분 만인 밤 9시 30분에 도착하였다.

유스호스텔에 가니 밤 10시인데 그 시간까지도 시끌벅적하다. 환전을 못해 돈도 없지만, 숙소에 들어올 때 보니까 늦은 시간이어서인지 주변에 식당이 전혀 눈에 띄지 않았다. 유스호스텔에 물어보니 근처에 식당이 없어 슈퍼마켓에서 사다 해 먹어야 한다고 한다. 저녁을 안 굶으려니 할 수 없이 슈퍼마켓 문 닫기 전에 서둘러 가야할 것 같다. 밤중에 모르는 길을 5블록이나 걸어서 슈퍼마켓에 갔다. 채소 코너의 연세 많으신 점원이 날 보더니 추우냐고 한다. 왜 그런가 했더니 고산증 때문인지 감기 때문인지, 쿠스코 도착한 날부터 계속 기침을 하더니 내 입술이 파랗게 변해있었기 때문이다. 저녁거리를 간단히 챙겨와 먹고 나니 밤 12시가 다 되었다. 13시간 30분이나 걸려 볼리비아를 탈출한 날이다. 그런데 볼리비아 출국 수속을 하고도 스탬프를 받지 않은 채 칠레에 입국하였다. 어떻게 되는건지 모르겠고 볼리비아와는 뭔가 일이 매끄럽게 풀리지 않는다.

이동경로

가이아나
(Guyana)
수리남
(Republic of Suriname)

프렌치기아나
(French Guiana)

마카파

벨렘

브라질(Brazil)

살바도르

캄피나스

포스두이과수

리오데자
에이로

볼리비아(Bolivia)

파라과이
(Paraguay)

상파울루

이키케

아순손

아르헨티나(Argentina)

우루과이(Uruguay)

몬테비데오

멘도사

부에노스
아이레스

산티아고

칠레(Chile)

바릴로체

푸에르토몬트

칼라파테

리오가예오스

푸에르토
나탈레스

푼타아레나스

우수아이아

• 몸과 마음이 넉넉해진 이키케(Iquique)

　새벽에 파도소리가 계속 들린다. 오샘은 잠이 푹 들었던 모양인지 파도소리를 못 들었다고 한다. 산티아고 가는 버스표를 구입해야 하는데 일요일이라 환전소 찾기가 쉽지 않다. 어떤 사람이 차이나타운에 가보라고 해 그곳까지 물어물어 갔는데 역시 일요일이라 휴무다. 그런데 다른 길에 비해 차이나타운의 거리만 어찌나 지저분한지 길을 걷기가 싫을 정도다. 왜 그렇게 지저분하게 해 놓고 있는지 모르겠다. 숙소에서 9시쯤 나왔는데 차비도 없어 차를 탈 수도 없고 헤매다가 11시 되어서야 환전소를 찾을 수 있었다. 그것도 어떤 귀인이, 상가 이름은 잊었는데, 꽤 큰 세련된 상가를 가 보라고 알려줬기 다행이다. 다시 Tur 버스회사로 버스표 사러 갔더니 내일은 마땅한 시간에 우리가 원하는 등급의 버스표가 없는 것이다. 24시간이

나 가야 하기 때문에 좀 괜찮은 등급의 버스로 가려니 이미 예약이 끝났단다. 모레 버스표도 프리미엄급에서도 최상급인 Tur premium de salon만 남았고 오후 2시에 그것도 떨어져 있는 좌석 2개만 있는 것이다. 비싸지만 어쩔 수 없이 그 버스표를 샀다.

어제는 밤에 와서 몰랐는데 아침에 숙소를 나섰을 때 바로 앞에 보이는 푸른 바다를 보고 우리는 이 조용한 도시의 바닷가에서 쉬면서 건강도 좀 추스르고 떠났으면 했었다. 이래저래 오늘, 내일은 푹 쉬어야겠다. 버스표를 사고 오는 길에 큰 시장이 있어 보신한다고 백숙할 닭과 쌀, 채소, 과일을 사서 양손에 들고 나니 벌써 배부른 것 같다. 점심으로 닭백숙을 하고 있는데 자기네도 이와 비슷한 요리가 있다고 하면서 이탈리아 여행자가 군침을 흘린다. 백숙이 다 되어 그 여행자를 찾으니 아쉽게도 어디로 갔는지 안 보인다. 페루의 리마 이후 오랜만에 입맛에 맞는 푸짐한 식사를 한 것 같다.

식사 후 우리는 누가 먼저랄 것도 없이 바닷가로 향했다. 우리에게 뜨거운 햇빛은 아무런 방해요소가 되지 않았다. 해안을 따라 모래사장이 넓고 길게 뻗어 있다. 바다 저 멀리 수평선 끝자락부터 밀려오다 철썩철썩 하얀 거품을 일으키며 치솟아 오르는 파도 소리가 계속 이어진다. 일요일이라 가족단위로 많이 나와 해수욕을 즐기고 있다. 이곳은 입장료를 받는 것도 아니고 빈부에 관계없이 형편에 맞게 일 년 내내 이런 생활을 하는 것 같다. 바닷가의 시설도 해수욕을 위한 시설뿐 아니라 잔디밭, 나무 벤치, 야자수, 나무로 만든 길, 자전거 도로, 인라인스케이트 탈 수 있는 길 등 모든 시설이 해안을 따라 조화롭게 조성되어 있어 누구나 항상 그곳을 이용할 수 있게 되어 있다. 또 어린이 놀이터, 식물원, 바닷가인데도 작은 인공해수욕장, 공연장 등 어린이나 시민을 위한 충분한 휴식 공간, 문화 공간의 역할을 하는 시설들이 있었다. 우리는 도시를 감싸고 있는 모래 사막산이 햇빛을 반사하며 발하는 신비한 분위기를 드러내는 빛의 마술에 감탄하며 바닷가 모래밭을 따라 어선들이 있는 항구까지 갔다. 그곳은 암석에 앉아 낚시하는 사람들도 있고 물개들도 한몫 자리를 차지하고 있다. 그 많은 사람이 한군데 몰려 있는 것이 아니라 여기저기 적당히 흩어져 바다를 공유하고 있다. 다시 되돌아오니 어느새 많은 사람이 빠져나가고 조용한 바닷가의 모습이다. 저 멀리 수평선 끝 여기저기서 집채만한 파도가 하얀 물거품을 일으키며 쉼 없이 몰려온다. 바람이 불지 않는데도 이렇게 계속 높은 파도가 몰려오는 것은 처음 본다. 높은 파도가 하얀 물거품을 일으키다 처얼썩 소리 내며 떨어질 때마다 가슴이 후련해진다. 상큼하면서도 비릿한 바다 냄새가 코끝을 지나간다. 마치 섬을 만드는 것 같은 높은 파도를 이용해 스노클링을 하는 사람들이 바다 여기저기서 파도를 타고 물 위로 올라왔다 내려갔다 하는 모습이 마치 물개처럼 보인다. 또 하나의 재미있는 광경이다. 저녁을 먹자마자 우리는 또 바닷가로 향했다. 바닷가로 가는 도중에 애들한테 전화하려고 인터넷카페를 찾으니 없고 국제 전화도 한국 번호는 없어 아쉬웠다. 햇빛에 신비한 빛을 발하던 모래 사막산에 어제 들어올 때 보았던 "9:00"라는 글자가 어둠 속에 새겨졌다. 낮에 가지 못했던 해안가를 가로등 불빛에 의지해 마음 놓고 거닐었다. 오늘은 아침부터 많이 걸었지만 기분 좋은 하루다. 이키케에 오길 잘한 것 같다.

11월 10일 (월)

• 저녁 노을이 빚어내는 신비하고 장엄한
  모래 사막산과 하늘

《 이키케 》

나는 우렁찬 파도소리 탓에 밤새도록 제대로 잠을 이루지 못했다.
아침 식사 후 우리는 시내버스를 타고 모래 사막산 언덕부터 해안가
로 도시가 형성되어 있는 이키케를 한 바퀴 돌았다.

비가 잘 오지 않는 곳인지 집 지붕이 납작납작하고 낮고 집 모양
도 제각각이고 다닥다닥 붙어 있는 집들이 많지만, 구역이 반듯반듯
하게 확실히 나뉘어 있고 구역 간 거리는 모두 널찍했다. 이 도시의
자연환경은 생선 이외에 채소를 재배하거나 육류를 자체적으로 얻
을 수 없을 것 같다. 좀 형편이 여의치 않은 사람들이 사는 동네처
럼 보이는 모래 사막산 언덕에서도 시원한 푸른 바다가 내려다보인

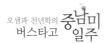

다. 도시의 형태가 좁고 길다.

오늘 점심은 소고기 구이다. 어제오늘 계속 진수성찬이다. 오늘 점심, 저녁 식사 후에도 우리는 어김없이 바닷가로 향한다. 오늘도 역시 집채만 한 높은 파도가 끊임없이 몰려와 하얀 거품을 일으키며 내는 처얼썩 소리에 가슴이 시원해진다.

춥지도 않은지 인간 물개들은 아침 일찍부터 해가 지도록 파도를 타며 바다에서 계속 오르락내리락하는데 그 모습이 마치 바닷물 위에 점이 붙어 있는 것처럼 보인다. 집들이 바닷가에 가까우니 그대로 바다에서 나와 옷 젖은 채로 보드판을 들고 집으로 간다. 그들의 일상사인 것 같았다.

해가 수평선 아래로 서서히 내려가며 해가 조금씩 작아지더니 쏘옥 들어가서 모습을 감춘다. 그 햇빛에 반사되어 낙타색 모래 사막산과 그 위를 덮고 있는 하늘은 역시 신비한 빛을 발하며 장엄한모습을 드러낸다. 넓은 바다와 끝없이 펼쳐지는 낙타색 모래 사막산에서 일어나는 경이롭고 감탄스러운 이런 자연 현상, 이 자연과 호흡하며 사는 사람들과 잉카인들이 만들어 낸 마추픽추의 모습이 대비된다. 오늘도 파도소리를 벗삼아 자장가처럼 잠을 잘 수 있었으면 좋으련만 깊은 잠을 청할 수 없을 것 같다.

11월 11일 (화)

• 이키케와 아쉬운 이별

기간	도시명	교통편	소요시간	숙소	숙박비
11.11 ~ 11.13	산티아고	버스 (premium de salon)	24시간 30분	Residencial MERY	40,000페소

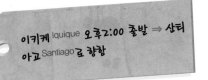

이키케 Iquique 오후2:00 출발 ⇒ 산티 아고 Santiago로 향함

생각지도 않던 지나치다 우연히 만난 도시 이키케는 우리에게 편안함을 선사한 잊지 못할 아름다운 도시이다. 아직도 끊임없이 들리던 파도소리가 귀에 쟁쟁하다. 이키케 바닷가에서의 편안함을 놓치기 아쉬워, 아침을 먹자마자 곧 바닷가로 향했다.

조용한 바닷가에 역시 활기 찬 생생한 파도소리만 퍼진다. 역시 파도 속에 파묻히는 인간 물개들도 시야에 들어온다. 나는 이 태평양 건너가 우리 집이지만 태평양 파도를 헤치고 갈 용기가 나지 않는다. 할 수 없이 빙 둘러가야 할 것 같다.

배낭을 다 챙겨 놓고 또 바닷가에 나갔다. 오후 1시. 쨍하니 태양이 바로 머리 위에 있다. 야자수 바로 아래 동그랗게 야자수가 그려진다. 그 동그란 그림자 안은 시원하고 그림자 바깥의 햇빛이 따갑다. 그림자 안에서 바다를 한껏 바라본다.

떠나야 할 시간은 어김없이 다가온다. 오후 2시 버스를 타면 꼬박 24시간 아니, 대개는 1~2시간은 더 연착되니까 25~26시간을 버스에서 보내야 한다. Tur 버스 터미널에 버스가 들어오는데 겉보기에는 다른 버스들과 별 차이가 없어 보이는데 아래층에는 6명만 타게 구조가 되어 있고 완전히 평평한 침대가 만들어진다. 덕분에 잠을 좀 잘 수 있을 것 같다. 그런데 바깥이 잘 내다보이질 않아 나는 이런 공간이 별로 좋지 않고 답답한 느낌이다. 화장실은 아래층에 있어 사용은 편하지만 위, 아래층 버스 승객들이 다 같이 사용하니 지저분해지긴 다른 버스들과 마찬가지다. 이키케를 벗어나는 지역에서 국경도 아닌데 웬일인지 짐 검사도 철저히 하고 양방향의 차들 모두 꼼짝없이 2시간을 머물러 있어야 했다. 그래서인지 칠레 북부에서 제일 큰 도시인 안토파가스타에 도착한 밤 10시에 저녁을 준다. 적자생존!

11월 12일 (수)

• 버스로 24시간 30분 만에 산티아고(Santiago) 도착

아침 7시쯤 바깥을 보니 주위가 누런 황야의 모래 사막산이 아니라 드문드문 녹색 풀도 나무들도 꽤 있다.

라세레나에 오니 이곳은 밤사이 비가 왔나 보다. 도로가 젖어 있다. 마추픽추는 지형적인 특성 때문에 자주 비가 오락가락하는 것 같았고 마추픽추를 제외하고 페루에서부터 지금까지 비가 오지 않았었다. 페루에서 칠레의 이곳까지 해류의 영향으로 안데스산맥에서 태평양 바다 쪽으로 면한 지역이 해안 사막성 기후가 되어 사막 지대가 형성된 것이란다.

판아메리카 해안도로인데 아쉽게 안개가 많이 끼어 태평양 바다가 잘 보이지 않는다. 안개가 끼는 걸 보니 이제부터는 녹색 세상을 볼 수 있을 것 같다. 라세레나는 북부 사막지대에서 비옥한 중부 지대로 넘어가는 경계에 해당하는 지역이고 훔볼트 한류의 영향으로 오전에 연무가 끼는 일이 많지만, 일 년 내내 거의 비가 오지 않고 7℃~22℃의 맑은 온난 기후를 나타내며 천체관측하기에 좋은 조건의 지역이어서 남반구 최대 천문학 연구소, 천문관측소도 있단다.

건물들이 모두 흰색으로 칠해져 있는 차분한 거리 풍경은 1540년대 스페인 사람 2명이 입성하면서 조성된 거리란다. 스페인어 serena는 조용하고 차분하다는 의미란다. 흰색의 도시 라세레나를 지나 좁고 긴 칠레의 거의 한가운데, 표고 500m에 위치한 산티아고에 도착한 시간은 이키케에서 출발한 지 24시간 30분만인 한낮 오후 2시 30

분이다.

도착하자마자 아르헨티나의 멘도사행 버스표를 구입했다. 처음 찾아간 숙소는 수리 중이어서 그곳에서 소개한 숙소를 어렵게 찾아갔는데 숙소는 깨끗한데 여주인의 인상이 매우 차갑다. 숙소를 찾아갈 때 더운 대낮이어서 더 힘들었던 것 같다. 배낭을 내려놓자마자 환전소 문 닫기 전에 환전하기 위해 지하철로 시내로 향했다. 늦은 시간이라 겨우 환전소를 한 군데 찾을 수 있었다.

시내에 온 김에 생선요리가 싱싱하다는 중앙시장에 갔는데 오후 4시까지만 하는 곳이라 이미 시장 문은 닫혀 있었고 그 주변으로 햄, 치즈 등 가공식품을 파는 대형 가게들과 몇몇 식당들만 문을 열고 있다. 그중 손님이 많은 식당에서 이름도 모르는 음식을 그림만 보고 시켰는데 양이 너무 많아 절반은 남긴 것 같다. 싸 갈 수도 없는 음식이라 아깝다.

저녁을 먹고. 늦은 시간이지만 대성당이 있는 아르마스 광장에 잠시 들렀다가 숙소로 왔다. 칠레 오기 전에 다른 나라에서는 거의 이 시간에 외출할 엄두를 내지 못했었다.

• 칠레의 중앙에 위치한 수도 산티아고

　자유 광장과 헌법 광장 사이에 위치한 대통령 관저인 우아하고 하얀 콜로니얼풍의 모네다 궁전 주변은 아침인데도 휴식하는 사람, 오가는 사람들로 붐볐다. 피노체트가 1973년 일으킨 쿠데타로 당시 대통령 아옌데가 최후의 보루로 삼았던 이 모네다 궁전이 공습을 받아 화염에 휩싸였고 그 속에서 아옌데는 "항복하지 않는다."라고 외치며 최후를 마쳤다고 한다. 이러한 처절한 사건이 벌어졌던 궁전은 이제 완전히 보수되어 하얀 부드러운 모습을 우리에게 보여주고 있다. 이런 모습은 마치 피노체트에 의한 16년간의 군정이 종식되고 민주선거를 통한 민정 이양이 이루어진 후 지금까지 지속되는 안정적인 정부 모습을 보여 주는 듯하다.

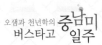

궁전, 헌법광장을
지나 아우마다 거리
중심가로 가니 작게
자른 종이를 날리고
호루라기를 불며 데
모하는 사람들로 시
끌시끌하고, 평일 오
전인데도 거리는 사
람들로 북적이고 활기차다.

중앙시장을 지나고 누런 물이 흐르는 마포초강을 건너니 한국 사
람들이 운영하는 옷가게, 모자 가게 등 여러 상점이 즐비하다. 한국
식품점을 찾아가서 라면, 고추장, 멸치볶음, 김을 사고 나니 저절로
배가 부르다. 마포초 강변에 있는 도매시장인 베가시장에서 생선요
리를 주문했는데 생각보다 비싸고 맛도 별로였다. 다시 마포초강을
건너 중앙시장으로 가니 과일가게도 많고 베가 시장보다 식당가 분
위기가 고급스럽다. 이곳에 와서 먹을 걸 하고 후회가 된다. 중앙시
장에서 체리를 샀는데 맛도 좋고 값도 싸다.

다시 아르마스 광장으로 가니 꽃나무들이 잘 가꾸어진 공원, 그림
이 얹어져 있는 캔버스, 그림 그리는 화가 겸 화상들, 주변의 콜로
니얼풍의 대성당, 시청사, 국립 미술관, 산티아고 박물관 등이 어우
러져 아늑하면서도 화사한 분위기이다. 우리도 화사한 꽃나무와 고
풍스러운 대성당을 배경으로 사진 1컷을 찍고 지하철 쪽으로 오는
데 거리는 오전보다 더 많은 사람으로 북적인다.

길거리 좌판에서 돋보기를 사기도 하면서 노점상들이 있는 거리
를 지나면서 보니 정책적으로 노점들을 장애인들이 운영하게끔 하

는 것 같아 보였다. 콜로니얼 예술 박물관 쪽으로 가니 민예품 등을 파는 기념품 상가가 있다. 이것저것 보면서 잠시 휴대주머니를 가게 밖의 의자에 두었더니 가게 주인이 조심하라고 눈짓을 한다. 아차, 항상 조심해야 하는데 잠시 방심한 것 같다. 둘러봤지만, 정찰제이고 특별히 살 만한 것도 없다.

우리 숙소 앞 골목에 항상 젊은 사람들이 많이 쏟아져 나오고 들어가고 해서 궁금해 저녁때 사람들이 나오는 곳으로 가 보니 대학교가 있는 거리다. 여러 개의 단층으로 된 대학 건물들, 노상 카페, 노상 햄버거 가게, 책방 겸 문방구, 간이 식품점, 맥도널드, 골목에 당구장 등이 각각 1집씩만 있고 넓은 거리가 깨끗하고 조용하다. 숙소 앞으로 많이 지나가던 학생들은 모두 어디에 있는지 모르겠다. 우리의 대학교 앞에서 보는 번잡함이 전혀 없다. 우리도 그들과 동참하는 의미에서 노상 햄버거 가게에서 저녁을 대신했는데 역시 대학교 앞 답게 햄버거도 푸짐하고 가격도 싸다. 이렇게 또 다른 산티아고의 모습을 볼 수 있었다.

11월 14일 (금)

장엄한 안데스 산맥

기간	도시명	교통편	소요시간	숙소	숙박비
11.14	멘도사	버스(semi cama)	6시간	–	90페소

산티아고Santiago 오전9:10 출발 ⇒ 국경 ⇒ 멘도사Mendoza 오후3:10 도착

　　찬바람 쌩쌩한 숙소 여주인의 배웅을 받으며 지하철역으로 향했다. 산티아고와 멀어지면서 산은 나무 한 그루 없지만 옅은 녹색을 띠기도 하고 기기묘묘한 산세를 드러낸다. 나무는 커녕 풀 한 포기도 보이지 않는 웅장한 산은 협곡 같은 모습이 드러나기도 하고 금강산 일만이천 봉이 나타나기

도 하고 몇 천만 년에 걸친 지형의 변화가 이곳에 함축되어 다 모여 있는 듯하다. 자연만이 만들어 낼 수 있는 장엄함이 배어난다. 인간이 감히 건드릴 수 없는 인간의 마음이 겸손해질 수밖에 없는 나무 한 그루 없는 안데스산맥에 대자연의 파노라마가 연출되고 있다. 감탄에 또 감탄사를 연발한다.

칠레 국경에 오를 때까지 칠레 쪽으로 흐르던 물이 국경을 넘으면서 아르헨티나 쪽으로 물이 흐르는 걸 보니 국경이 높은 지대에 있는 것 같다. 하지만 아무리 경치가 좋아도 주변에 인가도 없고 국경에서 근무하는 사람들은 매우 불편할 것 같다.

국경에서 출입국 심사를 받는데 운전기사는 버스 승객들을 줄 세워서 데리고 다니면서 마치 초등학생들을 인솔하는 교사처럼 행동한다. 자연이 내 눈을 계속 즐겁게 해 주다 보니 6시간을 지루한 줄 모르고 멘도사에 도착하였다.

멘도사는 칠레 국경에 가깝고 안데스산맥의 최고봉 아콩카과산의 입구로 교통요지이다. 도착하자마자 바릴로체행 버스표를 구입하고 나서 버스터미널에 나와 있는 숙소 소개인이 안내하는 숙소로 갔는데 친절하긴 한데 부엌이 너무 열악하여 대충 끼니를 때우는 정도로만 해 먹었다. 마실 물을 사러 가는데 우리는 숙소 가까이 있는 가게를 보지 못하고 숙소 주인이 가르쳐 준 숙소에서 좀 멀리 있는 가게로 갔는데, 도매만 취급을 해 물 한두 병씩은 팔지 않는단다. 결국 숙소 가까이에 있는 가게에서 물 한 병을 사고 보니 물 한 병 때문에 괜한 고생만 한 것 같다.

11월 15일 (토)

• 녹색의 푸르름이 가득한 멘도사(Mendoza)

멘도사Mendoza 관광 및 출발 ⇒ 산
카를로스 드 바릴로체San Carlos de
Bariloche로 향해 오후8:00 출발

아침에 늑장을 부리고 오전 11시쯤 멘도사 시내로 향해 걷는데 모처럼 비교적 깨끗한 물이 흐르는 다리를 건넜다. 칠레 산티아고에서 칠레 국경까지 가는 동안 안데스산맥에서 흘러내리는 물은 누랬는데 아르헨티나부터는 대개 깨끗한 물이 흐른다.

우리 숙소 주변은 외곽에 있어 조용했는데 시내 쪽으로 들어오니 거리는 꽤 많은 사람으로 붐빈다. 환전소에 갔다가 시내 중심으로 갔는데 토요일이라 그런지 시내 중심의 차 없는 거리에서 박력 있고 호소력 있는 라틴 아메리카 음악, 살사, 어린이 무용 등 공연을 하고 있고 많은 관중이 어울리고 있다.

우리도 그들 틈에서 잠시 관람을 하고 독립광장 쪽으로 가는데 도로 양옆으로 줄지어 늘어선 오랜 미루나무들 아래로 흐르는 개천 물이 피라미가 금방이라도 튀어 오를 듯 맑고 깨끗하다. 원래 멘도사는 건조한 기후로 거의 사막지대였는데 안데스산맥의 눈 녹은 물로 풍부한 수자원을 확보해 녹색의 도시를 만들고 드넓은 포도밭을 일구어 주요 와인 생산지가 된 도시라더니, 거리마다 늘어서 있는 가로수부터도 그 규모가 거의 고목 수준이다.

개천을 따라 양쪽으로 들어서 있는 주택가가 부촌인 듯하다. 넓고 큰집들이 정원, 대문 앞 보도블록, 집 구조 등 나름대로 개성 있게 지어진 집들이다. 멘도사는 집 앞 보도블록을 개인들이 깔았는지 집 앞마다 보도블록이 모두 다르다.

가게도 식당도 전혀 보이지 않는다. 독립광장에서 오토바이로 순찰하던 경찰은 친절하게 우리에게 사진 한 컷을 눌러 준다. 마침 한 채소가게가 있어 토마토와 바나나를 사서 도로변 벤치에 앉아 배고픔과 목마름을 달래고 계속 장미 공원 쪽으로 향하는데, 식당은 아니고 가정집 같은데 닭구이만 전문으로 하는 집이 눈에 띈다. 다행이다 싶어 닭과 씻어 놓은 채소를 사 들고 공원의 잔디밭으로 향했다.

오래전에 조성된 공원인지 넓은 잔디밭에 아름드리나무들이 울창한 숲을 이루고 있다. 그늘이 없는 잔디밭에 낮 2시쯤 되었는데도 햇빛도 따갑지 않고 사람들도 없고 새들만 노닐고 있다. 점심 먹기에 안성맞춤이다. 잔디밭에 한자리 차지하고 누워 있는 지름이 거의 1m는 됨직한 통나무에 기대고 앉아서 며칠 굶은 사람들처럼 열심히 먹어댔다. 파란 하늘을 바라다보니 더 이상 부러울 게 없다. 이 도시는 거리나 광장이나 넓은 공원들이 아름드리나무들로 숲을 이루고 분수들이 시원한 물줄기를 내뿜는다.

다시 장미공원 쪽으로 향하다 대만 청년을 만나 서로 여행정보를 나누었다. 중남미에 와서 지금까지 콜롬비아 숙소와 키토를 제외하고는 우리나라는 물론 아시아계 여행자를 처음 만난 것 같다.

기대를 갖고 5km 정도 더 걸어가서 장미공원까지 왔는데 장미꽃도 다 지고 다소 실망을 했다. 하지만 쉬는 시간인지 한가롭게 조정 연습하는 선수들이 있는 고요한 기다란 호수, 한가로운 장미공원의 분위기는 나를 벤치에 앉아 편안히 쉴 수 있게 한다.

오늘 오후 8시에 바릴로체로 향해야 하기 때문에 숙소로 되돌아가야 하는데 아침부터 계속 걸어서인지 꾀가 난다. 버스를 타려고 우왕좌왕하다 버스를 한 정거장만 타고 결국 다시 걸어오게 되었는데, 북적이던 시내에 사람도 없고 상점도 문을 닫아 조용해졌다. 돌아올 때는 더 빨리 온 기분이다. 그렇지만 오늘 많이 걸어서인지 매우 피곤하다. 오후 5시 30분쯤 버스터미널로 가서 시곗줄도 고치고 모처럼 애들한테 전화할 수 있었다.

버스가 멘도사 도시 외곽 쪽으로 나오면서 포도밭이 한없이 이어진다. 영글어 가는 포도송이만큼 멘도사인들의 꿈도 영글어 가겠거니 생각하니 내 마음도 풍요로워지는 것 같다.

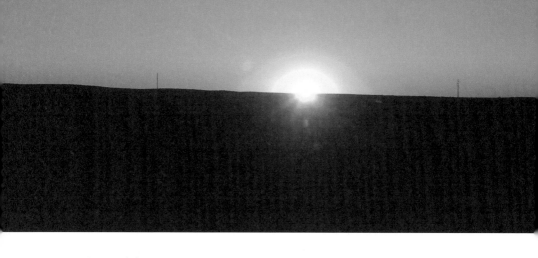

11월 16일 (일)

• 아름다운 그림 같은 도시 바릴로체(San Carlos de Bariloche)

기간	도시명	교통편	소요시간	숙소	숙박비
11.16	바릴로체	버스(Andes mar)	17시간 30분	Albergo	70페소

상카를로스 데 바릴로체 San Carlos de Bariloche 오후 1:30 도착

　　어제는 버스에서 밤 10시에서야 저녁을 주었다. 저녁을 먹자마자 억지로라도 잠을 청하고 눈을 뜨니 버스 유리창 밖이 어슴푸레 밝아온다. 지평선 너머 빨간 자그마한 해가 살포시 떠오르는 순간, 순간을 놓치지 않으려고 계속 바깥 풍경을 바라본다. 척박한 불모지와 같은 평평한 대지에 난 구불구불한 길을 따라 우리 버스만 열심히 달려가고 있다. 날이 밝아오

자 사람 그림자 하나 없는 아르헨티나의 척박한 대지만이 더욱 확연히 드러나는 듯하다. 계속 이동하면서도 이런 길에서는 사고가 나도 속수무책이겠다 하는 생각이 든다.

그런데 낚시 도구를 실은 짐칸을 매단 자동차 한 대가 우리 버스를 제치고 신나게 앞으로 달려나간다. 이 메마른 곳에 웬 낚시 차인가 이상하다 했더니 아닌 게 아니라 맑고 깨끗한 거울 같은 호수가 보인다. 그 척박함은 어디로 사라지고 호수를 끼고 드러나는 풍광이 눈이 시리도록 아름답다. 호수가 가끔 나타나면서 낚시하는 사람들도 더러 있다.

바릴로체가 가까워지면서 하얀 눈이 덮인 산, 바다같이 넓은 맑고 푸른 옥빛 호수들이 마치 그림 같은 풍경으로 더 자주 나타난다. 어떤 말로도 표현이 안 되는 자연이다. 사진기에 담기도 어렵다. 하얀 눈 덮인 산, 바다같이 넓은 파란 호수, 호숫가의 싱그러운 녹색 숲, 이들과 조화를 이루는 집들이 있는 동네가 저 멀리 보인다. 바릴로체인 것이다. 멘도사를 떠나올 때만 해도 이렇게까지 아름다운 도시를 만나리라고는 생각도 못했다. 숙소에 가니 숙소의 겉모습도 예쁘고, 숙소에서도 눈만 뜨면 파란 호수가 보인다. 샬레풍의 집들, 개

성 있고 예쁘게 꾸며놓은 집들이 아름다
운 동네를 이루고 있다. 동네 어느 곳에서
나 하얀 눈 덮인 산, 파란 하늘, 하얀 구름,
깨끗한 에메랄드빛 호수, 풍요로운 녹색의
숲이 보이고 길가와 호숫가를 따라 개나리꽃과 비슷한 노란 꽃이 피
어 있는 개나리 같은 나무들이 줄지어 있다. 천혜의 고장인 것 같
다. 여유만 있으면 며칠 푹 쉬고 싶다.

  중앙광장을 향해 시내로 내려가는 길이 일요일이어서인지 상점들
도 거의 닫혀 있고 한가하다. 물론 식품류를 싸게 판다는 가게도 문
이 굳게 닫혀있다. 시내의 커다란 문을 지나 시청이 보이는 광장에
들어서니, 돌로 지어져 단단해 보이는 벽과 짙은 회색 지붕을 얹은
예쁜 독일식 건물들이 눈에 들어온다. 광장의 잔디밭에 앉아 바로
앞에 보이는 에메랄드빛 호수, 맑은 호수 아래 거꾸로 된 산을 만들

어 내는 흰 눈이 덮여 있는 푸른 산, 호수가 물인지 하늘인지 구분
이 안 되고 눈이 시리도록 깨끗하고 파란 하늘을 얼마 동안이나 넋
놓고 바라보고 있었는지 모르겠다.

조용한 광장 주변을 신나게 달려가는 스포츠카 소리에 정신이 번
쩍 들었다. 중앙광장에서 숙소 쪽으로 향하니 공터에 노천 기념품
가게들이 있다. 눈요기하기에는 충분했다. 슈퍼에서 쌀을 사다가 밥
과 김, 라면을 끓여 먹으니 밥을 먹은 것 같다.

저녁 식사 후 흰 눈 덮인 산, 파란 호수, 하늘을 바라보면서 돌아
본 숙소 위쪽 동네도 각기 개성 있게 예쁘게 지어지고 가꾸어진 집
들이 주변 풍광을 더욱 아름답게 돋보이게 한다. 집 앞에서 자동차
세차를 하고 있는 사람, 쓰레기 버리러 나온 사람, 창문 안으로 들
여다보이는 의자에 앉아 있는 사람, 동네에 보이는 이 모든 사람이
괜히 여유 있게 보인다. 오늘도 17시간 30분의 버스대장정을 무사
히 마쳤다.

11월 17일 (월)

• 아르헨티나에서 다시 칠레로

기간	도시명	교통편	소요시간	숙소	숙박비
11.17	푸에르토몬트	버스 (Tas – CHOAPA)	17시간 30분	Hospedaje Betty	14,000페소

산카를로스 데 바릴로체San Carlos de
Bariloche 오전8:00 출발 ⇒ 푸에르토몬
트Puerto Montt 오후4:00 도착

새벽에 우리 방을 같이 쓰던 스
위스 청년이 불도 켜지 않고 조심
조심하면서 채비하더니 떠나가 버

렸다. 하룻밤 그것도 잠시 같은 방에 있었던 것뿐인데도 그 청년이 문을 열고 나가 문을 닫는 소리가 들리는데 뭔가 허전한 기분이 든다. 사람이 제일 무섭기도 하고 제일 반갑기도 하다더니 이런 게 인정인가 보다.

이 아름다운 도시, 예쁜 숙소에서 겨우 하루 머무르고 서둘러 간다는 것이 서운하다. 아침 7시에 숙소를 나와 주인이 가르쳐 준 버스터미널 가는 버스정류장으로 갔는데 버스가 오지 않는다. 8시 버스인데 7시 50분이다. 출근 시간이라 늦을 것 같아 택시를 탔다. 아예 숙소에서부터 택시를 탔으면 시간에 쫓기지도 않았을 텐데.

버스를 타려는데 우리 배낭을 싣지 않는다. 알고 보니 팁을 주어야 실을 수 있는 것이다. 처음 있는 일이어서 당황했다.

그런데 아침에 힘들인 것을 완전히 보상받을 수 있었다. 상상 이상의 비경이 계속되는 것이다. 호수 군락지다. 버스가 지나가는 곳마다 몇 시간을 계속 흰 삿갓을 쓴 높은 산들, 아름다운 커다란 호수들, 푸른 숲들, 길가의 바릴로체 개나리라고 우리가 이름 붙인 노란 꽃들, 나무에 피어 있는 빠알간 꽃들. 말로 표현할 수 없는 비경이다. 너무 비경이라 사진도 못 찍겠다. 국립공원이란다. 이런 드라이브 코스를 세계 어디서 만날 수 있을까. 호숫가마다 예쁜 휴양지들이 있다. 코린도조 호수가에 있는 예쁜 호텔들이 많이 있는 Villa La Angosura 라는 휴양지에서 미국 부부 여행자들이 버스에 탔는데 그분들은 복사해 온 아주 자세한 국립공원 지도를 보면서 우리에게 지명을 가르쳐 주면서 이곳이 아주 아름다운 곳이라고 한다.

정말 경치에 몰입되어 아무 생각 없이 태평하게 가다 국경에서 문제가 생겼다. 아르헨티나 국경은 넘었는데 칠레 국경에서 음식물 검사를 철저히 하느라 칠레 국경에서만도 2시간 넘게 보냈다. 우리도

귤 2개를 빼앗겼다. 그런데 빼앗기고 나서 생각하니 그 귤은 칠레 산티아고에서 샀던 것이다. 그 생각을 미처 못해 항변 한 번도 못하고 빼앗긴 것이 억울하다.

국경을 넘어(결국 안데스산맥을 넘은 것이다) 칠레 이곳 농촌은 아주 비옥하고 풍성해 보인다. 부농인 것 같다. 경제성이 있고 아무리 기계화돼도 사람 손이 꼭 필요한 일도 있는데 이 농촌의 자녀들이 이 농촌을 계속 유지시켜 줄까 하는 생각이 갑자기 든다. 쓸데없이…

서쪽으로 계속 향해 가니 활화산이 활동하는 관광도시인 오소르노에 도착했지만, 단지 지나가는 도시여서 손님 몇 명을 내려주기만 하고 지나친 후 태평양에 면한 푸에르토몬트에 당도했다. 푼타아레나스로 가는 버스표를 샀는데 32시간 걸린단다. 푼타아레나스까지 워낙 장기 운행이어서인지 거의 출발 시간이나 버스 회사를 선택할 여지가 없다.

버스터미널에 나와 있는 숙박 소개업자를 따라간 숙소들이 너무 허술해 가이드북에서 본 우리가 가려고 했던 숙소로 갔다. 짐을 풀자마자 앙헬모(Angelmo)에 갔다. 벌써 앙헬모 가는 길에 있는 기념품 가게들은 문을 닫는 중이다. 식당들이 한 건물 안에 들어서 있어서인지 해안가가 깨끗하게 정돈된 느낌이다.

소개받은 식당을 찾아가 태평양을 바라보며 중남미 여행 2개월이 된 것을 자축하고 "쿠란토"라는 조개 요리로 우아한 저녁 식사를 했다. 택시로 다시 터미널 쪽 바닷가에 갔다가 숙소에 갔는데 더운물은 아침에만 준단다. 괜히 피곤이 안 풀리는 기분이다. 할 수 없지.

오늘 본 바릴로체 주변 국립공원의 하얀 눈을 삿갓 모양으로 폭삭 뒤집어쓴 높은 산들, 맑고 파란 바다같이 넓디넓은 호수, 호수면 아래로 산이 물구나무선 투명한 호수들, 호숫가의 예쁜 호텔들, 울창한 숲들, 바릴로체 개나리 등 정말 아름다운 비경은 잊을 수 없다.

11월 18일 (화)

• 각오하고 출발한 버스로 32시간 대장정

푸에르토몬트 Puerto Montt 오전11:00 출발
⇒ 바릴로체 Bariloche 오후4:30 도착 후
푼타아레나스 Punta Arenas 로 향함

　　목적지인 푼타아레나스까지 32시간 버스를 타고 가야 한다. 그동안 경험에 의하면 버스 운행 예상시간이 32시간이니까 실제는 2~3시간 더 걸릴 생각을 해야겠지. 버스에서 1박만 하면 되니까 어떻게든 가겠지 하는 마음이다. 식수는 2L 준비했다.

　　푸에르토몬트에서 출발한 버스는 어제 들렀던 오소르노로 가서 다시 바릴로체를 거쳐 푼타아레나스로 가는 코스이다. 바릴로체까지 경치가 좋긴 하지만 어제 왔던 길을 다시 되돌아가니 5~6시간을 허비하는 것 같아 안타깝지만 다른 길이 없으니 할 수 없다. 오소르노에서 승객을 더 태운 버스는 또 보아도 질리지 않는 아름다운 호수들, 높은 산들을 지닌 국립공원을 열심히 달린다.

칠레와 아르헨티나의 국경에서 어제와 같은 불상사는 일어나지 않아 두 국경을 지나는 데는 30분 정도밖에 걸리지 않았다. 같은 도로에서 어제보다 시간이 거의 2시간이 단축된 셈이다. 따라서 목적지까지 가는 데 걸리는 시간도 다소 줄어들겠지 하는 생각이 드니 마음이 조금은 가벼워지는 느낌이다.

노란색 바릴로체 개나리가 한창이더니 이제는 산뜻하게 보이는 보라색 꽃들이 계속 이어져 만발해 있는 눈 덮인 안데스 산맥을 넘으니 지평선만 아득히 저 끝에 보인다. 지평선을 넘고 또 넘으며 몇 시간을 달려도 집 한 채 없고 나무 한 그루 없는 까칠한 잡풀만 듬성듬성 있는 대평원이 이어진다. 간혹 소들이 있긴 하지만 여기저기 양떼들만이 무리지어 있다. 사람 사는 집은 하나도 없는데 저 많은 양들과 소들은 집이 어디인지 주인이 누구인지 궁금하다. 어쩌다 웅덩이 같은 작은 연못에 오리가 가끔 있고 날아다니는 새 한 마리 없다. 비를 피할 곳이, 뜨거운 햇빛을 가릴 곳이 없는 척박하고 광활한 대평원이다. 이런 곳을 가다 차에 기름이라도 떨어지면 어쩌나 차가 고장 나면 어쩌나 하는 생각이 든다. SOS를 친다 한들 어느 세월에 사고 장소까지 올지 모르겠다.

그런 아무것도 나타나지 않을 것 같은 곳에 식당이 하나 있는데 저녁을 각자 먹으란다. 여기서 안 먹으면 내일 도착 때까지 굶을 것 같아 억지로 저녁을 먹었다. 해는 뉘엿뉘엿 지는데 어느새 비가 부슬부슬 오고 있었다. 버스에 오르자 일찌감치 잠을 자는 것이 좋을 것 같아 담요를 달라고 해서 덮었는데 생각처럼 잠이 오지 않는다.

11월 19일 (수)

• 칠레의 남쪽 끝 도시 푼타아레나스(Punta Arenas)

기간	도시명	교통편	소요시간	숙소	숙박비
11.19	푼타아레나스	버스(Tri bus)	33시간 30분	–	35,000페소

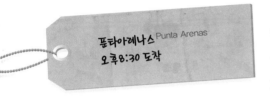

푼타아레나스Punta Arenas
오후8:30 도착

부스럭거리다 아침이 되었는데 여전히 우리 버스는 광활한 대평원의 중심을 달리고 있다. 오전 11시 출발한 지 24시간, 오전 12시 출발한 지 25시간까지 버스는 잘 달렸다. 그런데 그 후 버스에 이상이 생겼다. 냉각수를 계속 보충하기도 하면서 시속 10km로 1km 정도 가다 서고 또 1km 가다 서고 하면서 아무것도 없는 광활한 대지 위에서 23명을 태운 우리 버스는 힘겹게 가고 있다.

대단한 것은 승객들이다. 우리는 이 버스를 탈 때 32시간씩 버스를 타고 푼타아레나스까지 가는 승객은 우리뿐일 거라 생각했는데 오산이었다. 남녀노소 23명의 승객이 오소르노 이후 아무도 내리지 않았고 버스가 땡볕인 허허벌판에서 고장이 나 1km 정도 가다 서고 하면서 가는데도 아무도 큰소리 한번 안 내고, 나중에는 같이 물웅덩이에서 물까지 떠다 주면서 그러려니 하는 태도로 가는데 정말 놀랍다. 우리 같으면 휴대전화로 연락하고 환불하라고 하고 난리가 났을 텐데 말이다. 물론, 연락이 된다 하더라도 이 먼 곳까지 오려면 헬리콥터로 오든지 해야 할 것 같지만 말이다.

나중에는 고참 운전기사가 지나가는 차를 잡아타고 쏜살같이 달려간다. 우리 버스는 계속 힘겹게 불안한 움직임으로 이동하는데 그후 2시간이 지나도 고참 운전기사는 돌아오지 않는다. 이상하다 했더니 다른 버스를 수배해서 칠레 국경에서 넘어오지 못하고 있는 것이다. 어렵게 어렵게 우리 버스가 국경에 가니 그곳에서 기다리고 있었다. 이렇게 파타고니아 지역을 지나오는 길이 순탄하지 않았지만, 무사히 지나온 것이 한숨 놓인다.

아르헨티나 국경, 칠레 국경 통과 후 저녁 7시 우리가 옮겨 탄 버스는 푼타아레나스로 향해 강렬한 햇빛을 받으며 시속 100km로 질주를 한다. 교과서에서만 보았던, 전혀 오리라고는 감히 넘보지 않았던 마젤란 해협이 보인다. 위도가 높아서일까, 저녁 7시인데도 햇빛이 어찌나 강하게 내리쬐는지 바다가 파랗다 못해 하얗게 보인다. 남극 쪽으로 가까이 가고 있다는 사실에 기분이 들뜬다. 이렇게 먼곳이면 물가가 비쌀 수밖에 없겠구나 하는 생각이 갑자기 든다. 도착한 시간은 오후 8시 30분, 아직도 환하다. 칠레와 아르헨티나 국경을 통과하는데 시간이 적게 걸려 목적지 도착 시각이 다소 일러지겠다고 생각했었는데 버스 고장으로 인해 33시간 30분 버스를 탄셈이다.

처음에 간 숙소에 방이 없어 다른 숙소로 갔는데 시설이나 서비스는 매우 좋은 만큼 숙박비가 비싸 부담이 되지만 늦은 시간이어서 그냥 그 숙소에 머물렀다. 숙소에서 소개해 준 "루나"라는 식당에 갔는데 세련되게 꾸며진 2층으로 된 실내에 늦은 시간인데도 불구하고 많은 손님으로 식당 분위기가 흥겹다. 이곳에 도착하자마자 저녁을 먹은 후 어두운 길에서 물을 살 수 있는 가게를 못 찾아 애먹었다. 오랜시간 버스에 시달렸는데 물 사는 것까지 힘들게 한 하루다.

11월 20일 (목)

• 갑자기 간 푸에르토 나탈레스 (Puerto Natales)

기간	도시명	교통편	소요시간	숙소	숙박비
11.20 ~ 11.21	푸에르토 나탈레스	버스 (PACHECO)	3시간 30분	Hospedaje DUME STRE	24,000페소

　아침 먹기 전까지만 해도 모처럼 좋은 숙소에서 오늘 하루 더 푹 쉬는 줄 알고 아침에 숙소에 세탁물을 맡겼는데 아침 식사하자마자 오샘은 푸에르토 나탈레스 가는 버스표를 알아보자고 한다. 몇 군데 버스회사에 가서 버스표를 알아보더니 오후 2시 버스로 가자고 한다. 출발 시간까지 아직 4시간 남아 숙소에 가서 맡긴 세탁물을 다시 찾고 배낭을 갖고 나와 버스회사에 배낭을 맡기고 마젤란 해협으로 갔다.

마젤란해협 바닷가로 가니 바다 저 멀리 하늘에 먹구름이 잔뜩 끼었고 바람이 많이 부는데 바닷가에 해안도로를 만드는지 공사 중이라 모래바람이 세차게 휘몰아친다. 시내 쪽으로 가니, 얼마 멀지 않은 곳에 있는 바다 위로 잔뜩 끼었던 검은 구름의 흔적은 온데간데 없고 맑고 파란 하늘이 드러난다. 마젤란 동상이 있는 아르마스공원 주변의 대성당이 있는 쪽에서 북을 치고 호루라기 불고 잘게 자른 종이를 날리면서 데모가 한창이다. 공원에서 자전거 타는 소녀, 의자에 앉아 있는 할아버지, 관광객 등 오고 가는 사람들을 넋 놓고 바라보다가 공원에 있는 기념품 파는 가게들을 둘러보고 버스 회사로 향하는데 도시가 작은 동네 같고 아담하다.

오후 2시 푸에르토 나탈레스로 향하는데 역시 대평원이 펼쳐진다. 이곳은 녹색을 띤 풀들이 많아 조금 비옥하게 보인다. 그 넓은 녹색 풀밭에 셀 수도 없이 많은 노란 민들레가 노란 양탄자를 깔아놓은 것처럼 피어 있어 산뜻하고 아주 예쁘다. 이곳도 양떼들이 많다. 오후 5시 30분에 푸에르토 나탈레스에 도착하니 숙소들이 빈방이 없다. 의외였다. 시설은 좋지 않지만 더운물이 나온다고 해서 할수 없이 다소 변두리에 있는 숙소에 들어갔다. 손님도 우리밖에 없다. 숙소 주인이 칼라파테 빙하 관광을 주선해 주었다. 내일 아침 7시 출발 오후 8시 도착이고 입장료와 뱃삯, 점심은 각자 준비해야한다고 한다. 우리는 서둘러 슈퍼에 가서 장을 봐 와, 밥을 하여 도시락 싸면서 저녁도 먹었다. 그리고 나니 밤 10시 30분이다. 그런데 샤워 물도 차고 방도 습하고 춥다. 얼른 내일 해가 떴으면 좋겠다.

11월 21일 (금)

• 잊지 못 할 신비한 환상의 세계, 페리토 모레노 빙하(Perito Moreno Glacier)

푸에르토나탈레스 Puerto Natales 오전 7:00 출발, 오후8:30 도착 ⇔ 페리토 모레노 빙하 Perito Moreno (칼라파테) 오후 12:30~오후2:30

오늘 드디어 다른 세상으로만 알았던, 사진으로만 보아왔던 빙하를 보러 가는 날이다. 나에게 이런 일이 일어나다니! 추위에 대비한 완전 무장을 하고 기대 반, 설렘 반으로 칼라파테를 향해 아침 7시에 출발하였다.

11명이 탄 콜렉티보가 푸에르토 나탈레스를 벗어나면서 멀리 하얀 눈이 아름답게 덮여 있는 높은 산들이 선명하게 드러나 보인다. 톨레스 델 파이네 국립공원이란다. 오샘은 그곳이 매우 가볼 만한 곳으로 소개받았다며 가면 어떻겠느냐고 하는데 왠지 나는 별로 가고 싶지 않았다.

칠레 국경, 아르헨티나 국경을 지나 칼라파테로 가는데 역시 대평원이 이어진다. 티 한 점 없는 깨끗한 파란 하늘 아래 대평원을 어미양, 새끼양, 또 다른 어미양, 새끼양 이렇게 짝지어서 계속 줄지어 가는가 하면 양떼들이 말을 탄 목동들의 지시에 따라 무리지어 길을 건너기도 하고 간혹 소들이 풀을 뜯고 있다. 목가적인 풍경이 파노라마로 이어진다. 얕은 물속에서 노닐고 있는 홍학들의 모습이 순수해 보인다. 자연과 생명체의 아름다운 조화가 펼쳐지고 있다. 타조와 양이 함께 달려가기도 한다. 숨 쉬지 않는 것처럼 보이는 녹색의 대평원에 움직이는 생물체는 뭐든 신기해 보이고 대지에 생명

을 불어넣어 주는 것 같다.

포장도로, 비포장도로를 4시간 정도 달리니 칼라파테이다. 푸에르토나탈레스 보다 좀 더 세련되고 관광지답게 조성된 도시이다. 칼라파테에서 가이드를 태운 후 로스글라시아레스 국립공원 안에 있는 Perito Moreno 빙하로 향한다.

드디어 조각 조각 떠 있는 빙하, 히안 산 같은 빙하가 눈부시게 보인다. 그런데 그게 끝이 아니다. 배를 타고 32m 높이의 빙하 앞으로 다가가 유람하는데 빙하가 환상적이다. 햇빛에 의해 높은 빙하의 크레파스들이 보라색으로, 짙은 남색으로, 연하늘색으로 다양하게 드러나며 신비함을 뿜어낸다. 배에서 내려 빙하호 주변에 있는 나무 판자로 만들어 놓은 길을 따라 빙하 쪽으로 가까이 가니 그 규모가 엄청나다. 인간의 존재는 미물에 지나지 않아 보인다. 저 멀리 산으로부터 빙하가 밀려 내려온 흔적이 보인다. 이 빙하가 밀려 내려오면서 품는 엄청난 에너지를 생각하니 끔찍하다. 누가 감히 이 빙하를 막을 수 있을까. 이 빙하의 극히 일부가 떨어져 나갈 때 울리는 굉음은 온 천지를 뒤흔들고도 남을 정도로 얼마나 웅장할까. 모든 잡소리가 묻혀 버릴 것이다. 엄청난 규모의 빙벽들을 보니 흙을 같이 밀고 내려온 흔적이 있는 빙하의 위를 걸어 보고 싶다는 엄두가 나질 않는다. 이 주위의 산들은 해발 2,000m 정도로 산에는 눈이

많이 쌓여 있고 빙하가 있는 것으로 보아 기온이 낮고 추운 지역인가 보다. 주변에 나지막한 관목들에 잔뜩 피어 있는 화사한 빨간색 꽃들이 쌀쌀한 바람, 눈이 시리게 하얀 빙하와 따가운 햇살에 반사되어 더 산뜻하게 살아나는 듯하다. 몇백 년 전 이 빙하를 처음 발견했을 때의 이 빙하의 모습이나 몇백 년이나 지난 지금 이 빙하의 모습은 거의 변함이 없을 것 같다. 그렇게 그때 처음 발견한 이들이나 지금 보는 이들에게 엄청난 경외심과 감흥을 주었을 것 같다. 아래쪽에 와서 보는 빙하의 모습, 중턱에서 보이는 빙하의 모습, 위에 올라와서 보는 빙하의 모습 모두 환상적이다. 봐도 또 보아도 질리지 않는다. 이집트에서 야영을 하며 체험한 백사막의 자연의 신비와 또 다른 자연의 힘이다.

콜렉티보에 올라와서도 하얀 신비로운 빙하의 모습이 뇌리에서 사라지지 않는다. 우리 자손들이 와서 볼 때까지 그 모습 그대로 있으렴. 숙소에 오니 저녁 8시 30분이다. 숙소 주인 부부는 어제도 오늘도 저녁 9시에 두툼한 고기를 굽고 우유를 섞은 으깬 감자를 먹는다. 몸이 비대해질 수밖에 없는 식생활 습관인 것 같다. 너무 늦은 시간이고 주인들이 부엌에서 식사를 하고 계셔서, 우리는 어쩔 수 없이 컵라면과 찬밥으로 저녁 식사를 했다. 어제보다 샤워 물은 따뜻한데 방은 여전히 춥다. 빙하가 눈과 머리에 가득하다. 빙하 주변에서 부는 세찬 바람이 온몸을 휘감는다.

11월 22일 (토)

• 세찬 바람의 도시 푸에르토 나탈레스(Puerto Natales)

기간	도시명	교통편	소요시간	숙소	숙박비
11.22 ~ 11.23	푸에르토 나탈레스	–	–	Bulnes	47,700페소

우수아이아로 가는 버스표로 바꿀 수 있나 알아보러 아침 일찍 버스회사로 갔다. 제일 빠른 것이 월요일에 있고 그것도 푼타아레나스로 돌아서 가는 버스이다.

생각지 않게 이곳에서 이틀을 더 보내야 해서 서둘러 여기저기 다니면서 다른 숙소를 구하는데, 어떤 숙소에서 자기네는 방이 없다며 친절하게 전화까지 해가며 숙소를 소개해 주어 겨우 구할 수 있었다.

작고 화려하지도 않고 바람도 엄청 차고 많이 부는 이곳이 다른 지역으로 가는 거점 도시인지, 이상하게 숙소 구하기도 어렵고 행선지마다 버스가 매일 있지 않아 버스표 구하기도 어렵다.

또 오늘은 토요일이라 환전소도 쉽게 눈에 띄지 않고 환율도 좋지 않았다. 어쨌든 쌀쌀한 세찬 바람을 가르며 환전도 하고 버스표도 사고 숙소도 구하고 나니 오전이 다 지나갔다.

다시 구한 숙소는 마치 양철로 된 가건물처럼 보이는데도 그저께와 어제 있었던 곳보다 훨씬 환하고 깨끗하고 따뜻하다. 찬바람을 맞고 다녀서 그런지 노곤하다. 오늘 이렇게 추운데, 구경도 좋지만, 이곳 토레스 델 파이네 국립공원을 가지 않은 것이 다행이다. 이틀을 이곳에서 보내야 하기 때문에 슈퍼에서 장을 보아 왔다. 장을 보아왔으니 점심, 저녁은 해결되고 아무것도 안 하고 오후를 푹 쉬어보는 것이 참 오랜만인 것 같다.

11월 23일 (일)

• 여유롭게 보낸 하루

《 푸에르토 나탈레스 》

  밤새 비바람이 불면서 날씨가 변덕스럽다. 이곳은 봄철인데도 바람이 세차 햇빛이 따가운데도 불구하고 체감온도가 매우 낮다. 그런데도 이곳은 마치 가건물처럼 양철로 지어진 집들이 대부분인데, 집 내부는 겉보기보다 예쁘게 꾸며져 있다. 해 뜨면서 바람이 잠잠해지나 했더니 또 세차게 바람이 몰아친다. 파타고니아 지방은 지역마다 기후가 매우 다양한 것 같다. 숙소를 옮기길 다행이다. 그저께 있던 집은 춥고 냉기가 있어서, 거기에서 계속 묵었으면 고생할 뻔했다.

  2달 만에 아침에 아무 부담 없이 늦장 부리는 것 같다. 세찬 바람을 뚫고 10시 30분쯤 성당에 가니 군인들에게 영세 주는 날인가 보다. 군인들 영세의식과 미사에 참석한 후 점심거리 구입해서 숙소에 오니 아무도 없고 조용하다. 덕분에 식당에 토스트기, 커피포트, 접시, 컵만 있고 다른 취사도구는 없지만 아늑하고 예쁘게 꾸며진 식당은 우리 차지였다. 식당 바깥은 햇빛이 쨍쨍한데도 바람은 여전히 강하게 불고 있다. 봄인데도 대개 모자 달린 두꺼운 파카 차림들이다. 얇은 양철로 된 벽도 강한 바람의 바람막이가 된다는 것이 신기하다. 덕분에 식당은 환하고 아늑하다. 숙소 여종업원의 미소도 친절도 마음을 푸근하게 해 준다. 우리는 햇빛이 잘 드는 창가 식탁에서 한껏 화려하게 준비해서 점심을 우아하고 여유 있게 즐겼다.

  어느새 이틀이 지나고 내일 아침 일찍 남극에서 제일 가까운 곳 최남단 도시인 우수아이아로 가는 날이다. 얼마나 추울까. 눈이 아직 많이 쌓여 있을까. 아니면 따뜻할까. 예쁜 바닷가일까. 우수아이아, 기대된다.

11월 24일 (월)

• 마젤란 해협을 건너 남아메리카 땅끝 도시 우수아이아(Ushuaia) 도착하다

기간	도시명	교통편	소요시간	숙소	숙박비
11.24 ~ 11.25	우수아이아	버스 (PACHECO)	12시간 40분	다빈이네집	240페소

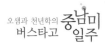

푸에르토 나탈레스 Puerto Natales 오전
7:30 출발⇒ 푼타 아레나스 Punta Arenas
오전 10:10 도착 및 출발 ⇒ 우수아이아
Ushuaia 오후8:10 도착

모처럼 이동하는 날이다. 쌀쌀한 아침 바람을 맞으며 우수아이아로 가는 버스회사에 가니 벌써 많은 손님이 와 있다. 버스가 만원이다. 이 버스는 직통으로 가지 않고 우리가 이 도시에 오기 바로 전에 있었던 도시 푼타아레나스까지 갔다가 우수아이아로 가기 때문에 13시간 정도 걸린다고 한다.

출발한 지 3시간 정도 지나니 푼타아레나스 근처인데 여기서 버스를 옮겨 타게 하더니 리오그란데로 향한다. 역시 계속 끝도 없는 건조한 대평원, 그곳에 없어서는 안 되는 양떼들이 그지없이 평화로운 풍경을 그려내고 있다.

푼타아레나스를 출발한 지 4시간 정도 지나 펄럭이는 칠레 국기

가 보이더니 태평양과 대서양이 연결되는 마젤란 해협이 나타난다. 내가 마젤란보다 쉽게 마젤란 해협을 건너다니, 실제로 일어난 일이다. 배를 타자마자 바다에서 흰점박이 돌고래 2마리가 우리를 환영하듯 고개를 내밀었다가 바닷속으로 들어가나 했더니 우리 배를 한참 쫓아온다. 배에 탄 사람들이 모두 환호한다.

배에서 내린 곳에서도 칠레 국기가 의기양양하게 펄럭인다. 그러니까 아직 우리는 칠레에 있는 것이다. 배에서 내리니 "Tierra del Fuego Chille"라고 쓰인 입간판이 우리를 맞이한다. Tierra del Fuego는 불의 대지란 뜻이란다. Tierra del Fuego 섬은 파타고니아 지방의 하나의 주이다. 이 섬은 1/2씩 칠레령과 아르헨티나령으로 나뉘고 우수아이아는 아르헨티나령으로 Tierra del Fuego주 안의 한 도시인 것이다. 그런데 하나의 주인 이 섬이 우리나라 남한 크기란다. 하여간 모든 것이 큼직큼직하다.

배에서 내려 여전히 끝도 없는 거친 대평원 사이에 난 비포장도로를 마구 뿌연 먼지를 일으키며 우리 버스는 달려간다. 버스 천장에 있는 열어 놓은 창문을 통해 들어온 뿌연 흙먼지가 버스 안을 완전히 장악하는 불상사가 일어났다. 이런 정도이니 버스가 가는 길에 지나가는 사람이 있으면 어떨까 하는 생각이 든다.

이 섬의 거친 평원은 다행히 연못들이 있는 편이어서인지 물가에 무리지어 있는 새들이 보인다. 역시 많은 양떼들을 바라보다가 칠레와 아르헨티나 국경에서 각각 출입국 심사를 받은 후 얼마를 가다가 많은 공장이 보이는 도시 리오 그란데에 도착하였다.

그곳에서 2대의 콜렉티보로 나누어 갈아타게 한 후 우리가 탄 콜렉티보는 포장도로, 비포장도로를 역시 흙먼지를 일으키며 신나게 달린다. 지금은 칠레가 아니고 아르헨티나를 달리고 있는 것이다.

연녹색의 잎이 파릇파릇 돋아 있는 줄기가 가느다란 나무들이 많은 산들도 지나가고 위풍당당하게 우뚝 서 있는 눈 덮인 산도 저만치 보이더니 푸른 바다가 보이기 시작하고 바닷가의 언덕으로 예쁜 도시 모습이 드러난다. 비글해협을 끼고 언덕을 올라가면서 형성되어 있는 최남단 도시인 우수아이아인 것이다. 꿈만 같다. 마치 남극에 다 온 것 같은 착각에 빠진다. 그러니까 마젤란 해협을 건넌 후 배에서 내려 서울에서 부산까지 달려가 우수아이아에 도착한 것이다.

오후 8시 10분 아직도 대낮처럼 환하다. 콜렉티보에서 옆에 앉았던 승객의 도움으로, 운전기사가 친절하게 우리가 가고자 하는 숙소 앞에 내려 주어 쉽게 숙소를 찾을 수 있었다. 민박집 주인인 민 사장님은 갑자기 찾아온 불청객을 반갑게 맞아 주셨다. 사모님이 오실 때까지 사장님은 우수아이아에 정착할 때까지의 민 사장님 가정의 이민사 등 이런저런 이야기를 하셨는데 우수아이아에는 한국인이 두 가족만 있다고 하신다.

혹시 온두라스에서 헤어진 곽 교수님이 다녀가셨는지 여쭤보니 안 오셨단다. 곽 교수님 소식이 궁금하다.

마침 남아 있던 쌀로 밥을 하고 사모님이 주신 깍두기로 오랜만에 맛있는 저녁을 먹고 나니 이런 행복이 없다. 사모님! 깍두기 최고입니다. 아껴 먹을게요.

남위 55°인 이곳은 요즈음 오후 9시까지도 환하고 10시쯤 어두워지다가 새벽 4시면 또 환해진단다. 저녁 식사 시간은 보통 9시 이후

란다. 그러고 보니 우리도 파타고니아 남부지방에 들어서면서부터
는, 그러니까 푼타아레나스에서부터 계속 점심은 2시쯤 먹고 저녁
은 9시에 먹은 것 같다. 우리도 이곳 생활에 제법 적응한 것 같다.
이곳은 겨울에는 아침 10시에 환해지고 오후 5시면 어두워진단다.
겨울에는 눈도 많고 바람도 세고 추워서 아무 일도 못한다고 하신
다. 온 김에 겨울까지 있어 볼까.

11월 25일 (화)

• 친절하신 이민 1세대 민사장님 어머님, 사모님과의 아쉬운 이별

《 우수아이아 》

사모님은 아침부터 서둘러 민 사장님 댁에서 하시는 농장으로 이민 1세대이신 어머님과 함께 우리를 데리고 가셨다. 엄청난 규모의 화훼 농장이다. 어머님으로부터 민 사장님 아버님께서 이상적인 꿈을 이루기 위해 하신 선각자적인 헌신적 노력에 대한 이야기를 들으니 저절로 숙연해진다. 이런 분들이 계셔서 세계에서 한국의 위상이 이만큼 자리 잡게 된 것이다. 농장을 보니 열심히 농장을 경영하시는 모습이 보인다. 이민 오셔서 온갖 풍파를 견뎌내신 어머님은 연로하신 연세에도 쉬지 않으시고 매일 농장에 가셔서 일하시는 모습을 보니 우리 어머님들의 강인함을 뵙는 것 같다.

사모님께서는 그 바쁘신 중에도 생면부지의 우리를 민간 비행기에 비해 훨씬 가격이 저렴하다며 공군 항공사인 라데 항공사까지 데리고 가서 비행기 표를 구입할 수 있는지 확인까지 해 주신다. 그런데 비행기 표가 12월 초까지 모두 매진되었단다. 다른 여행사로 가서 알아보니 민간 비행기 표는 부에노스아이레스에 모레 새벽 1시에 도착하는 표만 있다고 해 결국 비행기로 가는 것은 포기하였다.

　별 수 없이 이곳에서부터 3,258km 떨어진 부에노스아이레스까지 버스로 가기로 하고, 약 50시간이 걸리기 때문에 중간 기착지로 리오 가예고스까지의 버스표를 구입했다. 내일 새벽 5시 버스란다. 이곳은 하루에 한 번 새벽 5시에 출발하는 버스만 있다. 우수아이아를 마음껏 누려 볼 수 있는 시간이 오늘밤에 없다.

　비글해에는 원래 어제 남극으로 향해 출항하려다 아직도 출항을 못하고 있는 커다란 배가 바다 한자리를 차지하고 있다. 출항을 못하는 이유가 뭘까. 지금 저 배 안의 풍경은 어떨까. 궁금하다.

　땅끝 박물관에 가서 엽서를 사서 땅끝에 왔다는 흔적이 되는 스탬프를 받은 후 미니버스를 이용해 국립공원에 갔다. 국립공원 내에는 호수, 산책코스, 등산코스, 캠핑장 등 여러 가지가 있다. 학교에서 단체로 캠핑하러 온 학생들도 몇 집단이 있었다. 공원 안의 도로는 전혀 포장이 안 되어 있고 피곤하기도 해 걷지 않고 우리는 버스로 따가운 햇빛이 내리꽂히는 도로를 따라 흙먼지를 날리며 한 바퀴 돌아보고 왔다. 흙먼지를 날리며 버스를 타고 가다 보니 공원 내에서 한가하게 산책하고 있는 사람들에게 미안했다. 시내로 들어오니 비글해협 바닷가가 오전에는 쌀쌀했는데 바람도 없고 따뜻해졌다.

　애들한테 엽서를 보내려고 우체국에 갔는데 직원이 지구 반대쪽에 있는 땅 크기가 작은 Corea를 안다고 하는데 신기하다. 어떻게

오생과 천년학의 버스타고 중남미 일주

알게 되었을까. 우리나라 땅끝마을에 갔을 때도 다소 흥분감이 일었는데 하물며…. 뿌듯한 설렘으로 그 직원으로부터 엽서가 무사히 Corea까지 갈 수 있는 우표를 받아 엽서에 정성을 다해 붙이고 우표를 정성스럽게 붙인 엽서를 국제 우편물 통에 흐뭇한 마음으로 넣었다. 우리 집까지 아무리 멀어도 이 엽서가 애들한테 새해 인사를 할 수 있게 도착할 수 있을 것 같다.

집을 짓는 것을 보니 하드보드판으로 건물 벽을 하고 1층과 2층 사이 바닥도 하드보드로 깔고 지붕은 양철로 한다. 우수아이아에 인구가 계속 늘어나면서 집을 지을 곳이 마땅치 않아, 정부에서 규제를 강화하고 있지만 숲 속뿐 아니라 여기저기 무허가 집들이 마구 들어선다고 한다.

우리가 내일 일찍 떠나야 한다니까 어머님께서는 요즈음 배우신다는 하모니카 연주를 하시면서 정을 나눠주시고, 민 사장 댁 가족들은 매우 섭섭해하신다. 밤 11시에나 작별 인사를 했다. 내일 아침 새벽에 일어날 수 있을까 걱정이다. 그래도 침대에 누우며 파란만장한 이민사를 그대로 몸소 체험하신 어머님도 건강하시고, 사장님 댁 하시는 사업 잘되시고 가정 모두 행복하시기를 진심으로 기원하며 잠들었다.

11월 26일 (수)
....

- 부에노스아이레스로 가기 위한
  중간 기착지 리오가예고스(Rio Gallegos) 도착함

기간	도시명	교통편	소요시간	숙소	숙박비
11.26	리오가예고스	버스(Tech Austral)	11시간 30분	Comercio hotel	270페소

우수아이아 Ushuaia 오전 4:00 출발 ⇒ 리
오가예고스 Rio Gallegos 오후 4:30 도착

눈을 뜨니 새벽 2시 30분. 미진한 준비물을 정리하고 또 잠들었다 깨니 새벽 4시다. 급하게 준비하고 새벽 찬 바람을 맞으며 언덕을 내려가는데 골목에 빵 굽는 냄새가 진동을 한다. 버스터미널에 가니 4시 40분인네 그 새벽에 여기저기서 모여드니 버스가 꽉 찬다.

우수아이아의 밤하늘에 반짝이는 별을 여유롭게 한 번 못 보고 떠난다니 아쉽다. 내 생전에 또 이곳에 올 수 있을까. 아주 잠깐이었지만 우수아이아에 정이 간다. 흰 눈 덮인 날카롭게 우뚝우뚝 서 있는 산, 산 아래 흐르는 물, 산에 둘러싸인 언덕을 이루는 산뜻한 예쁜 집들, 크루즈, 남극 가는 배, 요트들이 떠 있는 푸른 바다, 바다와 하나가 된 파란 하늘이 저 끝에서 둥근 선을 그리는 땅끝마을 우수아이아.

섭섭함을 가득 남긴 채 벌써 버스는 우수아이아를 벗어난다. 그저께 내려올 때 보았던 산, 나무, 풀들은 여전히 그 자리에 그대로 있는데 우리는 머무르지 못하고 올 때와는 반대 방향으로 계속 올라간다. 우리는 바람처럼 이곳에 아주 잠깐 발을 들여놓았다 떠난다.

오쌤과 천년학의 중남미
버스타고 일주

리오그란데와 아르헨티나 국경, 칠레 국경을 통과하고 거칠고 메마른 대평원을 지나 다시 배를 타고 마젤란 해협을 건너 부에노스아이레스로 가기 위한 중간 기착지인 리오가예고스에 도착하니 오후 4시 30분이다. 오늘 이동하는 데 11시간 30분 걸렸다. 그런데 장거리 버스에 짐을 싣고 내릴 때, 다른 나라에서는 안 그러는데 아르헨티나에서는 팁을 주어야 하는 도시들이 있었다. 도착하자마자 부에노스아이레스로 가는 버스표를 구입했다. 버스회사를 선택할 여지가 없다. 오후 8시 넘어 출발해서 36시간 걸린다고 하니까 두 밤을 버스에서 지내야 한다. 버스 운행이 정상으로 되면 우수아이아에서 부에노스아이레스까지 47시간 30분 걸려 가는 셈이다.

팔레스타인 택시기사가 숙소 이름이 비슷한 다른 숙소로 데려다주는 바람에 그동안 다니던 중 제일 비싼 고급 숙소에 들게 되었다. 아마 내일 버스에서 오래 시달리기 전 푹 쉬라고 이런 일이 생긴 것 같다. 아르헨티나 택시는 미터제이기 때문에 택시요금을 걱정할 필요는 없었다. 오늘로 어쨌든 칠레는 완전히 벗어나 아르헨티나로 들어왔다.

11월 27일 (목)

• 파타고니아의 교통 요충지이고 번화한 도시 리오가예고스

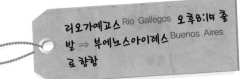

오늘 저녁 8시 15분 버스여서 느지막이 움직이기 시작했다. 부에노스아이레스는 요즈음 30℃가 넘는다고 해서 그동안 입었던 겨울옷을 모두 넣고 여름옷으로 갈아입고 나니 홀가분하다.

배낭을 숙소에 맡기고 바깥으로 나서 보니 우리 숙소가 시내 번화가에 위치해 있다. 이 도시에는 젊은 부부들이 많은지 큰 거리에 의외로 아기 옷, 어린이 옷 매장이 많다. 우리가 원래 가려던 숙소도 근처에 있다. 이미 엎질러진 물이다. 이 도시가 파타고니아 지방에서 교통 요충지여서인지 상가들이 있는 거리를 중심으로 꽤 번화한 것 같다. 산마르틴 공원에 가니 고등학생들이 여기저기서 놀고 있다. 학교가 끝난 건지 점심시간이라 잠시 나온 건지 알 수 없다.

"Megatherium" 화석을 보러 Padre Manuel Jesus Molina 박물관으로 갔다. 이 화석은 200여만 년 전 선사시대에 아르헨티나 전역에 서식한 대형 포유동물로 몸길이가 5m가 넘고 약 8500년 동안 인간과 공존했다고 한다. 이 엄청나게 큰 대형 포유동물이 어떻게 인간과 공존할 수 있었을까 이해가 안 간다. 이런 커다란 화석을 보존 복원한 노력도 대단하다.

다시 공원 쪽으로 가서 시내버스를 타니 열심히 사는 서민들 모습이 전혀 낯설지 않다. 버스가 바닷가 쪽으로 해서 서민들 사는 동네

를 한 바퀴 돌아 공원 쪽에 온다. 버스에서 내려 다시 공원에 오니, 선생님들이 인솔하고 온 유치원생 약 30명이 좁은 공원 잔디밭에서 놀고 있다. 우수아이아에서도 그곳 주민들이 놀러 갈 곳이 없어 농장에도 놀러 온다는 이야기를 들었는데 이곳도 의외로 학생들이 단체로 갈 만한 곳이 없는가 보다. 유치원생들이 집에 돌아갈 때 먹은 아이스케키 막대기를 잔디밭에 버려둔 채 가는 모습을 보니 유치원생들 지도에 다소 문제가 있는 것 같아 보인다.

다른 때는 버스에서 10시나 되어서야 저녁을 주길래 부에노스아이레스로 가기 위해 버스터미널로 와서 오후 6시쯤 늦은 점심(?)을 먹었는데 오늘은 8시 15분 버스를 타자마자 저녁을 주는 것이다. 장거리 버스를 타면 뭔가 계속 어긋난다.

어두워진 후 밖을 내다보니 밤하늘에 수많은 별이 초롱초롱 빛난다. 참 오랜만에 밤하늘에서 서로 다투며 반짝이는 별들을 보는 것 같다. 언제나 이러했을 텐데. 그동안 왜 밤하늘을 쳐다보지 않았는지 모르겠다.

11월 28일 (금)

• 부에노스아이레스로 가는 버스에서 하루 종일 보내다

《 계속 부에노아이레스로 향함 》

리오가예고스에서 부에노스아이레스까지는 2,654km이니까 서울에서 부산 왕복을 3번 하고도 더 가야 하는 거리이다. 잠에서 깨니 밤새 900km 정도를 달려왔다. 바다를 끼고 있는 이곳에 펼쳐지고 있는 대평원은 그동안 보아왔던 대평원보다는 풀이 많아 녹색을 띠고, 나무들도 좀 있고 가끔 유전이 보인다. 부에노스아이레스까지 1,820km 남은 Comodoro Rivadavia를 지나는데 꽤 큰 도시 같아 보인다. 파타고니아 지방을 벗어나는 Sa Cuande에 오니 1,262km 남았다.

메말라 보이는 지역에 세워진 도시 San Antonio Oeste는 거리에 나무들을 심는다고 심어 놓는데 글쎄 제대로 살아날지 모르겠다. 도시 입장에서는 어떻게 해서든지 도시 환경을 개선하려고 매우 노력하는 것 같은데 당장은 안타깝지만 노력하다 보면 이 허허로운 사막화 된 도시도 언젠가 푸른 도시로 될 수 있을 것이라는 믿음을 갖고 싶다. 이 도시는 바람이 많이 부는데 차가 다니는 길 이외는 모두 포장이 안 되어 있어 흙먼지가 말도 못한다. 이런 곳의 집들은 집 안에 흙이 계속 많이 들어갈 텐데 어떻게 감당하는지 모르겠다. 버스 타는 승객도 없는데 이곳에서 1시간씩이나 정차를 하고 오후 6시 30분 되어서야 출발한다.

버스비가 제일 비싸길래 좋은 버스라고 생각하고 탔는데, 도시마다 정차했다 가니 정차하는 곳마다 대충 도시 모습을 볼 수 있어 좋긴 하지만 오랜 시간이 걸리는 것 같다. 하여간 내일 아침 8시쯤에는 목적지에 도착하겠지. 어제는 저녁을 일찍 주더니 오늘은 10시 넘어서 저녁을 준다. 우리는 계속 혼돈 속에 장거리 버스를 이용한다. 버스에서 오늘 하루만 더 자면 목적지까지 간다. 오늘도 버스 창문을 통해 쏟아지는 밤하늘 별들을 바라본다. 누군가 어디선가 같은 별을 바라보고 있겠지.

11월 29일 (토)

- 우수아이아에서 부에노스아이레스(Buenos Aires)까지
  버스로 48시간 45분 걸리다

기간	도시명	교통편	소요시간	숙소	숙박비
11.29 ~ 12.01	부에노스아이레스	버스 (Andesmar)	37시간 15분	Hotel Oliva	135페소

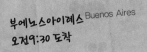

부에노스아이레스 Buenos Aires
오전 9:30 도착

다행히 버스에 승객이 적어 두 자리를 다 차지하고 잠을 잤다. 일어나서 밖을 내다보니 안개가 자욱하다. 어제 잠들 때만 해도 사막지대였지만 오늘 아침은 팜 파스 평원에 들어섰을 것 같은데 안개 때문에 잘 확인이 안 된다. 안개가 걷히면서 여기저기 소떼들이 많이 보인다. 역시 지평선 끝까지 녹색의 대평원이다. 윤기가 흐른다. 비옥한 땅, 타작을 끝낸 풍요로운 누르스름한 평야, 싱그런 녹색의 목장 지대. 끝이 없다. 눈도 마음도 편안해진다. 파타고니아 지방을 지나는 동안은 오소르노 이후 거의 전혀 만나지 못했던 풍성해 보이는 풍경이다.

드디어 오전 9시 30분 엄청 큰 규모의 버스터미널에 도착하였다. 리오가예고스에서 37시간 15분 걸려 부에노스아이레스에 입성한 것이다. 우수아이아에서부터 3,258km를 48시간 45분 만에 온 것이다.

버스터미널에서 정신 좀 차리고 아침을 간단히 먹은 후 판초네로 갔다. 판초 씨는 바쁘신 중에도 우리에게 많은 여행 정보를 주시고 숙소까지 주선해서 데려다 주셨다.

한식당을 찾아가 느지막이 호화찬란한 점심을 먹었는데 2달 만에 포식을 해 우리는 배탈이 났다. 식당 근처에 있는 한국인들이 많이 거주하는 동네를 가니 한글 간판들이 새삼스럽다. 널찍한 거리에 여러 업종이 골고루 퍼져 있는데 한글 이름이 적혀 있는 간판들에서 끈끈한 한국 정서가 묻어난다. 아주 부유해 보이지는 않지만 열심히 살고 있는 모습들이 보기 좋았다.

이 동네에 좀 더 나은 숙소가 있을까 하고 다녀보았는데 숙박 환경에 비해 숙박비가 비싸다. 매우 열악하지만 어쩔 수 없이 지금 있는 숙소에 머물기로 했다.

점심을 먹은 후 오기 시작하던 비가 숙소에 돌아올 때는 양동이로 퍼붓듯이 비가 쏟아지니, 부에노스아이레스 거리들이 비에 완전히 잠겼다. 신발은 물론 바지까지 완전히 빗물 속에 빠졌다 나오고 긴 버스여행과 배탈까지 겹쳐 우리는 녹초가 되었다. 이곳은 그동안 30℃가 넘는 매우 더운 날씨였다는데 우리가 오니까 푹 쉬라고 오늘 비가 오는 것 같다.

허름한 부엌에는 간이 가스레인지와 조그만 주전자 1개만 있는데 그나마 성냥이 없으면 가스레인지를 사용할 수 없다. 다른 손님방에 가서 냄비를 빌려다 겨우 라면을 끓여 저녁은 해결했는데, 화장실과 샤워장에는 비누는 물론이고 화장지도 없다. 우리 숙소도 명색이 호텔인데 방은 모기도 들어오고, 비도 들이치는데 기다란 창문 위쪽을 막대기로 억지로 걸쳐서 열어 놓아 닫을 수가 없다. 모기향을 켰지만 완전히 방어하기는 역부족이다. 애꿎은 물파스만 바르다가 어느새 잠이 들었다. 조금은 기대를 갖고 찾아온 부에노스아이레스에서의 첫날은 이렇게 다사다난한 일상사로 시작되었다.

• 몬세라떼 - 역사가 녹아있는 지구
  산텔모 - 서민의 고된 삶의 흔적이 관광화된 곳

《 부에노아이레스 - 몬세라떼 지구, 산텔모 지구 》

  어제부터 내리는 비가 양철지붕을 두드리는 소리를 내며 계속 주룩주룩 내린다. 덕분에 어제는 잘 쉬었다. 숙소가 쉬기에는 열악해서 외출하는 편이 좋은데 이렇게 계속 비가 오면 걱정이다. 라면을 끓일 냄비도 없어 우비를 입고 숙소를 나섰다. 숙소 건물 현관에서 바라다 보이는 비가 내리고 있는 거리는 일요일이어서 시내 중심지이고 10시인데도 불구하고 거리를 지나가는 몇 대의 자동차, 우산을 든 사람들 몇몇이 있을 뿐 어슴푸레한 공기가 감돌며 가로수와 함께 영화의 한 장면 같다. 다행히 숙소 옆에 크로아상과 커피로 간단히 아침 식사를 할 수 있는 카페가 있다. 이미 식사하고 나간 자리, 식사하고 있는 사람들이 있다. 주변에 호텔들이 많아서인지 우리처럼 아침부터 밖에서 식사하는 사람들이 있는 것 같다. 식사하고 나니 그사이 빗줄기가 가늘어져 가까이에 있는 국회의사당 광장, 돔이 솟아 있는 국회의사당을 보고 왔다. 비가 그치고 나니 바람이 불면서 추워졌다. 숙소로 돌아와 우비 대신 잠바를 입고 5월 광장 쪽으로 갔는데 지하철 역에서 나오자마자 독특한 붉은색으로 된 로코코 양식의 건물이 눈에 띈다. 대통령 관저 카사 로사다인 것이다. 대통령 관저 앞에 국기를 창안한 마뉴엘벨오리도장군의 기마상 동상이 의기양양하게 대통령 관저를 향하고 있다. 대통령관저 앞쪽에 기념탑이 있는 5월 광장이 있고 5월 광장 옆으로 대성당이, 5월 광

장 앞쪽에 식민지로서 스페인 정부 정책에 항의해 독립선언을 했었다는 하얀색 건물 카빌도가 있다. 카빌도를 끼고 방사형으로 아주 넓은 시원시원하게 뚫린 차로가 있고 차로 양옆으로 돔이 있는 돌로 지어진 유럽풍의 건물들이 늘어서 있어 마치 유럽의 거리에 와 있는 듯한 느낌이 든다. 유럽인들이 아르헨티나로 와서 유럽풍의 거리를 조성한 것 같다. 또 그 당시 아르헨티나의 부를 상징하는 듯도 하다. 일요일이어서 미사에 참석한다고 우선 대성당으로 갔는데 미사가 거의 끝나가고 있었다. 미사를 마치고 나와서 대성당 외벽에 있는 대성당을 건축하고 나서부터 지금까지 "꺼지지 않는 불"을 확인하고 대성당에서 방사형 거리 건너편에 있는 광명의 집으로 갔다.

이곳은 예수회 신부들이 교회 옆에 시 최초의 중학교와 현재의 부에노스아이레스 국립대학 등을 세웠는데 예수회의 힘이 증대되자 이를 두려워 한 스페인 왕은 1767년 일체의 성직자들을 신대륙에서 추방하기도 했단다. 독립 후에는 1블록 사방에 해당하는 이곳이 시의 두뇌에 해당하는 곳이 되어 수많은 문화와 진보사상이 이곳을 중심으로 탄생되었다 해서 광명의 집이라는 이름이 붙여졌단다. 광명의 집의 역사적인 의의에 비한다면 겉모습만 보았을 때 생각보다 관리가 잘 안 되고 있는 것처럼 보였다. 광명의 집을 거쳐 식민지시대 때 형성되었을 스페인식 건물들이 양쪽으로 들어서 있는 길을 따라 산텔모 지구로 향해 걸어가다 보니 멘도사 제독 동상이 있는 레시나공원이 나온다. 1536년 멘도사 제독이 이곳에 부에노스아이레

스항을 처음 건설했는데 원주민인 과라니족의 저항으로 폐허가 되기도 했었단다. 지금은 그나마 동상으로만 그 흔적을 알 수 있는 공원으로 되어 있다. 공원은 시장이 설 수 있는 비어 있는 가판대들이 있고 오랜 역사를 나타내 듯 고목들이 그득히 들어서 있다. 또 한쪽에는 돌로 된 원형의 스탠드가 있는 공연장 같은 것이 있다. 공원 건너편에 파란색 돔이 여러 개 있는 비잔틴 건축물인 러시아교회가 눈에 띤다. 그런데 아쉽게도 지도에 있는 세뇨르탱고는 찾지 못하고 되돌아서 도레고 광장으로 향했다. 어딜 가든 일방통행인 차로가 시원시원하게 아주 넓게 뚫려 있다. 도레고 광장에 가니 오늘이 일요일이라 일요일마다 선다는 골동품시장에는 광장 뿐 아니라 거리를 따라 좌판 행상들이 거리 끝까지 늘어서 있고 거리 연주자들과 그 외의 많은 사람으로 북적인다. 도레고 광장을 끼고 있는 거리에는 화려한 상가들, 세련되게 꾸며 놓은 상가들과 우아하게 꾸민 가구점들, 골동품 상가들, 거리예술가들, 많은 카페들, 관광객들로 활기차고 분위기가 한층 고조되어 있었다. 여기저기 눈요기를 하며 계속 시내 중심가로 향하니 산토도밍고 교회가 나온다. 이곳은 1806년 영국군이 진격했을 때 전장이 되었던 곳이라는데 수리 중이어서 제 모습은 못 보았다. 몬테비데오로 가는 배표를 사러 부케 부스로 가는데 웬 바람이 그렇게 많이 불고 쌀쌀한지…

　버스 타고 걷고 하면서 힘들게 찾아갔다. 배표를 사는데도 줄이 길어 한참을 기다려 표를 구입하고 나니 오샘은 지친 것 같다. 다른 곳을 더 가보려던 계획을 포기했다. 부케 부스 근처에 있는 고급 레스토랑들이 있다는 여러 동의 건물을 지나 큰길을 건너니 공터에 포장마차가 있다. 바람이 쌩쌩하게 부는데도 불구하고 포장마차에서 따끈한 샌드위치로 저녁 겸 추위를 조금은 해소할 수 있었다. 오면서 길을 보니 부케 부스를 찾아갈 때 쓸데없이 헤맨 것이다. 오늘 아침에 비가 와서 걱정했는데 비 그친 후 덥지 않고 오히려 바람이 많이 불고 쌀쌀하지만 다니기는 좋았던 것 같다.

12월 01일 (월)

• 보카(Boca) 지구 – 탱고가 태어난 곳
• 산니콜라스(San Nicolas) 지구 – 부에노스아이레스문화를
　　　　　　　　　　　　　　　　　엿볼수 있는 대표 지구

《 부에노스아이레스 – 보카 지구, 산니콜라스 지구 》

　오늘은 보카지구, 세계 3대 극장의 하나인 콜론극장이 있는 산니콜라스지구를 가기로 했다. 버스를 탈 때는 동전만 사용해야 해서

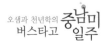
오샘과 천년학의 버스타고 중남미 일주

가능한 한 동전을 준비했다. 밖에 나오니 날씨가 추워져서 사람들 옷차림이 모두 두꺼워졌다. 스웨터에 두터운 잠바는 물론이고 심지어 외투를 걸친 사람도 있다. 모기 때문에 모기향도 피워야 해 성냥도 사고 지하철 A선 종점에서 버스로 보카 지구로 갔다. 보카항은 화려하지는 않지만 애수 어린 분위기였다. 그 옛날 북적이던 흔적은 전혀 찾을 수 없다. 보카항 건너편 입구에 킨켈라마르틴 미술관이 있는 카미니토는 특이한 분위기였다. 보카 태생의 화가 킨켈라마르틴의 아이디어라는데 길가에 늘어서 있는 집들의 벽, 지붕을 빨강, 파랑, 연두, 노랑 등 형형색색의 원색으로 칠했고 탱고를 추는 모습이나 익살스러운 그림들이 그려져 있기도 하다. 아련한 추억이 깃든 듯한 길게 뻗은 기찻길을 끼고 있는 이런 형형색색의 옛 건물들은 묘한 분위기를 자아낸다. 라폴라타강이 대서양과 만나는 곳에 위치한 보카항은 원래 아르헨티나 제일의 항구였단다. 유럽에서 배로 꿈을 찾아온 이민자들, 노동자들, 선원들 등 많은 사람으로 넘쳐나면서 선술집과 Bar도 밀집되고 고단한 삶을 풀어내는 과정에서 관능

적인 탱고스텝도 태어났단다. 결국 이 카미니토 지역이 부에노스아
이레스를 탱고의 도시로 탄생시킨 것이다.

아마도 옛날의 이민자들, 노동자들, 선원들은 자신들의 한이 서린
탱고가 관광 상품이 되어 자손들에게 도움을 주리라고는 전혀 생각
못 했을 것이다. 갑작스럽게 추워진 날씨 때문인지, 아직 이른 시간
이서인지 거리마다 사람들도 거의 없어 한산한데 하늘은 회색 구름
이 드리워져 있고 가끔 매서운 바람이 몰아치는 거리가 조금은 우울
한 분위기이다. 보카 주니어스 스타디움에 가니 어제 일요일에 관
중들이 버리고 간 엄청나게 싸여 있는 쓰레기를 청소원들이 치우고
있고 몇몇 관광객들은 사진을 찍고 있었다. 경기가 있을 때는 이 큰
경기장을 꽉 채운 관중들이 열광하겠구나 하는 생각을 하며 우리도

사진 몇 장을 찍고 나오니 거리에 관광객들도 많아졌고 현란한 몸놀림으로 탱고를 추면서 관광객들의 시선을 끌기도 한다. 추운 몸을 녹일 카페를 기웃기웃하다가 그냥 버스를 타고 시내로 들어왔다.

대성당 뒤쪽 플로리다 거리는 구세군의 자선냄비가 등장해 있었다. 뭔가 이상한 느낌이다. 나의 고정관념은 자선냄비 하면 추운 겨울, 크리스마스, 빨강과 녹색의 크리스마스트리가 떠오르는데 연말이지만 이곳은 계절적으로 초여름인 것이다. 플로리다 거리는 우리의 명동 같은 곳으로 평일 대낮인데도 많은 사람으로 붐볐다. 플로리다 거리에서 줄리아 거리 쪽으로 가니 우뚝 솟은 오벨리스크가 있고 거의 10차선은 될 듯한 아주 넓은 거리가 나온다. 500년 전 인구도 자동차도 많지 않았을 텐데 어떻게 이렇게 넓은 차로를 만들 생각을 했는지 모르겠다. 오벨리스크 있는 곳에서 2블록 떨어진 세계3대 극장에 해당하는 콜론극장으로 갔는데 공사 중이라 아쉬웠다. 그곳에서 1블록 더 가서 국립세르판테스 극장이 있는 곳에 왔는데 극장 문도 닫혀 있고 바람 불고 춥던 날씨가 흐려지더니 우산을 썼는데도 옷이 순식간에 젖을 정도로 바람이 휘몰아치면서 비가 세차게 온다. 더 이상 다니기 힘들 것 같아 숙소로 돌아왔다.

부에노스아이레스에 오기 전에는 부에노스아이레스가 계속 30℃ 넘는다는 소식을 접했기 때문에 굉장히 더울 줄 알고 이곳에 오기 바로 전 도시에서 겨울옷은 모두 넣고 여름옷을 꺼내 준비했는데 이

곳에 도착하는 날부터 계속 비가 오거나 바람이 불고 춥다. 30℃ 넘는 더위보다는 다행이긴 하다. 부에노스아이레스의 이름처럼 미처 좋은 공기를 느껴 보지 못하고 떠난다.

12월 02일 (화)

• 라플라타강 하구에 위치한 우루과이 수도 몬테비데오
(돌길로부터 묻어나는 식민시대부터 현대가 공존하는 세련된 도시)

기간	도시명	교통편	소요시간	숙소	숙박비
12.02	몬테비데오	크루즈 ⋯▶ 버스	1시간 ⋯▶ 2시간 25분	Hostal Nuevo Ideal	500페소

부에노스아이레스 Buenos Aires 오전 11:30 출발 ⇒ 콜로니아 Colonia 항 오후 12:30 도착, 12:40 출발⇒ 몬테비데오 Montevideo 오후3:15 도착

시내 중심에 있다는 것을 빼고는 우리는 계속 모기와 전쟁을 치렀고 화장지조차 주지 않던 숙소여서 그런지 떠나는데 별 아쉬움이 없다. 하지만 숙소 바로 옆에 있는 우리의 아침 식당 겸 쉼터였던 단골 카페는 오늘로 아쉬운 작별을 해야 한다. 우리에게 쉴 수 있는 공간을 제공해 준 카페! 고마웠단다. 다음에 오면 꼬옥 들를께.

오늘은 우리가 있는 동안 비가 계속 내리고 바람 많이 불고 춥던 부에노스아이레스를 떠나 우루과이의 콜로니아항을 거쳐 몬테비데오로 간다. 부케 부스에서 11시 30분에 출발하는 크루즈를 타고 세계 3대 미항에 속하는 부에노스아이레스항을 내다보면서 크나큰 실망을 했다. 바닷물이 누런 황토물이다. 하늘까지 먹구름이 끼어 있

다. 별로 내다보고 싶지 않은 풍경이다.

배에서 간단히 점심 먹고 옆에 앉은 갓난아이와 놀다 보니 1시간이 지나 배의 목적지인 우루과이의 콜로니아항에 도착하였다. 우루과이에 왔다는 것을 느낄 새도 없이 도착하자마자 곧 연결된 버스에 올라타니 12시 50분 몬테비데오를 향해 버스가 출발한다.

버스 차창 너머로 보이는 풍경은 그동안 파타고니아 지방을 다닐 때 계속 보아왔던 풍경과는 완전히 다른 풍요로움 그 자체다. 너른 황금벌판, 추수하고 벌판에 둥글게 말아놓은 낟가리들, 싱그런 녹색의 들판, 비옥해 보이는 땅, 한가롭게 노닐고 있는 검고 흰 얼룩 소떼들, 흰 소들, 누렁소떼들, 지평선 끝까지 펼쳐진 그림이다. 산은 전혀 보이지 않고 높은 것이라고는 방풍림들, 가끔 있는 유카리 숲, 소나무 숲뿐이다. 어떻게 이렇게 풍요로운 벌판이 계속될 수 있나 하는 생각이 든다. 바람이 많이 부는지 나뭇잎들이 많이 흔들리고 있다. 콜로니아에서 몬테비데오에 도착할 때까지 계속된 풍경이다.

2시간 25분 후 몬테비데오에 도착하자 곧 파라과이 아순시온으로 가는 버스표를 샀다. 버스가 일주일 내내 있는 것도 아니고 운행하는 날도 하루에 1회만 운행하고 버스회사도 정해져 있어 20시간씩 버스를 타고 가야 하는 일정이지만 모든 것에 선택의 여지가 없다. 수요일인 내일 표가 있다는 것만으로도 다행이다.

한 블록 안에 있는 집들은 서로 벽들이 모두 연결되어 있고 플라타너스 가로수들이 많다. 쓰레기 수거를 마차로 하고 있다. 오가는 발길들도 그렇게 급해 보이지 않고 안정된 분위기이다. 숙소를 잡자마자 시내로 나갔다. 숙소가 시내 중심가에 가까워서 쉽게 시내로 갈 수 있었다. 세련된 상가들, 현대식 건물들이 많이 들어서 있고 사람들도 세련된 모습들이다.

오가는 사람들이 꽤 많은 7월 18일 거리를 지나 송신탑이 있는 24층으로 된 콜로니얼풍의 고층건물이 있는 곳으로 가니 독립전쟁의 영웅 "아르티가스"의 기마상이 있는 독립공원이 나온다. 24층의 콜로니얼풍 고층 건물은 좀 특이한 모양의 건축물이다. 이 건물은 1927년 건축된 salvo 궁전이라는데 겉에서 보기에는 깨진 유리창도 보이고 이상하다.

독립광장을 중심으로 동쪽인 우리가 지금 지나온 곳은 신시가지이고 서쪽은 구시가지란다. 독립광장의 서쪽에 구시가지로 가기 위한 문이 있는데 수리 중이라 문을 돌아서 구시가지인 사란다 거리로 들어섰다. 역시 돌이 깔린 길이다.

2블록 가니 헌법광장이 나오고 계속 사란다 거리를 따라가니 구시가지 설립자인 아르헨티나 총독 사발라의 동상이 있는 사발라 광장이 나온다. 광장 주변에는 노점들이 있다. 사발라 광장에서 계속 사란다 거리로 가다 오른쪽으로 3블록 가니 몬테비데오항구가 보이고 200년 역사를 지녔다는 시장 "Mercado del Puerto"가 보인다.

그런데 항구가 보이는 곳에서 사란다 거리 끝까지 가니, 허름한 폐허가 된 것처럼 보이는 커다란 콜로니얼풍의 건물이 있다. 그리고 바닷가가 나오는데, 바람이 어찌나 강하게 부는지 파도가 엄청나게 치고 몸이 날아갈 것 같다. 세찬 바람만 불지 않았어도 여유 있게 바닷가를 돌아서 Mercado del Puerto까지 걸어갈 수 있었을 텐데, 바람 때문에 항구 쪽으로 겨우 가서 시장을 갈 수 있었다.

이 시장은 저렴하게 고기, 햄, 베이컨, 소시지구이를 먹을 수 있는 레스토랑들이 많이 들어서 있는 건물이다. 저녁 6시면 문을 닫는다고 해서 바람을 헤치고 부지런히 찾아왔지만, 거의 끝나는 시간이어서 두 집만 문이 열려 있었다. 그래서 그나마 전통 있는 시장에서

고기구이를 먹을 수 있어 다행이었다.

 시장 주변에 있는 기념품, 골동품 가게들도 거의 문을 닫았다. 시
장으로 올 때와는 다른 거리로 해서 돌아가는데 과일가게들이 있다.

 우리는 약간의 과일을 사고, 숙소로 갈 때는 좀 여유 있게 걷고 다
른 곳도 좀 더 둘러보려고 했는데 오샘이 몸이 불편해서 빨리 돌아
와 쉬었다.

• 우리는 북한 사람이 아니고 남한 사람입니다

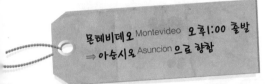

몬테비데오 Montevideo 오후1:00 출발
⇒ 아순시온 Asuncion 으로 향함

오늘은 왠지 소박한 느낌을 갖게 하는 파라과이 아순시온으로 가는 날이다. 숙소의 체크아웃 시간은 오전 10시이고 버스터미널은 12시 30분까지 가면 되기 때문에 시간이 넉넉하다.

체크아웃하자마자 외곽 쪽에 있는 버스 터미널로 향했다. 몬테비데오의 장거리버스터미널은 은행, 환전소, 레스토랑, 카페, 패스트푸드점, 상가 등의 시설과 진열되어 있는 상품들이 꽤 세련되고 깨끗해서 시간 보내기 괜찮았다.

버스 매표소에서 체크하는데 여권까지 확인한다. 우리 여권을 보더니 북한이냐, 남한이냐고 묻는다. 그런데 중남미에서는 한국에서 왔다고 하면 북한이냐는 질문을 많이 받는다. 남한이라고 했더니 비자는 어떻게 되느냐고 한다. 볼리비아 이외는 비자 받는 국가가 없다고 하니 그제야 일처리가 진행되었다.

오늘은 우루과이-아르헨티나, 아르헨티나-파라과이 이렇게 국경을 2번 통과하면서 20시간을 가야 하는 장거리 일정이고 버스 시설도 어떨지 몰라 침낭과 목베개를 준비했다. 다행히 버스는 깨끗했다. 우리는 하나도 알아듣지 못하지만 차장이 버스 출발 직전 오늘 일정에 대해 이야기하는 것 같다. 이야기를 마치더니 여권을 모두 걷는다. 이런 경우는 처음 본다. 점심도 그동안의 어떤 장거리 버스보다 가장 잘 나온 것 같다.

몬테비데오에서 우루과이의 북쪽으로 향해 가는 길도 역시 어제와 다름없는 황금들판, 둥글게 말아놓은 낟가리 더미들, 너른 목장, 목장의 많은 소들, 양떼들, 짙은 초록의 밭, 비옥한 땅, 그 위에 하얀 구름이 둥둥 떠 있는 파란 하늘에서 내리쬐는 따가운 햇살은 더 풍요롭게 보이게 한다. 아무리 사방을 둘러보아도 산은 안 보이고 방풍림이 지평선 끝자락에 자리하고 있을 뿐이다. 용맹스럽게 버티고 있던 안데스 산줄기의 흔적은 전혀 찾을 수 없다. 그저 풍요롭고 평온한 목가적인 풍경만 드러난다. 어제 그렇게 세차게 불던 바람도 잠잠해져 나뭇잎들은 조용히 있다.

우루과이에서 아르헨티나 국경을 지나는데 세관에서 우리 짐에 있는 땅콩이 들어 있는 초콜릿이 X-ray에 걸린 모양이다. 초콜릿을 빼앗기지는 않았지만 재검을 한 후 통과되는데 멋쩍었다.

출국 수속하는 동안 초등학생인 아들 3명과 더 어린 딸을 데리고 탄 엄마는 애들이 이리 뛰고 저리 뛰고 하니 완전히 군대식으로 다스린다. 어느 나라 엄마든 아들이 많으면 거칠어질 수밖에 없는 것 같다.

오후 5시쯤 되니 차장이 친절하게 승객들에게 차를 주문받더니 차와 과자 한 개씩을 간식으로 준다. 그동안 장거리 버스 중에서 가장 대접을 잘 받는다 했더니 저녁은 각자 사 먹어야 하는 것이다. 우리는 아르헨티나 돈을 갖고 있지 않아 저녁을 먹을 수가 없었다. 이런 경우도 있구나. 이렇게 버스에서 밤을 맞이하였다.

12월 04일 (목)

• 녹음이 우거진 도시 아순시온(Asuncion)

기간	도시명	교통편	소요시간	숙소	숙박비
12.04	아순숀	버스 (EGA)	20시간	Hotel Amigo	120,000G

아순시온 Asuncion 오전10:00 도착

아르헨티나-파라과이 국경을 통과할 때는 승객들이 자는 한밤중에 차장이 혼자 여권수속을 했나 보다. 눈을 떠보니 파라과이란다. 우루과이와 달리 고목들이 가로수로 늘어서 있고 도로를 빼고는 주변이 온통 숲으로 덮여 있다. 완전히 숲의 도시다. 20시간 만인 현지시각 오전 9시 아순시온 장거

리 버스터미널에 도착하였다.

우루과이 몬테비데오 장거리 버스터미널보다는 모든 시설이나 진열된 물건들이 세련되지는 않았지만 터미널 건물 중심부에 끈으로 경계를 해서 어린이들을 위한 공간을 만들어 놓았는데 아주 좋은 생각인 것 같다. 인형놀이하는 곳, 블록 쌓기 하는 곳, 탈것들, 초등학교 고학년 아이들이 그림을 그릴 수 있는 책상 등이 그 공간에 다 있는 것이다.

터미널이 외곽에 있어서인지 숙소까지 오는데 택시비가 꽤 많이 나왔다. 우루과이에서는 환율이 1USD = 23.7페소였는데 파라과이는 1USD = 4,700과라니이니까 하루 사이에 돈에 대한 감각에 혼돈이 온다.

버스에서 밤을 보내서인지 피곤하다. 낮인데도 숙소에 오자마자 잠이 들었다. 점심으로 우리의 십전대보탕인 김치찌개를 먹으려고 하니, 한국 민박집 주인아주머니는 한국 식당이 너무 멀다며 바쁘신데도 불구하고 김밥을 싸 주셔서 아주 고맙게 잘 먹었다. 멋쟁이 주인아주머니! 정말 고맙게 잘 먹었습니다. 주인아주머니는 시내 다닐 때 소지품 간수를 잘하라고 누누이 당부하신다.

숙소가 시내 중심에 있어서 국회, 대통령궁 등을 쉽게 볼 수 있었다. 대통령 관저 바로 옆에는 천막촌이 있어 어리둥절했다. 번화가 쪽으로 와서 버스를 타고 한국 교민이 많이 있는 큰 시장으로 가는데 버스 기사가 매우 불친절하다.

오히려 승객이 가르쳐 주어 큰 시장에 갔는데 큰 도로를 사이에 두고 양쪽으로 한 블록 전체를 시장이 차지한 마치 동대문, 남대문 시장 같은 큰 시장이다. 온두라스에서 산 양말이 떨어져 시장에서 오샘 양말을 사고 보니 중국 제품이다. 인건비가 이곳이 더 저렴할 텐데.

오샘은 동창 소식을 들을 수 있을까 하고 여기저기 수소문해 보았지만 모른다는 대답만 들었다. 콜롬비아 이후 처음으로 한국 식당에 가서 김치찌개와 순두부찌개를 먹었으니 기운을 내야 할 것 같다.

12월 05일 (금)

• 파라과이에서 브라질로

기간	도시명	교통편	소요시간	숙소	숙박비
12.05 ~ 12.06	포스두이과수	버스 (PLUMA)	7시간	Pousada SONHO MEU	180R

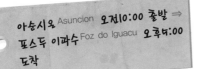

아숑시오 Asuncion 오전10:00 출발 ⇒
포스두 이과수 Foz do Iguacu 오후4:00 도착

버스로 장거리 버스터미널까지 오는 데 걸린 시간이 어제 숙소에 택시로 들어갈 때와 거의 비슷하게 걸렸다. 어제 택시비는 40,000G이었고 오늘 버스비는 4,600G이다. 버스가 훨씬 경제적이었던 셈이다.

파라과이 돈을 없애려고 간식으로 엠파나다스(만두튀김 비슷함), 물, 음료수 등을 샀는데도 돈이 조금 남았다. 할 수 없이 그냥 남기로 했다.

오전 10시에 출발한 버스가 아순시온을 벗어나면서도 역시 숲의 나라이다. 집집마다 집 울타리는 없고 마당에 고목들이 대부분 있다. 마치 국립공원 안에 집들이 있는 것 같은 분위기이다. 드문드문

집들이 있고 주위가 온통 녹음이 우거져 있다.

버스는 가다가 휴게소에 세우더니 점심을 각자 먹으란다. 이런 줄 모르고 터미널에서 식어서 맛없는 엠파나다스를 사는 등 억지로 돈을 사용하는 바람에 점심 먹을 돈이 되지 않아 점심을 건너뛰었다.

국경도시인 Ciudad del Este에 들어서니 매우 혼잡하다. 파라과이가 물가가 싸서 특히 수입 물가가 싸서 브라질 쪽에서 보따리상 등 손님들이 많이 들어온다더니 건물에는 큼지막한 간판들이 잔뜩 붙어 있고 사람과 자동차가 뒤엉킨 정말 복잡한 상업도시이다. 버스가 아주 서서히 갈 수밖에 없다.

국경에서 출국 신고하는 곳이 버스에서 내려 길을 건너가야 하는 것 같은데 확실히 어딘지는 모르겠고 차장이 가르쳐주지도 않아 어리둥절하면서 다른 사람들을 쫓아갔다. 그런데 출국 신고소 앞에 개인 환전상이 있다가 환전을 하라는 것이다. 나머지 푼돈을 4R로 환전하기는 했는데, 점심도 못 먹고. 이럴 줄 알았으면 아침에 터미널에서 억지로 돈 써 없애려고 애쓰지 않아도 됐는데 하는 억울한 생각이 또 든다.

파라과이 국경에서 버스로 더 가서 있는 브라질 국경의 입국 신고소 옆으로 다른 자동차들이 다녀 위험한데도, 역시 버스 차장은 버스 있는 데 서서 손님들이 오기만을 기다리고 있다.

브라질로 들어서자마자 얼마 안 가서 아무런 시설이 없는 아주 작은 버스터미널에서 우리만 내렸다. 포스두 이과수에 도착한 것이다. 오후 5시 브라질 땅에 발을 내딛는 순간 햇빛이 강렬하게 내리쬐고 있다. 앞에 보이는 넓은 도로에 따가운 햇빛만 가득하다.

　브라질 돈은 아까 환전한 4R 밖에 없는데 이 버스터미널 주변은 아무런 편의 시설이 없다. 버스터미널 직원이 택시를 타면 택시 기사에게 환전소에 들려달라 하라고 친절하게 가르쳐 준다. 마침 넓은 도로 건너편에 택시가 있어 택시기사에게 환전소를 들려야 한다니까 환전소가 있는 쇼핑센터까지 데려다 준다. 오샘이 한참을 환전소에서 나오지 않으니까 택시기사는 오샘을 찾으러 쇼핑센터 안에까지 갔다 오는 것이다. 환전소를 거쳐 숙소까지 친절하게 데려다 주고 인사도 상냥하게 건네주었다. 물론 택시비는 미터기에 표시된 대로이고. 택시 기사님! 덕분에 브라질의 첫인상이 좋았습니다.

　숙소가 건물 내부 구조도 효과적인 복층 구조이면서 아기자기하게 잘 꾸며 놓아 인상적이다. 좋은 인상의 주인이 방을 찾아보더니 빈방이 없단다. 그러면서 다른 숙소를 전화로 물색해보더니, 주인은 우리가 일본사람인 줄 알았는지, 구한 숙소에 우리를 일본인이라고 소개한다. 주인은 택시까지 잡아 주면서 택시기사에게 우리를 그 숙소까지 데려다 주라고 부탁한다.

　찾아간 숙소는 포사다인데 역시 날씨는 햇빛이 쨍쨍하지만 크리스마스 분위기를 한껏 살려 숙소 내 장식을 구석구석 아주 아기자기하고 아름답게 꾸며 놓았다. 풀장에서 수영하는 사람도 있다. 체크아웃하고 다음 일정까지 기다리는 동안 샤워도 하고 휴식도 할 수 있는 공간도 있다. 상냥하고 친절한 숙소 주인은 우리는 이야기하지 않는데 바로 전에 갔던 숙소와 연락될 때 이미 약속을 했는지

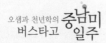

숙박비까지 아주 저렴하게 해주는 게 아닌가. 덕분에 과분하게 좋은 숙소에서 모처럼 편안하고 안락한 휴식을 할 수 있을 것 같다.

숙소 주인이 가까운 곳에 위치한 슈퍼마켓 안에 있는 값싸면서 맛있는 뷔페식당을 가르쳐 주어 우리 두 사람은 우리 돈 6,000원 정도로 푸짐하게 먹을 수 있었다. 브라질은 육류와 채소 가격이 비슷한지 뷔페식인데 육류든 채소든 상관없이 접시에 담은 음식의 전체 무게에 따라 음식값을 지불하게 되어 있다.

주인은 브라질 사람이면서 아르헨티나 쪽 이과수폭포 관광을 적극 권한다. 상파울루 가는 버스표도 사 준다고 해 장거리버스터미널까지 가지 않아도 되니 매우 고마웠다. 내일 이과수폭포를 볼 기대감을 갖고 우리는 모처럼 예쁘고 안락한 숙소에서 편하게 쉴 수 있었다.

12월 06일 (토)

• 악마의 숨통에 빨려 들어가다

《 이과수 폭포 》

포스두이과수 Posdo Iguacu 오전9:00출발, 오후4:30 도착 ⇔ 브라질 아르헨티나 국경 ⇔ 이과수 폭포 Iguacu 오전11:00 ~ 오후3:15

아침 식사를 하러 갔다가 또 한 번 놀랐다. 포사다인데도 여러 종류의 풍성한 과일과 직접 만든 여러 종류의 음료들, 갓 구워낸 다양한 빵과 피자 등 일류 호텔 못지않은 뷔페인 것이다. 게다가 모처럼 배낭에 있는 겨울옷 등 모든 세탁물을 챙겨 세탁을 맡기니 마음이 한결 가벼워진다.

아침 9시 숙소에서 알선해 준 베스타 차를 이용해 모두 8명이 아르헨티나 쪽 이과수로 향했다. 우루과이에서 파라과이로 갈 때 아르헨티나 국경을 지나고 나면 다시는 아르헨티나 국경을 지나지 않을 줄 알았는데, 오늘 또 아르헨티나 국경을 2번 통과해야 한다. 이번 여행 중 아르헨티나 국경을 13번 드나든다.

브라질 국경, 아르헨티나 국경을 넘어 국립공원에 가서 정글 숲길을 걷다 보니 숲 속의 다양한 새와 동물, 식물들을 볼 수 있었다. 기차역을 지나 오솔길을 따라가다 보니 쌍을 이루고 하얀 포말을 날리며 쏟아져 내리는 자매폭포를 만날 수 있었다. 이어서 몇 개의 폭포를 지나니 마치 여러 개의 폭포가 커다란 한 병풍을 차지하고 하늘에서 폭포수가 쏟아져 내리는 것 같은 엄청난 규모의 폭포가 가히 장관이다. 폭포가 품어내는 에너지 하얀 포말이 환상적이다. Superior 폭포란다. 폭포 입구로 들어서는 사람들의 표정이 일그러진 사람은 하나도 없다. 모두 최소한 환한 미소를 띤 선한 모습들이다. 순수한 자연에 대해 순화되는 인간의 감정은 공간을 초월해 모두 같은 것 같다. 일행 중 일부는 배를 타고 산마르틴 섬에 다녀왔는데 폭포수를 뒤집어써 옷이 흠뻑 젖었는데도 매우 흡족해한다.

점심을 먹은 후 악마의 숨통이라고 불리는 폭포로 가기 위해 기차를 탔는데 바람에 흩날리는 꽃잎처럼 무수히 많은 나비가 무리지어 날아다닌다. 저절로 내 몸도 가벼워지는 것 같다. 기차에서 내려 밀림을 지나 넓은 폭을 차지하며 도도히 흐르는 이과수 강을 건너가면서 보이는 평화롭고 아름다운 풍광에 가슴과 눈이 탁 트인다. 저절로 내 마음도 포근하고 너그러워지는 것 같다.

탄성이 저절로 나온다. 흐르는 강물만 있는 줄 알았는데 갑자기 하얀 포말을 일으키며 쏟아져 내리는 엄청난 힘이 분출되는 폭포수와 맑고 투명한 유리알을 만들어 내며 쏟아지는 폭포수, 흰 구름이 쏟아져 내리는 듯한 폭포수들이 악마의 숨통으로 한꺼번에 빨려 들어가며 우렁찬 소리와 함께 온 천지를 집어삼킬 듯하다. 폭포수라는 말은 너무 약한 것 같다. 그러면서도 강한 햇빛에 의해 마술이 일어난다. 소리 없이 유유히 흐르던 이과수 강이 엄청난 양의 물로 작용되면서 마치 좁은 절벽 아래로 한꺼번에 쏟아져 내리는 것 같은 그래서 흰 구름이 낀 것처럼 보이는 악마의 숨통에 쌍무지개가 환하게 그려지면서 우리를 환영한다. H_2O가 요술을 부리며 이렇게 나를 감동시킬 줄 몰랐다. 도저히 인간이 만들어낼 수 없는 오묘한 자연이다.

　가슴이 텅 비어지질 않는다. 계속 폭포가 용솟음친다. 악마의 숨통에 쏟아져 내리는 폭포의 함성을 억지로 뒤로하고 악마의 목구멍으로 들어가지 못한, 그렇지만 도도하면서도 고요히 흐르는 이과수 강을 건너 되돌아왔다.

　돌아올 때는 아르헨티나 국경을 지나자마자 이과수 강이 아르헨티나, 파라과이, 브라질 3국에 걸쳐 있는 곳에서 잠시 사진을 찍고 숙소에 오니 오후 5시 30분이다. 아직 볕이 따갑다. 다닐 때는 몰랐는데 얼굴이 벌겋게 익었고 더위를 먹은 것 같다. 오늘 30℃가 넘는 더위란다. 오늘 베스타를 운전한 운전기사는 가끔 한국말인 "가요 (go)."를 외친다. 하루 종일 가이드를 하느라 수고하셨습니다. 상파울루 가는 버스는 내일 오후 6시 버스란다. 17시간 걸리니 내일 밤은 버스에서 보내야 한다.

• 친절한 사람들

포스두 이과수 Foz do Iguacu 오후6:00
출발 ⇒ 상파울루 Sao Paulo 로 향함

성당에 간다고 오전 10시 30분쯤 체크아웃을 했는데 이곳 성당은 9시에 미사가 있단다. 성당을 못 가는 대신 시내로 나가려다 너무 더워 숙소 앞에 있는 숲이 우거진 공원에 갔다. 여러 종류의 새, 원숭이, 코크 등 동물원이 있는 울창한 숲으로 된 공원이다. 일요일이어서인지 가족 단위의 행락객들이 좀 있는 편이다. 공원을 돌아보고 슈퍼마켓에 있는 저렴한 뷔페식당에 갔는데 일요일이라 식사하러 온 가족들이 엄청 많다. 더워서 모두 밖에 나와 점심을 해결하는 것인지, 외식하는 사람들이 왜 그렇게 많은지 모르겠다.

숙소에서 쉬다가 오후 5시쯤 장거리 버스터미널로 가기 위해 배낭을 메고 따가운 햇살을 받으며 시내버스 타러 나왔는데, 정거장이 여러 개 있어 어느 버스를 타야 할지 잘 모르겠다. 옆에 있는 사람에게 물어보았는데 그 사람은 더울 텐데도 앞쪽 정류장에 있는 버스까지 가서 운전기사에게 물어보고 우리에게 그 버스에 타라고 친절하게 알려준다. 또 버스에서도 어느 승객이 우리에게 내리는 위치를 친절하게 가르쳐 주어 장거리 버스터미널을 쉽게 갈 수 있었다.

이곳 시내버스는 승객이 뒷문으로 타고 앞문으로 내리게 되어 있어, 익숙하지 않은 우리는 왔다 갔다 하다 타게 된다. 뒷문으로 타니 버스 타기 전에 행선지를 운전기사에게 물어보기도 어렵다.

버스터미널에서 많은 양의 의류를 도매로 사 오느라 심 모싸리가 엄청 큰 젊은 한국인 부부를 볼 수 있었다. 터미널에서도 짐을 정리하느라 진땀을 흘린다. 젊은 한국인 부부. 열심히 장사해서 성공했으면 좋겠다.

포스두 이과수에서 상파울루 가는 길은 짙푸른 녹색의 잘 정돈된 밭들, 밀밭 등 비옥한 벌판이 계속 펼쳐지고 농가들도 널찍하고 깨끗해 보이면서 더할 나위 없는 풍요로운 농촌 풍경이다.

버스로 17시간을 가야 하는데 날이 더워서인지 버스는 에어컨을 세게 틀어 침낭을 준비하길 다행이었다. 모처럼 버스와 혼연일체가 된 셈이다. 승객들이 옷은 대개 여름옷을 입었는데 두꺼운 겨울옷이나 담요, 큰 베개들을 준비해서 버스를 탄다. 보아하니 침낭은 이번 여행 끝날 때까지 필수품이 될 것 같다.

어떤 여자 승객이 버스에서 계속 왔다 갔다 하며 시끄럽게 떠든다. 중남미에 와서 처음 보는 일이다. 이쪽 사람들은 대개가 조용하고 남을 배려하고 침착한 것 같다. 20시간, 30시간 넘게 버스를 타도 한결같이 행동한다. 어느새 버스 안도 깜깜하고 조용해진 걸 보니 떠들던 여자 승객이 잠들었나 보다. 다행이다. 나도 자야 하는데.

12월 08일 (월)

• 최선생님 부부를 만나다

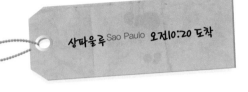

상파울루 Sao Paulo 오전10:20 도착

상파울루에 가까이 가면서 교통정체가 심하다. 그래도 예정 시간보다 40분이나 빨리 도착하였다. 예정 시간보다 빨리 도착한 건 그 많은 버스 대장정 중에 이번이 두 번째다. 장거리 버스터미널의 규모가 커서 방향을 어떻게 잡아야 할지 모르겠다.

도착하자마자 오샘은 최 선생님께 전화를 하러 가서는 40분이 지나서야 오는데 전화카드 사는 것부터 힘들었던 모양이다. 최 선생님 부부가 이 터미널에 나오셨다고 연락이 되었단다. 상파울루는 5부제로 차량 운행을 엄격하게 시행하고 있는데 최 선생님댁 자동차는 오늘 운행할 수 없어 일부러 어제 자동차로 1시간 30분 달려 상파울루에 있는 딸 집에 오셔서 주무시고 오늘 우리를 마중 나오셨는데 이 터미널도 처음 와 보시는 거란다. 안 그러셔도 되는데 바쁘신데 시간을 내서 그렇게까지 우리를 맞이해 주셔서 죄송하고 너무 고마웠다. 우리가 우선 숙소를 잡은 후 연락을 드렸어야 하는데 굳이 선생님 댁에서 자야 한다고 하셔서 염치 불고하고 선생님 댁으로 가기로 했다.

상파울루에 한국인들이 자리 잡고 있는 상가들이 명동 같은 거리를 형성하고 엄청 크고 화려하다. 말도 통하지 않는 타향에서 이렇게 성공하기까지 얼마나 많은 몸과 마음고생을 했을까. 한국인들의 생활력이 여실히 드러나는 현장이다. 새로 설립했다는 한국인 학교는 한국인이 많이 거주하는 거리에 자랑스럽게 위치하고 있었다.

그 거리에 있는 식당에서 십전대보탕인 김치찌개를 먹고 최 선생님댁이 있는 캄피나스로 향했다. 30℃ 넘는 대낮에 눈사람 모형을 세워 놓고 크리스마스 장식을 해 놓은 거리는 뭔가 어색해 보였다. 하지만 눈사람 모형은 아이디어가 아주 좋은 것 같았다. 밑바닥이 올록볼록한 페트병을 밑바닥만 잘라 모아서 하얀 칠을 해 1m도 넘는 눈사람을 만든 것이다.

캄피나스에서 가장 번화가에 최 선생님 상가가 화려하게 자리 잡고 있다. 종업원도 많고 가게는 문전성시다. 오늘은 "흑인의 날"이라 캄피나스의 공휴일이어서 손님이 적은 편이란다. 늦은 나이에 말도 모르는 나라에 이민 오셔서 많은 고생 끝에 이렇게 성공하셨으니 최 선생님 부부는 대단한 의지력을 가지신 분들이다. 댁에 있는 손수 그리시고 만드신 그림, 조각 작품, 사진들을 보니 고국을 잊지 않으시고 열심히 생활하시는 모습이 절절하게 가슴에 와 닿는다.

사모님께서 우리를 위해 저녁을 한식으로 정성껏 차려 주시고 여행 중 재충전하라면서 편히 쉴 수 있도록 많은 신경을 써 주셔서 고맙고 죄송한 마음뿐이다. 저녁 식사 후 교우의 집에서 모임이 있다고 하셔서 같이 기도모임에 참석하였다. 이민 오셔서 이민 사회와 잘 화합하시고 성공하신 최 선생님 부부의 사시는 모습을 직접 보니 흐뭇하고 대단해 보였다.

• 즐거운 하루

《 캄피나스 》

최 선생님 부부와 우리는 골프장에 갔다. 최 선생님 부부와 오샘은 골프를 하고, 나는 계속 쫓아다니다가 중간에 먼저 휴게소로 왔다. 오늘은 캐디가 없는 날이라 그 더운 날씨에 직접 끌고 다니면서 골프를 치느라 사모님께서는 굉장히 힘드셨을 것 같다.

늦은 점심을 푸짐하게 먹고, 새로 생겼다는 장거리 버스터미널로 가서 리우데자네이루(리우) 가는 버스표를 사왔다. 상파울루까지 가지 않고 여기서 리우로 직접 갈 수 있어 다행이다.

중간에 노점에서 파인애플 3개를 우리 돈으로 5,000원 안 되게 샀는데 나무에서 제대로 익은 것이라 매우 달고 싱싱하다. 브라질이 과일의 종류도 많고 맛있고 싼 것 같다.

우리 때문에 최 선생님 부부는 오늘도 아무 일도 못하셨다. 어떻게 감사드려야 할지 모르겠다. 우리가 생활리듬을 완전히 깨뜨려 죄송합니다. 몸 둘 바 모르게 감사합니다.

• 최선생님댁에서 충분히 재충전을 하다

어젯밤에 빗소리가 들려 걱정이 되었다. 오늘 오샘과 최 선생님은 골프장에 가기로 했는데…. 다행히 아침에 날씨가 개었다.

나는 사모님과 한국인 모임에 갔다. 타국에서 열심히 일하시고 성공하시고 서로 화합하시는 모습들이 보기 좋았다. 사모님께서 우리를 위해 일부러 귀한 김치로 김치찌개를 해 주시고, 여러 가지 한국 음식과 열대과일들로 푸짐하게 저녁을 차려 주셨다.

최 선생님 부부의 배웅을 받으며 밤 11시 30분 리우데자네이루로 향했다. 오늘도 어김없이 버스에서 밤을 보내야 한다. 1년 중 제일 바쁘신 때에 가게 일도 접으시고 여행 중 재충전하라면서 물심양면으로 도와주시고 우리를 위해 시간도 내주시고 편하게 쉴 수 있게끔 세심한 배려를 해 주심에 감사드립니다.

최 선생님 부부께서 낯선 이국땅에 이민 오셔서 고생 끝에 안정된 생활을 하시고 현재를 만족하시고 꿈을 이루어 가시고 자신감에 충만해 있으면서도 스스로 약자들을 위해 봉사하는 생활을 실천하시는 모습을 보니 정말 보기 좋았다. 반면 힘들다고 안주하려고만 하는 부끄러운 나를 돌아보게 된다.

12월 11일 (목)

• 북적이는 리우데자네이루(Rio de Janeiro)

기간	도시명	교통편	소요시간	숙소	숙박비
12.11 ~ 12.12	리오데자네이루	버스 (Comat)	8시간	아브라함민박	120USD

아침 7시 30분 리우 버스터미널에 도착하니 분위기가 우중충해 보인다. 우선, 오샘은 벨렘으로 가는 버스 편을 알아보더니 중간 기착지로 브라질리아보다는 살바도르로 거쳐 가는 것이 버스 시간 안배가 좋을 것 같다고 한다. 리우에서 벨렘까지 걸리는 예정 시간이 52시간이니 한 번에 가기 어렵기 때문이다. 이 터미널에는 안내소에 영어를 하는 안내인이 있어 표를 사는 데 도움이 된다. 버스회사는 선택의 여지가 없다.

한국인 민박집인 숙소에 전화하니 방이 있다고 해 또 애들한테 전화를 못하고 아침도 안 먹고 숙소로 달려갔다. 다행히 숙소에서 우리를 위해 따끈한 밥을 해서 아침 식사를 급하게 준비해 주셨다. 잠시 쉬었다가 숙소에서 이른 점심을 먹고 숙소 주인이 친절하고 자세히 가르쳐 준 약도를 갖고 시내버스를 탔다.

우선 버스터미널로 가는데 북적거리며 사람 사는 맛이 나는 도시 같았다. 살바도르 가는 버스표를 구입하고 센트로로 갔다. 브라질의 수도였었다는데 비해 콜로니얼풍의 센트로의 거리는 옛날 식민지 때 건물들이 연륜이 쌓인 우중충한 모습으로 들어서 있고, 점심때여

오샘과 천년학의 중남미
버스타고 일주

서 그런지 대로변 뒤쪽 거
리는 오가는 사람들이 많
다. 대성당은 천장화도 내
부 장식도 위엄 있고 무게
있어 보인다.

　남미에서 유일하게 포르투갈 식민지였던 브라질은 스페인 식민지
였던 남미의 다른 나라들과는 도시의 도로망이 다른 것 같다. 메트
로 폴리타나 대성당을 지나 센트로에서 팡데아수카르 가는 버스정
류장을 찾는 데 매우 힘들었다. 한 아주머니가 아주 친절하게 가르
쳐 주신 정류장에서 아무리 기다려도 버스가 오지 않는다. 나중에
알고 보니 잘못 가르쳐 주신 것이다. 다른 사람이 통역까지 해가면
서 친절하게 가르쳐 주어 겨우 팡데아수카르 가는 버스가 있는 정류

장을 찾아갈 수 있었다.

팡데아수카르는 케이블카를 타고 2단계를 거쳐 정상까지 올라간다. 정상에서 내려다보이는 리우는 가히 3대 미항 중의 하나이다. 부드러운 곡선을 그리면서 계속 이어지는 아름다운 해안선은 짙푸른 바다와 하얀 보트들, 바다 위를 시원하게 가로지른 리우 니테로이 대교, 짙푸른 바닷가 활주로에서 육중한 비행기가 바다 위로 날렵하게 비행하는 모습, 산자락에 있는 마을, 산 계곡을 파고드는 오밀조밀한 집들, 하얀 구름이 떠 있는 맑은 파란 하늘 아래 바다 저편으로 여러 모습의 산봉우리들이 아름다운 한 폭의 그림으로 파노라마로 펼쳐진다. 산봉우리들 사이 어디선가 신선이 나타날 것만 같다. 보고 또 보아도 질리지 않는 풍경이다. 아~ 역시 3대 미항답게 아름답다. 그렇지만 3대 미항의 아름다운 풍경을 뒤로하고 곧바로 숙소로 돌아와야 했다.

돌아올 때도 어떤 남자가 친절하게 다른 사람에게 물어보면서 환승하는 정류장까지 직접 데려다주어 숙소로 쉽게 찾아올 수 있었다. 쇼핑센터 식당가에서 그림을 보고 빵과 닭고기를 주문했는데 빵 1조각과 음료수가 나온다. 우리는 그림을 가르치면서 왜 닭고기가 안 나오느냐고 계속 물어보니까 종업원은 자기가 준 것이 맞는다고 계속 답한다. 알고 보니 시원하게 느끼게끔 그린 음료수 그림을 우리는 닭고기 토막으로 본 것이다. 덕분에 빵 1조각과 음료수로 알뜰하게 저녁을 먹은 셈이다.

• 눈부시게 아름다운 리우데자네이루 항

《 리우데자네이루 》

날씨가 심상치 않아 보인다. 원래 리우는 요즈음이 더운 때지만, 이상 기온이라 날씨가 들쑥날쑥 한단다. 코르코바도로 가는 버스를 타기 위해 쇼핑센터 앞에 왔는데 개장 시간인 10시가 아직 안 된 시간인데도 쇼핑센터 앞에 사람들이 장사진이다. 12월이라 그런 건지 평상시에도 그런 건지는 모르겠다. 리우는 12월에는 낮 시간에도 택시를 타면 할증요금을 내야 할 정도로, 남미 사람들에게는 12월이 가장 넉넉한 시기인가 보다. 하지만 삼바 축제가 벌어지고 축제 때 쓰이는 의상과 자동차를 보관하는 스타디움 앞을 버스가 지나갈 때는, 2달 후에 이 스타디움에서 화려하고 웅장하게 벌어지는 삼바 축제를 상상만 하면서 지나칠 수밖에 없었다.

우리가 내려야 할 버스정류장에서 내리려고 하는데 차장은 이곳이 내릴 곳이 아니라면서 우리에게 내리지 말라고 해 내리지 않았는데 아무래도 아닌 것 같아 우리는 다음 정류장에서 무조건 내렸다.

경찰에게 물어보니 원래 우리가 내리려고 한 버스정류장이 맞는 것이다.

티주카 산림 국립공원에 있는 코르코바도 산을 올라가는 트램 레일 주변은 정글지대이고, 이상하게 생긴 커다랗고 누런 과일들이 주렁주렁 매달려 있다. 그런 정글 숲 중간중간에 동네가 있다. 구름이 끼어 흐릿한 가운데 해발 710m인 코르코바도산 정상에 우뚝 서 있는 높이 38m, 두 팔 벌린 길이가 28m나 되는 커다란 예수 상의 뒷모습이 보이는 순간 섬뜩한 느낌이다. 이 예수상은 1931년 브라

질 독립 100주년을 기념하여 만들었단다. 구름이 가득해 주변이 보이지 않더니 점점 구름이 날아가면서 예수상 앞면으로 고운 모래사장이 펼쳐지면서 아름다운 해안선을 그리는 코파카바나 해변, 이파네마 해변, 그 이외 불그스름한 지붕을 이고 있는 해변 마을, 산골짜기 사이를 타고 올라가 마을을 이룬 집들, 수평선 끝까지 펼쳐진 대서양의 짙푸른 바다, 바다 위의 하얀 보트 등이 어우러진 아름다운 풍경이 펼쳐진다. 내 앞에 넓게 펼쳐지던 더 할 수 없이 아름다운 풍경이 내 눈 안에서 함축되어 일렁인다. 여기서 보아도 역시 리우데자네이루 항은 3대 미항의 하나임에 틀림없다. 이런 자연의 아름다운 바다를 끼고 있는 도시가 한 나라의 수도였다는 것은 특혜인 것 같다.

이 아름다운 해안선을 그리는 해변 중 하나인 코파카바나로 갔다. 코파카바나 해변에 가니 하얀 면사포를 쓴 듯한 우아하고 화사한 코파카바나 호텔 앞에 카메라맨, 기자 등의 인파로 가득하다. 망원경, 카메라, 심지어 휴대전화를 호텔 쪽으로 향해 놓고 열심히 뭔가 보려고 애쓰고 있는 모습들이다. 지금 이 호텔에 마돈나가 있단다. 우리도 잠시 그들과 동참하다가 해변으로 갔다. 하얗고 아주 고운 모래가 둥그스름하게 아름다운 해안선을 그리고 있다. 호텔 쪽으로 사람들이 몰려가서 그런지 모래사장에는 의외로 사람들이 없다. 수영하는 사람, 요트, 배, 갈매기까지도 보이지 않는다. 철썩 처얼썩 높은 파도소리만이 우리를 맞이하고 있다. 우리가 밀려오는 바닷물에 손을 담그자마자 갑자기 강한 바람과 함께 비가 쏟아진다. 해변을 걸어볼 겨를도 없이 우리는 해변을 빠져나왔는데, 아직도 마돈나가 바깥에 모습을 드러내지 않았나 보다. 호텔 앞에 사람들이 그대로이다.

비를 피할 곳도 없어 숙소로 향했다. 숙소로 가는 이 버스는 황금 노선인지 아침에도 그랬는데 승객들이 꽉꽉 들어차고 정거장마다 내리는 사람들보다 타는 사람들이 더 많다. 저녁때 비가 그치는가 했더니 밤에 또 비가 오기 시작한다. 더위야 물러가거라.

12월 13일 (토)

- 리우데자네이루에서 살바도르까지
  내륙 산길을 따라 이동함

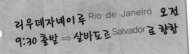

밤새도록 내리던 비가 아침에 그치나 했더니, 버스터미널로 출발하려는데 다시 비가 내린다. 비가 와서 택시를 타야겠다고 생각했는데, 다행히 숙소 주인이 택시를 불러 주어서 터미널에 쉽게 올 수 있었다. 토요일 아침이라 거리는 모처럼 한산하고 대부분 가게도 문이 닫혀 있는데, 조명가게들만 문을 열고 환하게 불을 밝히고 있다. 30분 일찍 도착했길래 오랜만에 집에 전화할 수 있겠다 했더니, 이 터미널은 짐의 무게를 측정한 다음 승차를 시키기 때문에 버스 탈 때까지 꼼짝할 수가 없다. 또 애들한테 전화하는 것을 포기해야 했다. 버스가 예정보다 15분 늦은 오전 9시 30분에 출발하는데 아직도 비는 계속 내린다.

마음이 개운하지 않고 뭔가 두고 떠나는 느낌이다. 리우는 오래된 도시의 고풍스러움도, 다시 시작되는 산뜻한 맛도 없다. 개개인은 매우 친절하고 사람 사는 냄새가 물씬 풍기는데, 어느 곳이든 양지와 음지가 공존하기 마련이지만, 해안가를 제외하고 겉으로 보이는 도시 모습은 다소 음울해 보인다.

살바도르로 가는 길은 푸른 대서양을 바라보며 해안 도로로 가는 줄 알았는데, 리우에서 멀어질수록 산으로 계속 오르는 느낌이다. 지도를 보니 산악지대에 있는 도로로 가는 것이다. 산들은 험하지 않고 구릉에 목장들이 많다. 비가 오지 않는 대신 어두운 구름이 저 멀리까지 하늘을 덮고 있지만 창밖을 내다보기는 좋다. 산을 따라 길이 굽이굽이 휘돌아간다.

　얼마를 갔을까. 커피나무가 온 산야를 뒤덮고 있어 짙은 초록 세상이 한없이 계속 펼쳐진다. 포스두이과수에서 상파울루사이의 농가들은 윤택해 보였는데, 이곳 커피농장에 드문드문 나타나는 농가들은 부유해 보이지 않는다. 주인은 다른 곳에 사는 건지. 저 많은 커피를 거두어들이려면 엄청난 노동력이 동원되어야만 할 것 같다.

　그렇게 버스가 2시간 정도 커피 농장들을 끼고 달리고 나니, 온 산야는 소들이 느릿느릿 움직이고 있는 목장 지대로 변한다. 이렇게 풍경이 우리 마음을 편안하게 하고 눈을 즐겁게 해 주는 동안 버스는 왜 그리 많이 정차했다가 가는지 모르겠다. 정차할 때마다 최소 20분씩을 쉬었다 가니 출발한 지 10시간이 지났는데도 거리상으로 1/5도 못 왔다. 25시간 걸린다 했으니 최소한 1/4은 왔어야 하는데 말이다. 아르헨티나의 장거리 버스는 운전기사가 2명 함께 타고 가면서 교대로 운전하는데 이 버스회사는 운전기사와 차장이 8시간마다 다른 사람으로 바뀌니 바뀔 때마다 정차하고 휴게소에서도 정차하니 자주 쉴 수밖에 없는 것이다. 바깥은 깜깜하고 가로등이 번쩍거려 차창의 커튼이나 치고 잠이나 푹 자야겠다.

12월 14일 (일)

• 브라질 동쪽 끝 아름다운 해안도시 살바도르(Salvador)

기간	도시명	교통편	소요시간	숙소	숙박비
12.14	살바도르	버스(ITAPEMIRIM)	31시간	Pousada Ambar	84R

버스가 주차하는 것 같아 깨어 보니 밤 12시다. 주차했다 1시간 쯤 가더니 또 주차한다. 또 달리 다가 주차하는데 새벽 4시 30분이 다. 비몽사몽간에 깨어 보니 바깥 이 훤해지고 버스는 정차한다. 아침 6시 30분이다. 이렇게 계속 자 주 섰다 가니 어느 세월에 목적지에 도착할지 모르겠다. 도로변에 토기, 방석, 모자, 목각인형 등 토산품을 파는 노점상들이 모처럼 보이고 도로에서 동네 안쪽으로 있는 펌프 주변에 물 뜨러 온 사람 들이 모여 있기도 하다. 버스는 점점 높은 산으로 향하고 나무들 키 도 작아졌다.

오전 11시 30분 그러니까 버스가 출발한 지 26시간이 됐는데도 언 제 도착할지 모르겠다. 점심을 먹으려고 휴게소의 식당에 갔는데 파 리떼가 쉴 새 없이 음식물에 들락날락하는 걸 보니 먹을 엄두가 나 질 않는다. 브라질에서는 리우데자네이루 이후 북동쪽으로는 날씨 때문인지 음식 관리나 화장실 사용이 매우 불량하다. 그런데도 화장 실에서 찬물로 샤워하는 승객들이 꽤 있다. 장거리 이동하는 경우가 많아서인지 샤워할 준비물을 갖고 다니는 것이다. 버스 탈 때 버스 에서 사용할 커다란 베개, 담요, 겨울 잠바 등 짐들이 마치 이삿짐 같다.

오후 2시 30분 Feira de Santana에 도착했는데 승객들이 많이 내린다. 살바도르까지 아직 101km가 남았다. 그래도 이제 살바도르에 가까워지는 것 같아 마음이 놓인다. 리우를 출발한 지 31시간 만인 오후 4시 30분. 드디어 살바도르에 도착하였다. 살바도르 전에까지 있던 휴게소에 비해 살바도르의 버스터미널 휴게소는 깨끗하고 편의 시설도 잘 되어 있고 파리들도 보이지 않는다.

버스터미널에서 시내 쪽으로 들어가는데 산기슭에는 서민들이 사는 집들이 언덕을 따라 다닥다닥 붙어 있다. 아이들의 노는 모습이 활기차다. 바닷가에 가까운 시내로 갈수록 브라질의 옛 수도답게 도로들도 잘 되어 있고 정원과 함께 잘 가꾸어진 바닷가의 햇살에 돋아나는 하얀 집들이 도로를 따라 들어서 있다. 유럽 바닷가의 도시 분위기이다.

찾아간 숙소의 프런트에 있는 아가씨가 매우 상냥하고 친절하게 맞아주니 피로가 가시는 듯하다. 숙소도 나름대로 예쁘게 꾸며 놓았다. 점심 겸 저녁을 먹으러 숙소 바로 건너편 대중식당으로 가서 값이 저렴한 기본 피자를 주문했는데 크기가 우리의 패밀리 크기다. 가격은 우리 돈으로 5,000원 정도인데 직접 만드는 피자로 맛도 좋았다. 우리는 반밖에 먹지 못해서 남은 것은 내일 와서 먹겠다고 했더니 흔쾌히 응낙을 한다.

숙소 주변이 어두우면 위험할 것 같아 어둡기 전에 바닷가 쪽으로 갔다. 등대를 중심으로 양쪽에 아름다운 해안선이 드러나고 바닷가를 더욱 아름답고 돋보이게 하는 호텔, 포사다들이 해안선을 따라 쭉 늘어서 있다. 따가운 햇살을 받으며 걷고 있는 많은 관광객들로 하여금, 나지막한 언덕에 우뚝 서 있는 등대와 수평선 끝까지 펼쳐진 푸른 바다가 이곳 특유의 여유로움을 느끼게 한다. 살바도르에 올 때는 브라질의 옛 수도라는 막연한 생각만 갖고 있었다. 심지어 기대했던 해안도로도 아닌 길로 30시간 넘도록 버스를 타고 오기도 했고, 그 이외의 환경들이 너무 열악해 이 여정을 별로 기대하지 않았다. 유난히 짜증났던 31시간의 이번 버스 여정은 브라질 동쪽 끝 해안도시 살바도르를 만나면서 모든 짜증이 사라졌다.

이러한 아름다움과 신비로움을 느낄 수 있기에 31시간의 고통과 짜증을 인내해야만 하는 것 같다.

행복은 아마 고통의 크기에 달라지지 않을까?

12월 15일 (월)

• 옛 수도의 영화가 그대로 남아있는 살바도르(Salvador)

기간	도시명	교통편	소요시간	숙소	숙박비
12.15 ~ 12.17	벨렘	버스 (ITAPEMIRIM)	35시간	–	–

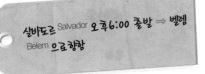

살바도르 Salvador 오후6:00 출발 ⇒ 벨렘
Belem 으로 향함

　　시내로 들어가는데 새삼 놀랐다. 버스에서 내다보이는 길가에 있는 하얀색의 화려한 콜로니얼풍의 집이나 건물들이 잘 가꾸어진 정원과 어우러져 더욱 도시 분위기를 화사하게 살아나게 한다. 역시 옛 수도의 흔적과 자존심이 그대로 남아 있는 것이다. 번화가의 상가들도 손님들로 매우 북적이고 거리가 활기차다.

　　바이아 지구를 지나 약 80m 정도 높은 곳에 위치한 버스 종점인

알타지구에 오자, 버스에서 만난 여자분은 우리에게 길을 가르쳐 주면서 바다가 내려다보이는 곳에서 사진을 찍어 주기도 하고 박물관이나 역사적인 건물들은 간단히 설명해 주면서 세 광장까지 데려다 주더니 어떤 보석가게에서 관광지도까지 건네준다. 알고 보니 그 보석가게 주인이었던 것이다.

세 광장 끝쪽에 바로크 양식의 아름다운 바실리카 대성당이 보인다. 대성당 앞쪽으로 가니 헤수스 광장이 있는데 광장 한쪽으로는 기념품 가게들이 늘어서 있다. 흑인 여자들이 치마폭이 아주 넓은 하얀색 민속의상을 입고 사진을 찍으라고 한다. 이 광장에 있는 바로크양식의 Ordem Terceira de Sao Francisco 교회 옆길을 지나면서 막다른 곳에 아름다운 바로크양식의 산프란시스코 교회가 눈에 띈다. 이 교회는 정면은 금조각으로 되어 있고 입구에 들어서니 파란색과 흰색의 타일화가 아래 벽을 장식하고 있다. 오후 1시부터 입장이 가능해 교회 안에는 들어가지 못했다. 이 교회와 붙어 있는 바로크양식의 Ordem Terceira de Sao Franciasco 교회도 정면이 화려하게 조각된 은장식으로 되어 있다. 이 장식은 회반죽으로 덮여 있었는데 전선 가설 공사를 나온 전기 기술자에 의해 발견되었다고 한다. 이 교회를 지나 Francisco M Berrato 거리를 만나는데 이 거리는 나지막한 콜로니얼풍 건물들에 화상, 기념품 가게, 고급상가들이 들어서 있으면서 아름다운 옛거리 분위기가 묻어난다. 이 거리를 벗어나니 여행사들이 있고 헤수스 광장 쪽으로 돌아 나온 셈이다. 대성당 쪽에서 케이블카를 타고 바이아지구로 내려가니 입구에 상가들이 있는데 그 주변을 벗어나면 위험하다고 하여 다시 케이블카를 타고 알타지구로 올라왔다.

따가운 햇살이 내리쬐는 광장에서 더위를 식혀볼까 하고 길에서 행상이 파는 코코넛 음료를 처음 마셔 보았는데 나는 별로 입맛에 맞지 않았다. 시청 앞을 지나 버스 종점에 와서 조금 전에 타고 온 버스를 찾느라 눈을 바삐 움직이는데 뜨거운 햇빛 아래서 음료수를 파는 행상 아저씨가 장사를 하면서도 버스 올 때마다 보고 있다가 우리가 타야 할 정류장과 버스를 가르쳐 주는 것이다. 이렇게 여행 중에 생각지도 않은 일들이 많지만 많은 사람들의 도움으로 늘 고맙고 감사하는 마음으로 여행을 한다.

숙소로 오는 길에도 옛 수도로서의 부귀영화를 그대로 간직한 정원들이 잘 가꾸어진 하얀 건물들이 바다 빛에 반사되는 화사한 아름다운 도시를 차지하고 있다. 리우에서 살바도르 오는 동안 휴게소에서 본 파리떼들, 매우 불결한 화장실 환경과는 전혀 다른 세상인 아름다운 해안도시 살바도르인 것이다.

낮에 숙소 건너편 식당에 가니 주인아저씨는 어제 우리가 먹다 남긴 피자를 다시 따끈하게 데워 친절하게 갖다 주는 것이다. 아저씨 감사합니다. 부자 되세요. 숙소 라운지에서 살바도르와 아쉬운 작별을 할 시간을 보내고 오후 5시 버스터미널로 향했다.

버스터미널에 환율이 더 좋은 환전소가 있는 줄 알고 시내에서 환전을 안 했는데 터미널에 환전소가 안 보인다. 도착할 때 본 것은 다른 것이었는데 환전소로 착각한 것 같다. 목적지 벨렘까지 35시간 걸리는데 환전을 못했으니 돈을 절약해야 하지만 물은 먹어야 하니 일단 물은 1.5L를 샀다. 버스 타기 전에 터미널 직원이 짐 무게를 측정할 때까지 기다리는데 초등학교 5, 6학년쯤 된 여자아이들 2명이 계속 우리를 관심있게 쳐다본다. 뭔가 궁금한 표정이다. 역시 여기서도 베개, 얇은 이불, 두꺼운 겉옷 등을 들고 버스 타는 사람들이 많다. 우리도 물론 완전무장했다. 멕시코 오악사카에서부터 그

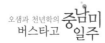

동안 끈질기게 끼고 다닌, 우리를 편하게 해주기도 하고 바람막이
도 되어주면서 동고동락한 새빨간 목베개를 이번 버스까지만 애용
하고 헤어질까 하는데 모르겠다. 2박 3일 동안 버스에서 전혀 모르
는 다른 나라 사람들과 생활하면서 가는 여정이 익숙하다. 니카라과
버스에서만 잠시 한국인 여행자 한 사람을 만났을 뿐, 그 이외 장기
간 이동하느라 탔던 많은 버스에서 한국인이나 동양인을 한 사람도
만나지 못했다. 이번이 남미에서의 마지막 2박 3일의 장거리 버스
여정인 셈이다. 오후 6시 드디어 마지막 장거리 버스가 벨렘을 향해
출발하였다.

12월 16일 (화)

• 친절한 현지인들

《 벨렘으로 향함 》

  벨렘으로 가는 길은 적도로 점점 가까워질수록, 선인장들도 많고 가느다란 저목들도 많고 야자수로 지어진 집들이 눈에 많이 띈다. 아마존강 하구 쪽으로 가고 있다.

  같은 회사 버스인데 리우에서 살바도르 갈 때보다는 덜 쉬었다 간다. 다행히 휴게소들도 시설들이 더 양호한 편이다. 버스가 생활공간이 되다 보니 버스 바닥에 요를 깔고 아이를 재우기도 하고, 같은 또래 아이들끼리 어울려 놀기도 한다.

  정차하는 곳에서 가끔 우리가 여기가 어디냐고 물으면 어느새 앞뒤 좌석에 있는 사람들이 몰려들어 가르쳐 준다고 시끌시끌하다. 또 마카파 가는 길, 기아나로 가는 길 등을 물으면 매우 친절하게 최선을 다해 답해 준다. 버스 탈 때 우리를 유심히 쳐다보던 여자아이들이 버스에서 내릴 때마다 계속 우리를 보길래, 어느 휴게소에서 아이들에게 "꼬레아노"라고 했더니 못 알아듣는다. 아이들의 엄마가 꼬레아는 아시아에 있다고 해도 못 알아들으니까 중국, 일본을 이야기하면서 엄마가 손으로 눈이 가늘게 찢어진 흉내를 내며 설명해 주니 그제야 끄덕끄덕한다. 버스 승객들이 모두 현지인들이니까 그 버스 안에서 우리는 외계인인가 보다. 여자아이들은 우리와 이야기하고 싶어 하는 표정인데 아이들은 포르투갈어만 할 줄 알고 우리는 포르투갈어를 못해서 서로 웃는 대화만 할 수밖에 없었다. 그 아이들 가족은 벨렘보다 전에 있는 도시에서 내렸다. 그렇게 아이들과는

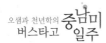

한마디 대화도 못한 채 헤어졌다. 알뜰하게 식사를 해서 없는 살림
에 오늘 굶지도 않고 버스에서 하루를 잘 보냈다.

12월 17일 (수)

• 사람냄새가 물씬나는 작은배에서 1박 2일간 지냄

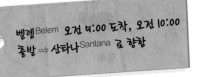

벨렘Belem 오전 4:00 도착, 오전 10:00
출발 ⇒ 산타나Santana로 향함

새벽 5시, 바깥은 깜깜한데 버스 안은 이틀 밤을 자면서 35시간을 같이 생활했던 버스 승객들이 내릴 준비를 하느라 부산하다. 지금까지는 같은 목적지를 향해 동고동락하면서 왔지만, 버스에서 내리면 서로 갈 길이 다를 것이다. 벨렘 버스 터미널 대합실에 가니 아마존 강을 건너 산타나로 가는 배표를 파는 사무실이 있다. 오전 10시에 출발하여 1박 2일, 그러니까 24시간 만에 산타나에 도착하는 배표를 구입한 후 배낭은 사무실에 맡기고 대합실을 나왔다. 배표를 구입하면서 배표 파는 사무직원한테 환전을 조금 할 수 있어서 다행이다. 환전을 조금만 했는데도 마음이 놓인다.

벨렘 버스터미널 앞에 넓게 뚫린 길을 건너 벨렘 시내쪽으로 갔다. 아직 이른 시간이라 가로수가 늘어서 있는 넓은 도로와 거리는 조용하고 한산하다. 우리가 지금 있는 아마존 강 하구에 있는 브라질의 도시 벨렘은 적도에 가깝지만 이른 아침이어서인지 덥지 않다. 원래 우리 계획은 벨렘에서 묵으면서 정보를 얻고 산타나로 가는 것이었는데 생각지도 않게 버스 터미널에서 배표를 취급하는 사무실을 보게 되어 벨렘에 도착하자마자 산타나로 가게 되는 것이다.

아마존 강을 건너고 계속 아마존 강 유역에 해당하는 기아나 3국을 가야 하기 때문에 오늘부터 말라리아 예방약을 복용해야 해서 아침을 먹어야만 한다. 버스터미널 쪽으로 되돌아와 버스터미널 앞 거리에 늘어서 있는 노점에서 아침을 먹었다. Tapioca가루로 얇게 부친, 하얀 부침개 같은 것을 먹었는데 입맛에 맞았다.

　배표를 판매한 사람은 8시에 우리를 택시에 태우더니 여객 터미널로 가란다. 항구에 있는 여객터미널 앞에서 내리는데 거스름돈을 안준다. 거스름돈을 안 주고 택시가 그냥 가버리는 줄 알고 어떻게 해야 하나 걱정하면서 내린 자리에 서 있었다. 그런데 잠시 후 택시 기사가 교통 단속 때문에 멀리까지 가서 돈을 준비하여 다시 되돌아와 거스름돈을 준다. 그것이 그렇게 고마울 수가 없었다. 그 거스름돈은 또한 우리에게 황금과 같은 돈인 것이다. 여객 터미널에 가니 많은 승객들로 혼잡한데, 그 사이를 비집고 다니면서 짧은 밧줄 같은 것을 파는 사람들이 있다. 아까 구입한 배표를 정상 표로 교환하는 절차를 밟는데 시간이 오래 걸린다. 10시 배 시간을 겨우 맞출 수 있었다.

배를 타고 보니 2층으로 되어 있는데, 수많은 해먹들이 배 천장에 가득 걸려 있고, 짧은 밧줄이 해먹을 단단히 고정시키는 데 사용되고 있었다. 대부분의 사람들은 해먹에서 1박 2일 동안 생활해야 하기 때문에 선실은 매우 북적거린다. 해먹에서 곤하게 자는 갓난아이, 해먹 아래에 앉아 뜨개질하는 할머니, 여기저기 왔다 갔다 하는 아이들 등 가지가지 양상이다. 그나마 해먹도 한 가족에 하나만 있으니까 해먹에서 잘 수 있는 사람도 한정되어 있고, 나머지 사람들은 배의 바닥에서 자야 하는 것이다. 해먹은 130R이고 우리가 구입한 casa라고 하는 캐비닛은 400R이다. casa는 에어컨이 설치되어 있고 2층으로 된 철근 침대 1개만 겨우 들어가는 크기의 방인데, 창문이 전혀 없어 드나드는 문만 닫으면 완전히 숨 막히고 캄캄하다. 전깃불을 켜야만 한다. 에어컨이 있어 그나마 다행이지만 그마저도 우리가 조절할 수 없어 그 점은 불편하다. 선상에 있는 해먹에서 온 가족이 1박 2일을 지내는 것에 비하면 호화판이다. 화장실은 1, 2층 합해서 남녀 각각 4개씩 있고 공동 사용인데 화장실 천장에 있는 쇠파이프에서 물이 나와 그곳에서 샤워를 한다. 나는 처음에는 casa와 화장실에 적응이 안 되어 힘들었다.

좁은 식당에서 점심을 먹는데 우리에겐 양이 많아 앞에서 밥 먹는 남자아이한테 반찬을 많이 덜어 주었더니 아이 아버지는 우리에게 "아리가또 고자이마스."라고 인사한다. 다른 승객들과 복작거리며 점심 먹고 나니 배의 분위기에 녹아 들어가는 싫지 않은 느낌이 든다. 식사 후 커피는 공짜로 제공되니 기분이 좋다. 커피를 들고 따가운 햇살로 눈이 부신 배 위로 올라가 아마존 강 지류를 바라보고 있노라니 더 없는 평온이 나를 감싼다.

낮에 casa에 들어가 있는데 배의 엔진 소리가 멈춘다. 에어컨도 꺼지고 전깃불도 꺼진다. 꼼짝하기 싫어 컴컴하고 후덥지근한 casa 침대에 그대로 누워 있었다. 2시간 후에 배가 다시 출발하였는데, 그 2시간 동안 배의 식당과 그 주변까지 커피 열매를 잔뜩 실은 것이다. 어두워지면서 잘 준비를 하기도 하고 조용해지기 시작한다.

바람이 불더니 더위는 가셨는데 비가 온다. 비가 오니 선실 바깥쪽으로 텐트를 쳐 가림막을 한다. 바깥은 깜깜해 아무것도 안 보이고 오롯이 우리 배만 있는데 빗줄기가 점점 굵어지면서 바람까지 세지니, 가림막이 펄럭이면서 배 안으로 비가 들이친다. 부리나케 배 종업원들이 몰려들어 가림막 텐트를 배에 단단히 붙들어 맨다.

이따금 섬에서 비추는, 금방이라도 사라질 듯 조그맣게 반짝이는 불빛 말고는 사방이 어두운 밤이다. 우리 배는 섬들을 돌아나가기도 하고 늪지대를 돌아나가기도 하면서 아마존 강을 향해 쉼 없이 움직여 나간다.

12월 18일 (목)

• 평온하고 말이 없는 아름다운 아마존강

기간	도시명	교통편	소요시간	숙소	숙박비
12.18 ~ 12.19	마카파	배 ⋯ 합승택시	24시간 ⋯ 20분	Hotel Gloria	180R

산타나 Santana항 오전11:30 도착 및 출발 ⇒ 마카파 Macapa 정오12:00 도착

우리를 태운 배는 밤새도록 쉼 없이 움직여 아마존 강으로 나왔다. 밤새도록 비가 내리고 날이 흐려, 아마존 강에서의 해 뜨는 모습은 볼 수 없었다. 시야가 서서히 밝아오면서 아마존 강가에 있는 드문드문 떨어져 있는 집들

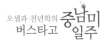

이 보인다. 꼬마 여자아이들, 남자아이들이 집 바깥에 나와 강 안쪽으로 각각 나룻배를 저어 나오고 있다. 아마 놀러 나오는 모양이다. 어스름한 이른 아침부터 꼬마 아이들이 나룻배를 저어 놀러 나오니 부지런도 하다. 그 아이들을 보고 있자니 독수리의 교육이 생각난다. 저 꼬마 아이들은 언제부터 혼자 배를 저어 다닐 수 있었을까.

아마존 강물은 같은 구역에서 누런색으로 보이는 곳도 있고 거무스름하게 보이는 곳도 있다. 그런데 가까이서 보면 모두 누런색으로 보인다. 왜 그런지 모르겠다. 또 이 누런 물들의 수질이 좋다고 하는데 이해가 되지 않는다.

우리 배는 늪지대나 섬을 돌아 나오면서 아마존 강을 헤치며 열심히 달려가고 있다. 지구의 허파가 존재할 수 있게 하는 아마존 강을, 지금 배를 타고 지나가고 있는 것이다. 아마존 강은 물결의 일렁임도 전혀 없는 넓은 강 폭 만큼이나 말없이 모든 것을 포용하는 듯하다. 배 위에서 보이는 아마존 강의 모습은 너무 평온하고, 밀림으로 덮인 녹색의 크고 작은 섬들이 겹겹이 보이는 풍경이 아름답다.

내릴 때가 가까워지자 짐들을 챙기느라 부산하더니, 어느새 배 안은 조용해졌고 모두 고개를 바깥으로 향한 채 내릴 때만을 기다리고 있다. 드디어 항구가 보인다. 마카파 항구인 줄 알았는데 산타나항이란다. 마카파는 산타나 항에서 자동차로 가야 한단다. 배가 도착하자마자 택시기사들, 짐 운반하는 사람들이 배 안으로 모여들며 손님 잡느라 분주하고 승객들은 하선하느라 부산하게 움직이니 배 안이 순식간에 혼잡의 극치를 이룬다. 우리도 합승하여 택시로 산타나에서 마카파로 이동하였다.

낮 12시 적도에 위치한 에콰도르와 같은 위도인 남미 동북부의 적도에 있는 마카파에 도착하였다. 거의 바다로 둘러싸인 마카파는 높은 빌딩은 전혀 없지만 생각보다는 크고 아늑한 느낌이 든다. 다니는 버스를 거의 보지 못했다. 숙소도 깨끗하고 주인이 매우 친절하다. 우리가 환전해야 한다니까 직접 자신의 자가용으로 은행까지 데려다 주시고, 환전 후 마카파에서 기아나(프렌치 기아나)로 가는 비행기 표를 구입할 수 있는 여행사가 있는 마카파 공항까지 데려다 주신다. 또 표 구입하는 과정에서 여러 복잡한 일들을 여행사 직원과 우리 사이에 통역까지 해 주면서 도와주는 것이다.

그런데 우리나라 사람이 비행기로 마카파에서 기아나 쪽으로 들어가는 경우는 처음이라면서 여행사 직원은 우왕좌왕하는 것이다. 결국은 우리나라 사람은 기아나에 비자 없이 들어갈 수 없다는 것이다. 나는 우리나라 사람이 기아나에 비자 없이는 입국할 수 없다는 것이 너무 화가 났다. 우리가 여행 준비 과정에서 분명히 벨리즈와 볼리비아를 제외하고는 모두 비자 없이 입국이 가능한 것으로 조사되었었는데. 마카파에 있는 프랑스 영사관에 가보라는 것이다. 또 숙소 주인은 우리와 함께 프랑스 영사관에 가서 영사관 문에 있는

초인종을 누른다. 영사관 안은 철로 된 문을 통해 다 들여다보이는데 영사는 문을 열어 줄 생각은 안 하고 우리 모두를 문밖에 세워둔 채 퉁명스럽고 신경질적으로 "왜 왔느냐?"라고 한다. 문밖에서 숙소 주인은 우리를 소개했는데 문 안쪽에 있던 영사는 아무 소리 없이 집 안으로 들어가 버린다. 우리는 할 수 없이 문 바깥쪽 그늘도 전혀 없는 땡볕에서 한참을 기다렸다. 한참 후에 집 안에서 문 안쪽까지 오더니 대문 철책 사이로 전화번호 적은 종이쪽지를 건네고 인상을 쓰면서 가라고 한다. 우리는 너무 어이가 없어 비행기로 기아나 들어가는 것을 포기하고 또 은행으로 가서, 손해이지만 항공료를 다시 USD로 환전한 후 숙소로 왔다. 어쨌든 아무리 항공료가 저렴하다 해도 항공료보다는 버스값이 훨씬 싸니까 돈은 절약된 셈이다. 그동안 남미 여행하면서 계속 이어지는 이동에 한 번도 비행기를 이용하지 않았는데 이곳에서 비행기를 이용해 볼까 하고 시도한 것도 무산되어 결국은 남미 일주하는 긴 거리를 완전히 버스로만 이동하게 되는 셈이다.

친절하신 숙소 주인님. 이 뜨거운 날씨에도 불구하고 오늘 생면부지의 우리에게 베풀어 주신 호의에 거듭거듭 감사드립니다.

숙소에 오자마자 우리는 택시로 버스터미널로 가서 브라질 국경 오이아포크까지 가는 버스표를 구입했다. 버스터미널 갈 때 택시 기사도 매우 친절했다. 버스터미널에서 오이아포크행 버스표 파는 창구까지 데려다 주고 가는 것이다.

다니면서 보니 도시 마카파는 높은 건물은 전혀 없고 길이 널찍하고 가로수인 망고 고목들이 우거진 거리는 시원하면서 녹음이 그득한 도시로 차분하고 소박함이 묻어난다. 거리도 한산하고 시내버스도 드문드문 다닌다.

저녁 먹으러 나가는데 우리를 본 숙소 주인이 식당가와 큰 슈퍼마켓이 있는 쇼핑센터 위치를 가르쳐 주어 슈퍼마켓에서 저녁과 아침거리까지 장을 보았다.

12월 19일 (금)

・ 말라리아약 복용 후 후유증으로 건강 안 좋음

《 마카파 》

어제 저녁에 사다 먹은 채소가 안 좋았는지 설사를 했다. 하지만 나는 열은 나지 않았는데, 오샘은 밤새도록 오늘 아침까지 계속 설사하고 고열에 시달렸다. 오늘 하루 더 쉬고 가자니까 굳이 괜찮다고 한다.

오샘은 오전에 열이 내린 듯하니까 기아나 입국 문제를 확인하려고 숙소에 부탁해서 주브라질한국대사관에 전화하느라 신경 쓴다. 그런데 주브라질한국대사관에서는 지금 담당자가 없다느니, 이따 다시 걸라느니, 기아나가 프랑스령이니까 되겠지요, 하는 식으로 답을 하더란다. 막연하게 '이따'가 언제인지, 우리는 기아나는 비자 없이 입국이 가능한 걸로 조사하고 왔지만 비행기 표 사는 과정에서 거부당했기 때문에 확인하는 건데 너무 안이하고 무책임한 답변인 것 같다. 브라질-기아나 국경인 브라질 국경 도시 오이아포크까지 갔다가 입국이 안 될 경우 되돌아와야 하는데 난감하다.

아직 오샘 건강 상태가 좋지 않은데 오늘 예정대로 출발하겠다며 체크아웃을 한다. 결국 점심 먹고 나더니 또 설사하고 상태가 안 좋으니까 하루 더 머물면서 상태를 보기로 하고 머물렀던 숙소로 다시 들어갔다. 전화로는 다른 버스로 연기가 안 된다고 해서 버스터미널 가서 버스표도 벌금까지 물어가며 내일로 연기했다. 무엇보다 오샘 건강이 빨리 회복되기를 바랄 뿐이다.

이동경로

가이아나
(Guyana)

수리남
(Republic of Suriname)

조지타운

파라마리보

프렌치기아나
(French Guiana)

케인

마카파

브라질(Brazil)

볼리비아(Bolivia)

파라과이
(Paraguay)

칠레(Chile)

아르헨티나(Argentina)

우루과이(Uruguay)

12월 20일 (토)

• 마지막 장거리 밤 버스 이동

기간	도시명	교통편	소요시간	숙소	숙박비
12.20 ~ 12.21	오이아포크	버스 (Viaca Santanense)	11시간 30분	–	–

마카파 Macapa 오후6:00 출발 ⇒ 오이아포크 Oiapoque 로 향함

오늘 저녁 6시 브라질에서의 아니, 아마도 이번 여행에서의 마지막 장거리 밤 버스 이동이다. 이 버스 편은 생각 안 했던 장거리 이동 수단이다. 18일 밤 심한 설사와 고열이 말라리아 약 복용 후유증인 것 같다. 나는 머리 탈모까지 된다. 우리는 말라리아 약 복용 후유증으로 2일째 계속 설사를 해 별로 건강은 안 좋지만 이동할 수밖에 없었다.

가이아나에서 카리브해에 있는 나라로 가는 비행기 편도 알아보아야 하는데… 크리스마스와 연말이 끼어 있어 하루를 놓치면 며칠을 기다려야 하는 사태가 벌어질 수 있기 때문이다.

캄피나스 출발 이후 계속 최 선생님께 소식을 못 전하다가 오전에 겨우 최 선생님과 전화 통화가 되어 안부를 전할 수 있었다.

적도 지역이라 낮에는 햇살이 따갑다. 체크아웃을 한 후 아주 안 먹을 수는 없어 숙소 주변에 손님들이 많은 식당에서 아침 겸 점심으로 우리가 원하는 양의 식사를 할 수 있었다. 고기 꼬치구이와 샐러드류를 음식 종류에 관계없이 한 접시에 담아 무게만큼만 돈을 지불하면 되는데, 직장인들인지 손님들이 굉장히 많다.

설사도 하고 아직 건강 상태가 좋지 않아서인지 낮에 뜨거운 거리를 걸어 다닐 엄두가 나질 않아 쇼핑센터로 갔는데 연말이고 토요일 낮인데도 한산하다. 살바도르에서의 시내 상가들의 북적거림과 대조가 된다. 쇼핑센터에서 오샘은 기분 전환도 할 겸 이발소에 갔다. 아주 핸섬하고 늘씬한 남자 이발사가 생긴 것만큼 날렵하고 능숙한 솜씨로 이발을 한다. 여행 출발 전날 머리를 빡빡 밀어 까까중머리로 출발한 지 3개월 만이다. 모처럼 말쑥해졌다.

시외버스터미널 시설이 다른 지역에 비해 낙후하다. 이 지역의 토질이 황토인지 시멘트 바닥도 황토 투성이어서 바닥에 놓인 짐들도 모두 황토가 묻어 있다. 의자도 온통 황토로 덮여있어 앉을 수가 없다. 황토 바닥이 더욱 침체된 분위기를 나타내는 것 같다. 버스도 낡아 에어컨 가동도 못하고 창문을 열어 놓고 가니, 황토 먼지가 버스 안으로 들어온다. 가다가 가게에서 냉각수로 쓸 얼음도 사서 싣고 간다. 12시간을 야간 이동을 해야 하는데 현지인들로 버스는 만원이다. 내 짧은 다리의 무릎을 세워야 할 정도로 좌석도 좁아 불편하게 갈 수밖에 없다. 우리는 베개, 침낭 모두 준비했었는데 모두 무용지물이 된 셈이다. 비가 후드득 쏟아지기도 하고 별이 보일 정도로 개기도 한다. 버스는 식당에 주차하더니 저녁을 먹으라는데, 파리가 휘날리고 있는데다가 건강도 안 좋으니 도저히 저녁을 먹을 기분이 아니다.

12월 21일 (일)

• 드디어 기아나(Guiana)에 입국함

기간	도시명	교통편	소요시간	숙소	숙박비
12.21	카옌	모터보트 ⋯→ 콜렉티보	20분 ⋯→ 2시간 30분	KET TAI	50ER

오이아포크Oiapoque 오전4:30 도착, 오전 6:30 출발 ⇒ 생 조지 St. Jorge (기아나) 오전6:40 도착, 오전8:30 출발 ⇒ 카옌 Cayne 오전11:00 도착

손님을 태우기도 하고, 내려주기도 하고, 황토 먼지를 뒤집어쓰면서 버스는 시끄러운 엔진 소리와 함께 열심히 달렸다. 덕분에 예정 시간보다 30분 빠른 11시간 30분 만인 깜깜한 새벽 5시 30분에 오이아포크에 도착하였다. 온통 주위가 깜깜하다. 오이아포크 버스 대합실은 더 한심하다. 황토 흙먼지를 배낭과 온몸에 뒤집어쓴 채 버스에서 내린 우리는 버스 대합실에 잠시 멍하니 서 있었다. 주위가 깜깜한데 택시 몇 대가 있다. 출입국 관리소는 아침 6시에 시작한단다.

택시로 출입국 관리소 쪽에 가니 그 시간에 환하게 불을 밝히고 열려 있는 빵집이 있다. 빵을 직접 만들기도 하는 빵집이었다. 빵집에서 커피와 빵을 먹으며 6시까지 기다리는데 아직 깜깜하다. 출입국 관리소에 가서 출국 수속을 끝내고 나오니 날이 밝아지기 시작한다. 오이아포크 강가로 가는 길에 옷가게와 교회가 있다. 배낭을 멘 채 교회 앞에 플라스틱 페트병으로 만들어 놓은 크리스마스트리 앞에서 사진도 찍으면서 아무도 없는 조용한 이른 아침 길을 여유롭게 즐기며 선착장에 갔다.

    버스 도착과 출입국관리소 여는 시간에 맞춰, 이미 그 이른 시간에 작은 보트들이 대기하고 있다. 그런데 손님은 우리뿐이다. 우리를 태우자마자 작은 보트는 모터 소리로 쌀쌀한 이른 아침 공기를 가르며 강 위를 날렵하게 달려나간다. 짙푸른 나무숲 사이로 뻗어 있는 강줄기, 그 위를 살그머니 덮은 맑은 하늘, 쌀쌀한 투명한 공기와 함께 아름다운 풍경이다. 하지만 강 오른쪽 나무숲과 집들은 브라질이고 강 왼쪽 나무숲과 집들은 기아나로 분명히 구분된다. 그러면 오이아포크 강 위의 수상가옥 사람들은 어느 나라 국민인지 궁금하다. 당연히 어느 나라든 소속이 있을 텐데.

    모터보트로 20분을 달려 오이아포크 강 건너 기아나 쪽 생 조지에 도착하니 뻔히 보이는 강 건너 사람들과 모습이 다르다. 브라질 쪽은 특히 마카파는 동양적인 모습이 많았는데 기아나의 생 조지는 흑인이 많이 보인다. 참 묘한 기분이다. 이곳은 프랑스령이다. 오이아포크 강을 사이에 두고 음식값도 많은 차이가 있다. 강 건너 브라질의 오이아포크에서는 빵과 커피값이 2R이었는데 바로 강 건너와서

기아나의 생 조지에서는 커피값만 10R이다. 물론 기아나는 EUR를 사용하는데 생 조지는 국경이라 R도 사용한다.

다른 교통수단은 없고 콜렉티보를 이용하는데 콜렉티보에 사람이 채워져야 출발한다. 그런데 재미있는 것은 승객들의 요구를 다 들어주면서 가다 보니 여기저기 들르기도 하고 기다리기도 하면서 간다.

강가에 가까운 지역은 습하기 때문에 집들이 나무로 받침을 세워 지면에서 떨어져 있고, 길에서 집까지 건너는 나무판을 놓은 집도 있다. 바로 건너편 브라질 쪽 강가의 집들은 안 그랬는데.

점점 출입국관리소에 가까워지는 것 같아 '입국이 안 되면 어떻게 해야 하나' 불안해지기 시작한다. 그런데 이게 웬일인가. 출입국관리소에서 여권을 보자마자 북한이냐, 남한이냐만 묻고 컴퓨터로 이것저것 조사도 않고 지체 없이 곧바로 입국 도장을 찍어 주는 게 아닌가. 직원들도 아주 부드러운 표정들이다. 나는 속으로 뛸 듯이 기뻤다. 괜한 걱정을 한 것이다. 그런데 사실 이것이 정상인 것이다. 마카파의 프랑스 영사나 주브라질한국대사관의 일처리가 너무 괘씸할 뿐이다. 우리는 마치 구속에서 풀려난 사람들처럼 기쁘고 홀가

분한 마음이 되었다.

국도 2번 도로를 따라 우리가 탄 콜렉티보는 가능한 한 최대의 속도로 달린다. 도로는 잘 되어 있는 편이다.

나뭇잎들이 가지 끝에만 매달려 있는 캐논이라는 나무들이 파란 하늘을 향해 숲을 이루기도 하고 가로수도 되면서 도로를 따라 계속 쭉쭉 뻗어 있는 모습이 열대의 풍경을 더없이 드러낸다. 도로 주변이 밀림지대여서인지 거의 2시간 이상을 달리도록 마을도 없고 휴게소도 없다. 그렇게 2시간 30분을 쉼 없이 달려 오전 11시 햇빛이 쨍쨍한 기아나의 수도 카옌에 도착하니, 일요일이라 그런지 한산하고 조용하다.

숙소에 짐을 풀자마자 중국 음식점에서 점심을 먹을 겸 시내로 향했다. 점심 먹은 중국 음식점에 저녁 메뉴를 이야기해 놓고 저녁 7시에 오겠다고 하니 알았다고 한다. 저녁 걱정은 끝난 셈이다. 시내 쪽으로 가면서 중국인 상점이 매우 많다. 일요일이어서 거리에 사람은 거의 없고 상점들도 모두 문을 닫았는데, 중국인 상점들은 문이 많이 열려 있다. 집에서 밖을 내다보고 있는 사람들 중에는 아시아인들이 많이 눈에 띄었다. 일요일인데 대성당도 문이 굳게 닫혀 있어 들어가질 못했다. 빌딩이 없고 집들은 큼직하고 거리는 매우 널찍하게 잘 되어 있다. 버스는 전혀 보이지 않는다. 알고 보니 일요일은 버스가 다니지 않는단다. 시외로 이동할 때는 주로 8인용 콜렉티보를 이용하는 것 같다.

일요일이지만 크리스마스도 가까워 오고, 카옌이 그래도 수도인데 너무 침체되어 보인다. 저녁 먹으러 6시 30분쯤 숙소를 나서는데 깜깜하다. 낮에 열려 있던 조그만 식품가게들, 슈퍼들도 모두 문을 닫아 거리는 더 어둡다. 중국 음식점까지 가는데 너무 깜깜하니 사람 마주치는 것이 오히려 무서워 멀찍이 피하면서 갔다. 그런데 저녁 약속을 했던 중국집도 문을 닫고 철책 문 안으로 불빛만 보이는 것이다. 안에 있는 주인한테 저녁 먹으러 왔다고 하니 안 된다고 한다. 어이가 없다. 점심때 약속하지 않았느냐고 하면서 지금은 모든 가게가 문을 닫아 우리는 굶어야만 하고 물조차 살 곳이 없다고 하니 그제야 도시락을 싸주겠다고 한다.

도시락과 물 1.5L를 받아 들고 오샘이 쇠창살 문의 작은 구멍을 통해 거스름돈을 받아 지갑에 돈을 넣는 순간, 내가 서 있는 쪽에서 달려온 흑인 청년이 날렵하게 지갑을 낚아채 가는 것이다. 물론 우리 주변은 깜깜해서 흑인 청년이 주변에 있는 줄도 몰랐다. 우리는 순간 놀라 가슴이 덜컥 내려앉았다. 그 자리에 멍하니 서 있다가 정신을 차렸는데 사람도 안 다치고 동전 지갑에 돈도 거스름 동전만 있었기 때문에 그나마 다행이라고 생각했다. 중국집 주인은 그런 일이 가끔 있으니 주의하라고 한다.

숙소에 가서 지금 우리가 겪은 일을 이야기하니 숙소에서 그 중국집 가는 길이 아주 위험한 지역이라는 것이다. 이 개천가의 도로는 넓고 도로 안쪽은 집들이 허름하지만 도로변 집들은 크고 깨끗하게 단장되어 있어 우리는 이 길이 위험한지도 모르고 낮에는 이 도로변에서 사진도 찍으면서 활보를 했는데. 가이드북에서 기아나는 위험한 나라로 되어 있지 않았다. 항상 조심해야 하는 경각심을 준 것이다.

또 부작용 때문에 기아나에서부터는 말라리아약을 먹지 않기로 했다.

12월 22일 (월)

• 활력 넘치는 수리남의 수도 파라마리보(Paramaribo)

기간	도시명	교통편	소요시간	숙소	숙박비
12.22	파라마리보	콜렉티보 ···▶ 택시 ···▶ 모터보트 ···▶ 콜렉티보	3시간 ···▶ 5분 ···▶ 10분 ···▶ 3시간	Guest House	40USD

카옌Cayne 오전9:40 출발 ⇒ 생 로랑 듀 마로니St. Laurant du Maroni 오후12:40도 착, 오후 12:40출발 ⇒ 알비나Albina (수리 남) 오후 1:00 도착, 오후1:10출발 ⇒ 파라 마리보Paramaribo 오후4:10 도착

오늘 늦기 전에 수리남의 수도 파라마리보까지 들어가려면 긴 여정이라 서둘러야 한다. 밤새 나뭇 가지가 흔들리는 바람 소리와 빗 소리가 꽤 세차게 들리더니, 아침 에는 빗줄기가 많이 가늘어졌다.

체크아웃을 한 후 월요일이라 환전도 해야 해서 은행 문 여는 시 간에 맞춰 부지런히 드골 거리에 있는 은행으로 가는데, 어제 일 때 문에 숙소에서 가르쳐 준 안전한 길로 가면서도 조금만 수상하게 보 여도 피하고 은행에 가서도 긴장의 끈을 놓을 수가 없었다.

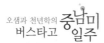

카페에는 아침 식사를 하는 사람들이 있긴 한데 월요일인데도 아직 거리가 한산하다. 수도인데도 우리나라의 면 소재지 같은 분위기이다. 숙소 근처에 일본인이 하는 식당이 있는데 깨끗하다. 그 식당에서 샌드위치와 커피로 아침 식사를 할 수 있어 다행이었다. 물론 남은 것은 비상식량으로 가져오고.

비가 부슬부슬 내리는데다가 숙소에서 콜렉티보 승차장까지 가는 길이 거리는 짧지만 위험한 길이라, 택시로 콜렉티보 승차장까지 갔다. 콜렉티보에 8명이 타야만 출발하기 때문에 예정보다 40분 늦은 9시 40분이 되어서야 출발한다.

카옌의 외곽 쪽으로 나가면서 카옌 시내보다 오히려 고급 주택단지도 있고 주거 환경도 더 좋아 보인다. 카옌을 벗어나 어제와는 정반대 도로인 국도 1번을 따라 생 로랑 뒤마로니로 향하는 도로 주변은 어제 브라질 국경 생 조지에서 카옌으로 오는 국도 2번 쪽보다 주택도 많고 훨씬 윤택해 보이고 경관도 좋고 도로도 잘 되어 있다.

3시간 정도를 신나게 달려가는 이 국도변에도 휴게실은 전혀 없고 중간에 손님 1명 내려 주느라 잠깐 정차한 것 말고는 한 번도 쉬지 않고 간다. 카옌에서 출발한 지 3시간 만인 12시 40분에 생 로랑 뒤마로니에 도착하였다.

콜렉티보 승차장에서 또 택시로 잠깐 이동하니 강가에 작은 초소에서 출입국 확인을 한다. 입국 때와 마찬가지로 간단히 출국 수속을 마쳤다. 출국 수속을 끝내자마자 작은 보트에 올라타니 12시 50분이다.

모터보트로 10분 만에 마로니강을 건너 수리남의 국경도시 알비나에 도착하였다. 곧이어 알비나에서 입국 수속을 끝내자마자 기아나에서 온 다른 가족들과 한 팀이 되어 파라마리보로 가는 콜렉티보를 탔다. 자동차 안이 좁지만 이렇게라도 계속 갈 수 있으니 다행이다.

뜨거운 날씨인데도 계속 이동하다 보니 더운지 어떤지 느낄 겨를도 없다. 그런데 알비나에서 파라마리보로 가는 시멘트 도로가 불량한 상태라 어찌나 텀블링이 심한지 머리가 띵할 정도다. 그런 도로를 역시 3시간 정도 달리고 나니 몸이 공중에 떠 있는 기분이다.

도로 주변에는 중국인 상가가 굉장히 많이 있고, 다니는 사람들도 왜소한 아시아인 모습이 대부분이다.

파라마리보 외곽의 환전소에서 환전하고 점심밥을 테이크아웃해서 파라마리보 시내로 들어서니, 알비나를 출발한 지 3시간 만인 오후 4시 10분이다. 이때 동행한 기아나 가족들이 내리는데 텀블링이 심한 길을 좁은 자동차 안에서 잠시 같이 왔다고 정이 들었나 보다. 서로 헤어지는 인사가 길어졌다.

시내로 들어서니 기아나의 카옌과는 완전히 다른 모습이다. 사람들도 많고 매우 활기차고 자동차도 많아 혼잡하다. 버스는 미니버스이고 또 보석가게가 매우 많다. 나는 수리남은 네덜란드 식민지였었다고 알고 있는데 기아나의 카옌과 왜 이렇게 차이가 나는지 궁금하다. 물론 중국인 가게도 많다.

　하루 종일 자동차, 배, 자동차로 갈아타며 계속 이동하고 뜨거운 날씨에 숙소를 힘들게 구하고 나니 지친 것 같다. 다행히 유스호스텔 종업원이 매우 친절하다. 낮에 샀던 점심밥을 점심 겸 저녁으로 먹는데, 지쳐서인지 그 밥마저도 남았다.

　숙소 바깥에서 어슬렁거리는 흑인 아이들을 보니 좀 겁이 난다. 해 떨어지기 전에 숙소 주변 거리를 잠시 둘러보는데 집들과 거리가 깨끗한 편이다.

　방에 들어서니 바깥 날씨가 더운데도 창문에 방충망이 없어 창문도 못 여는 바람에 통풍은 안 되고, 모기는 많아 모기향을 피우니 선풍기를 틀었는데도 끈끈하고 후덥지근하다. 로비에 있는 베란다는 좀 시원하겠지 했는데, 모기가 달려들어 오래 있지 못하고 다시 방으로 들어올 수밖에 없었다. 하루 이틀도 아니고 이렇게 모기가 많은데도 창문에 방충망이 없다니, 이곳 사람들은 모기에 대한 내성이 강한 유전자가 있나 하는 생각이 든다. 폭죽 터지는 소리가 바깥 길에서 계속 들려온다. 이웃하고 있는 기아나와 수리남의 전혀 다른 분위기에 대한 새로운 경험을 한 하루였다.

12월 23일 (화)

• 출국 수속을 못 받아 일정에 차질이 생김

기간	도시명	교통편	소요시간	숙소	숙박비
12.23	니우니케리	합승택시	3시간	Concord Hotel	25USD

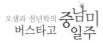

파라마리보 Paramaribo 오전9:40 출발 ➡
니우니케리 Neu Nickrie 오후12:30 도착

오늘 여정도 만만치 않을 것 같아, 숙소에 부탁해서 조금 빨리 아침 식사를 했다. 수리남의 가이아나 쪽 국경에 가면 페리 말고 개인이 하는 다른 작은 보트가 있겠지 하고 서둘러 미니버스 승차장에 가서 미니버스를 탔는데, 내가 보기에는 배낭도 억지로 끼워 놓을 정도로 만원인 것 같은데도 더 태워야 한다며 떠날 생각을 안한다. 그래서 우리는 다시 3배나 더 비싼 가격으로 역시 꽉 끼게 택시 합승을 해서 오전 9시 40분 니우 니케리를 향해 출발했다.

어제 기아나 쪽 수리남 국경도시 알비나에서 파라마리보로 오는 도로보다는 도로 상태가 조금 양호한 것 같다. 택시는 달릴 수 있는 한 속도를 내서 달리기 때문에 무척 덥고 습한 날씨인데도 시원한 느낌이다. 그런데 수리남은 국도에 차선도 없고 이정표도 전혀 없다. 집집마다 잘 가꾸어진 화단에 달리아, 무궁화, 샐비어, 수국 등 우리 눈에 익숙한 꽃들이 많이 피어 있다. 나무마다 녹색 또는 주황색 열매가 풍성하게 달려 있는 야자수 숲들, 하늘을 향해 쭉 뻗으며 늘어선 야자수 가로수, 노랗게 익어가는 열매가 달린 싱그러운 망고나무 가로수가 열대의 운치를 가감 없이 드러낸다. 중국인 가게들도 어김없이 있고 인도 사람들을 위한 힌두교 사원도 보인다.

여기도 3시간 정도를 신나게 달려가는 도로인데 역시 휴게소가 전혀 없다. 택시에서 꽉 끼어 3시간 정도를 가니 몸이 뒤틀린다.

12시 30분쯤 니우 니케리에 도착해서 정확한 건물 이름은 모르겠지만 출국 수속을 받을 수 있다는 군인들이 있는 건물로 갔더니, 하루에 한 번 오전 11시에 출발하는 배 시간에 맞춰서 내일 선착장에 가서 출국 수속을 하라는 것이다. 비싸게 택시 타고 온 것이 헛수고가 된 것이다. 이럴 줄 알았으면 파라마리보를 좀 더 둘러보고 와도

되는데 아쉬웠다. 할 수 없이 이곳에 있다가 내일 가야 한다.

　그런데 이곳은 다닐 만한 곳이 전혀 없는 아주 작은 마을이다. 우리 숙소 1층에 있는 식당이 이 마을에서는 꽤 지명도가 있는 식당인가 보다. 저녁을 먹으러 오는 사람들이나 가족들이 나름대로 세련된 모습들이다. 모기가 없다고 했는데 모기가 있어 문도 못 열어 놓고, 밤에 전기가 끊어져 에어컨도 못 켜고 방 안이 답답하다. 전기가 끊어지자 숙소에서 재빨리 곳곳에 촛불을 켜 놓는 걸 보니, 자주 있는 일인 것 같다. 설상가상으로 비까지 쏟아진다. 새벽에 전기가 들어오긴 했다.

12월 24일 (수)

• 습지에 위치한 가이아나의 수도 조지타운(Gorgetown)

기간	도시명	교통편	소요시간	숙소	숙박비
12.24	조지타운	미니버스 ⋯ 페리 ⋯ 콜렉티보	1시간 40분 ⋯ 30분 ⋯ 3시간	Hotel Ariantze	60USD

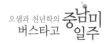

니우니케러 Nieuw Nickerie 오전9:00 출발 ⇒ 코랑터소강선착장(수리남국경) 오전 10:40 도착, 오전11:50 출발 ⇒ 스프링랜드 Springland 오후12:20도착, 오후1:00 출발 ⇒ 조지타운 Gorgetown 오후4:00 도착

　이 지역이 요즈음이 우기라서 그런지 비가 자주 온다. 그런데 밤에 비가 많이 오고 대개 아침에는 비가 그친다. 어제도 저녁부터 비가 오고 숙소에 전기도 끊어져 전깃불도 안 들어오고, 에어컨도 안 되고, 모기 때문에 문도 못 열어 놓는 바람에 잠을 못 잤다. 하지만 컨디션 난조에도 오늘 가이아나의

수도 조지타운까지 가는 여정은 복잡하고 멀다. 수리남 국경까지 가서 11시 페리로 스프링 랜드로 가고 콜렉티보로 뉴암스테르담으로 가서 배로 강을 건너고 또 콜렉티보로 조지타운으로 가야 한다.

아침 식사 후 기념품 가게에 갔다 오자마자 출발하려고 체크아웃을 하는데 숙소 주인이 국경까지 가는 버스는 이미 8시에 갔단다. 아니 11시 배인데 벌써 갔다니. 하루를 여기서 더 묵어야 할 것 같다. 그러지 않아도 하루가 늦어져 카리브해 쪽으로 가려면 아슬아슬한데, 또 하루 더 늦어져서 앞으로의 일정에 차질이 생길 걸 생각하니 앞이 캄캄해진다. 숙소는 아침 식사가 8시부터 이어서 할 수 없이 8시에 밥 먹고 출발해도 시간이 될 것 같아 그 시간에 맞춰 움직인 것이다.

우리가 난감해하니까 숙소 주인은 콜렉티보를 주선해 주었다. 무뚝뚝해 보이던 숙소 주인의 고마운 마음에 수리남에 대한 추억이 너무 없는 것 같아 기념품 가게에 들르려던 일정은 생략하고 출발을 서둘렀다.

선착장까지 2시간 정도 걸린다니까, 하루에 한 번 오전 11시에 출발하는 배 시간에 맞출 수 있을지 모르겠다. 우리를 태운 콜렉티보는 9시에 출발하여 열심히 달려가더니, 중간에서 우리를 앞서 가던 다른 미니버스에 옮겨 태운다. 미니버스는 사람과 짐들이 꽉 들어차는 바람에 자리가 비좁아, 오샘은 의자 등받이에 기대지도 못하고 문을 붙잡고 몸 중심을 잡으면서 갔다. 그런데 도로는 비포장도로이거나 포장도로도 도로 상태가 불량해, 차가 계속 튀고 흔들리면서 간다. 밀림지대의 늪에 흙을 메워 쌓아서 만든 도로도 있다. 그래서 도로 양옆으로 수중 식물들이 계속 들어차 있다. 이런 길을 어찌나 미니버스가 달렸는지 예정 시간보다 짧은 1시간 40분 만에 수리남 국경 선착장에 도착하였다. 배를 탈 수 있게 되어 천만다행이다.

손님이 매우 많기도 했지만 매표원이 어찌나 꾸물거리는지, 수리남 국경에서 페리표를 사는 데 시간이 오래 걸려 11시 출발한다던 배는 11시 50분이 되어서야 출발했다.

코란티소 강을 건너 가이아나의 국경인 스프링랜드에서 입국심사를 받은 후 콜렉티보를 타러 갔는데 콜렉티보들이 경쟁이 심하다. 우리는 미니버스에서 만나 수리남 국경 선착장에서 스프링랜드까지 가면서 우리에게 많은 도움을 주었던 중국 청년이 먼저 탄 콜렉티보를 탔다. 그런데 우리를 뉴암스테르담에서 내리게 하지 않고 조지타운으로 향하는 것이다. 중간에서 갈아타지 않으니 그만큼 힘이 덜 든 셈

이다. 알고 보니 뉴암스테르담에 있는 버비스강에 다리를 설치했는데 어제 개통식을 했다는 것이다. 우리가 매우 운이 좋은 것 같다.

수리남 국경에서 파라마리보 가는 길보다도 이곳 가이아나국경에서 조지타운으로 가는 길이 집, 가게, 사람 등이 훨씬 많은 것 같다. 힌두교 사원도 많다. 시장 건물 앞은 경찰들이 경비하고 있고 많은 노점상들로 더욱 혼잡하다. 인도계 사람이 많이 보인다. 인도처럼 소들이 도로 중앙에서 활보하고 자동차들이 소들을 피해 다닌다. 자동차 폭의 반은 차지할 정도로 헤비급인 우리 운전기사는 매우 급하게 운전하면서도 소들을 잘도 피해 간다.

비가 계속 오다 말다 하면서 조지타운에 들어섰는데 가이아나에 들어서면서 보았던 다른 지역보다도 더 심하게 완전히 수중 도시다. 왜 이런 습지에 도시를 만들었는지 모르겠다. 집마다 도로에서부터 집 마당 또는 현관까지 다리가 놓여 있다. 덥기도 하면서 습지 환경인 이곳은 모기가 없을래야 없을 수 없다. 조지타운이라는 이름만 들었을 때 상상했던 신사다운 모습의 도시가 아니다.

시내로 들어가니 꽤 번잡하다. 운전기사는 콜렉티보에 탄 손님들이 원하는 곳에 일일이 내려준다. 우리가 내려야 할 곳에 내리니 오후 3시쯤 되었다. 수리남과 가이아나에 대한 흔적이 없어, 내릴 때 앞 유리창에 잔뜩 걸어 놓은 수리남과 가이아나 국기를 달라고 하니 서슴없이 빼준다. 고맙습니다. 왕뚱보 기사님! 한국에 가서도 국기를 볼 때마다 수리남과 가이아나보다 왕 뚱보 기사님을 먼저 생각할게요.

아직 늦은 시간이 아닌 것 같아 우선 항공권을 알아보려고 하니, 벌써 항공사들이 휴무에 들어갔단다. 오늘이 수요일인데 월요일에 정상 근무한단다. 까마득하다. 항공사 주변은 깨끗한 건물들도 많고 가로수가 늘어선 넓은 도로들은 선진국 같다. 더 있어 보면 어떨는지 모르겠지만, 지금 보이는 환경으로는 조지타운은 전혀 있을 만한 도시가 아니다. 험악한 인상의 사람들이 많고, 여럿이 모여 있기도 하고, 배낭을 메고 가는 우리를 쳐다보는 눈초리가 매섭다. 함부로 길에 다닐 수 없는 분위기이다.

도시 치안이 안전해 보이지 않는데 처음에 간 숙소는 주변 환경이 유독 열악하다. 비싸더라도 좀 더 안전한 다른 숙소를 찾아갔다. church 근처라고 해 우리는 교회 건물만 열심히 찾았는데 알고 보니 church는 닭튀김요리 체인점인 것이다. 어두워지기 바로 전에야 겨우 학교 건너편에 있는 숙소를 찾았다.

다행히 그 숙소는 모기가 없다고 하고 또 환전상이 숙소까지 와서 환전을 해주어 다행이었다. 환율도 나쁘지 않다. 마침 숙소 근처에 엉성하지만 중국식당이 있어, 점심 겸 저녁을 해결하고 재빨리 숙소로 돌아왔다. 그런데 없다던 모기의 출현으로 우리는 또 신경이 곤두섰다. 어떻게 하든 이곳에서 빨리 탈출해야만 할 것 같다. 여행사

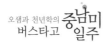

는 모두 문을 닫았기 때문에 내일 아침에 공항에 나가 카리브해에 있는 나라에 들어가는 방법을 알아보기로 했다.

오늘은 수리남에서도 이곳에서도 계속 비가 오다 말다 한다.

쿠바(Cuba)

멕시코(Mexico)

도미니카공화국
(Dominican Republic)

푸에르토리코
(Puerto Rico)

멕시코시티

산토도밍고

산후안

과테말라(Guatemala)

니카라과(Nicaragua)

포트오브스페인

트리니다드 & 토바코
(Trinidad and Tobaco)

12월 25일 (목)

• 카리브해 섬나라 트리니다드 & 토바고에 도착하다

기간	도시명	교통편	소요시간	숙소	숙박비
12.25	Port of Spain	비행기 ⋯⋙ 비행기	2시간 ⋯⋙ 2시간 30분	Alicia's House	66.91USD

조지타운 Gorgetown (가이아나) 오후 2:00 출발 ⇒ 바베이도스 브리지타운 Barbados Bridgetown 공항 오후 4:00 도착, 오후 4:30 출발 ⇒ 포트오브스페인 Port of Spain 오후 7:00 도착

숙소에서 서울에 전화가 안 된다. 이래저래 가이아나에 대한 인상이 안 좋다. 원래는 카리브해에 있는 국가들을 이동하는 항공편에 대한 정보를 얻기 위해 공항에 다녀오기로 했었다. 그런데 계획을 바꿔 공항에서 비행기 표를 살 수 있으면 즉시 출발하기로 하고 배낭을 꾸려 공항으로 갔다.

어젯밤부터 아침 택시 타기 전까지도 비가 억수같이 쏟아지더니 잠시 그쳤다. 조지타운 숙소에서 공항까지 택시로 약 50분 정도 가는 동안도 계속 비가 온다. 공항의 항공사로 가서 상의한 끝에 바베이도스를 거쳐 트리니다드로 가는 표를 구입할 수 있었다. 표를 구입하는데 가이아나 돈으로만 구입하든지 작은 단위의 USD로만 구입해야 한단다. 그런데 공항에 환전소가 없어 남은 가이아나 돈을 힘들게 환전했다. 작은 단위의 USD도 모자라 결국은 신용카드로 구입하였다.

크리스마스 날 오후 2시, 카리브해에 있는 국가로의 여행이 시작되었다. 그동안 버스로만 이동했었는데, 수영을 못하는 바람에 결국 버스에서 승급되어 이제부터는 비행기로만 이동한다. 25명 정도 탈

수 있는 프로펠러 비행기다. 좌석이 반은 비었다. 프로펠러가 열심히 돌아가더니, 잔잔한 카리브해에 희뜩희뜩 구름이 있는 상공 위를 날아가고 있다. 계속 구름 위로 가는 듯하더니 창밖으로 저 멀리 집들과 푸른 숲이 보인다. 바베이도스인 것이다.

오후 4시 브리지타운 공항에 내려 트리니다드로 가는 비행기를 기다리는데 또 비바람이 엄청 세차다. 비행기가 뜰 수 있을까 걱정이다. 갈아탈 비행기가 늦게 와서 예정보다 50분 늦은 5시 30분에 출발하였다. 비행기를 타기는 했는데 비가 많이 오니 은근히 걱정된다. 오후 7시 무사히 포트오브스페인에 도착했는데 어둠에 묻혀 있다. 불빛만 반짝인다. 가이드북에서 트리니다드는 여행자에게는 카리브해에서 가장 위험한 국가 중 하나라고 되어 있는데, 어두운 시간이어서 걱정된다.

출국심사에서 까다롭게 질문이 많아 시간이 더 늦어졌다. 공항 내 시설은 깨끗하고 좋았다. 마치 경제적으로 여유 있는 국가 같다. 늦은 시간인데도 ⓘ (안내소)도 열려 있고 택시 소개하는 곳, 환전소 등이 운영되고 있었다.

우선 공항 내 항공사로 달려가 다른 카리브해 국가로 가는 비행기표를 알아보았더니, 모레 새벽 4시 30분까지 공항에 나와서 표를 구입하란다. 할 수 없이 새벽잠 설치고 다녀야 한다. 심지어 표를 알아보는 동안 공항 내 시설들이 모두 문을 닫아 오늘은 저녁을 굶어야 할 것 같다.

8시 40분 깜깜한 시간에 숙소에 도착하니 다행히 숙소 내에 식당이 열려 있어 크리스마스 날 굶지는 않았다. 가이드북에서 트리니다드는 매우 위험한 국가라고 해 내일 어떻게 다닐까 긴장이 되어 아직 아름다운 카리브해에 와 있다는 생각은 전혀 못하고 있다. 내일 극히 일부만 경험하겠지만 포트오브스페인 시내를 다녀 보아 트리니다드에 대한 인상이 좋아졌으면 좋겠다. 오늘이 크리스마스 날이란다.

12월 26일 (금)

• 평온하고 쾌적한 포트오브스페인(Port of Spain)

기간	도시명	교통편	소요시간	숙소	숙박비
12.26	Port of Spain	–	–	Bel Air International Airport Hotel	120USD

《 포트오브스페인 》

  어제 공항 ①에서는 공항 근처에 숙소가 없다고 했는데, 가이드북에서 공항 근처의 숙소를 찾을 수 있었다.

  비도 오고 배낭도 있으니 겸사겸사 어제 타고 왔던 택시로 시내 구경하고 공항 근처의 숙소로 가기로 했다. 아침에 일어나 창밖을 내다보니 잔디와 숲이 아늑하게 자리하고 있다. 어제 공항에서 들어올 때는 어두워 주위가 어떤지 전혀 보질 못했었다. 새삼스러운 풍경이다. 상쾌하다. 마음의 어두운 그림자가 사라지는 느낌이다.

  아침에 또 서울에 전화하니 이번에는 부재중이다. 연락된 지 너무 오래다. 마음이 개운치 않지만 연락한 택시가 도착했기 때문에 우리는 출발해야 한다.

  오전 11시 포트오브스페인의 중심가로 향했다. 낮에 보니 숙소 근처는 고급 주택가인 것 같고 중심가로 가는 도로나 건물들은 깨끗하다. 크리스마스 연휴여서인지 평일 낮인데도 거리에는 사람이 거의

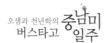

없다. 비가 내리는 도시의 중심가는 높은 현대식 빌딩들이 많고, 시내를 돌아보는데 택시 운전기사는 우리에게 열심히 설명해 준다. 공항 근처의 숙소로 가는데, 도시 한쪽을 낮은 산이 둘러싸고 있고 수도의 외곽 지역도 집들이 크고 깨끗하다. 겉으로 보기에는 트리니다드의 수도는 평온하고 쾌적해 보인다.

공항 뒤편 외진 곳에 있는 Airport Hotel은 규모는 큰데 방의 시설이나 서비스는 별로 좋지 않다. 하지만 숙박비가 비싼데도 불구하고 수영장이 있어서인지 이곳에서 크고 작은 모임이 많은 것 같다. 오늘도 점심과 저녁때 각각 1팀씩 모임이 있었다. 어제 묵었던 숙소나 이 숙소를 보면 외관에 비해 방의 시설이 좋지 않고 가격은 비싸다.

내일 새벽 4시 30분까지 공항에 가야 한다. 내일 항공권 구입이 순조롭게 되었으면 좋겠다.

반짝이는 에머랄드빛 카리브해와 수채화 같은 올드 산후안(Old San Juan)

기간	도시명	교통편	소요시간	숙소	숙박비
12.27 ~ 12.28	올드산후안	비행기 (America eagle)	2시간 30분	Fortaleza Guest House	100USD

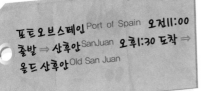

포트오브스페인 Port of Spain 오전11:00
출발 ⇒ 산후안 SanJuan 오후1:30 도착 ⇒
올드 산후안 Old San Juan

숙소에서 공항까지 무료로 데려다 주었다. 새벽 4시 30분인데도 공항은 꽤 북적인다. 공항에 있는 리아트 항공사에서 요구 사항이 많아 항공권 구입을 못하는 줄 알았다. 알고 보니 포트오브스페인에서 산후안은 long trip에 해당하기 때문에 리아트에서는 취급을 하지 않는단다. America Eagle 항공사에서 오전 11시 출발하는 항공권을 구입할 수 있었다.

선명한 파란색 카리브해는 햇빛에 의한 반짝임, 물고기의 몸놀림에 의한 은빛 반짝임으로 더 화려하고 아름다움을 발하는 것 같다.

눈을 즐겁게 하는 사이 어느새 오후 1시 30분 푸에르토리코의 산후안 공항에 도착하였다. 세관을 거치는데 모든 탑승객들의 가방을 열어 하나하나 철저하게 검사한다. 나는 배낭을 다 풀어헤치면 어떻게 다시 짐을 꾸리나 하고 걱정했는데 의외로 우리 배낭은 풀지 않고 쉽게 통과되었다.

산후안 공항에서 산토도밍고 가는 항공권을 구입하는 과정에서 힘만 들고 항공권 구입도 못했다. 바로 옆에 있는 다른 항공사에 가서 항공권을 알아보는 잠깐 동안 항공료가 거의 2배 올라가는 것이다. 그래서 배로 가는 방법을 알아보려고 오샘은 공항 내 ⓘ를 찾아갔다. 하지만 그곳에서 페리에 관한 정보를 얻는 과정이 많이 힘들었나 보다. 매우 지친 모습이다.

일단 페리로 산토도밍고로 이동하기로 하고 공항에서 올드 산후안으로 향했다. 푸른빛이 감도는 화사한 전형적인 해안 도시 풍경이다. 우리가 가고자 하는 숙소가 가이드북의 주소와 달라 힘들게 찾아갔는데도 불구하고 방이 없단다. 예상은 했지만 방값이 엄청 비싸다. 방이 있다 해도 들어가지 못할 가격이다. 요즈음이 성수기라서 그런 것 같다. 다시 구한 숙소는 겉은 멀쩡해 보이는데 쪽방촌이다. 좁은 방은 창문이 있는데도 불구하고 옆 건물에 막혀 하루 종일 컴컴하고, 통풍도 안 되고, 시끄러운 낡은 에어컨도 잘 켜지지 않는 등 시설들이 너무 낡아 전기 사고가 날까 봐 조심스럽다. 엉성한 샤워장 겸 화장실도 공동 사용하는 매우 열악한 숙소이지만 할 수 없이 여기서 머물기로 했다. 아름다운 카리브해의 해안도시에 와서 완전히 굴 속 같은 열악한 방에 있어야 하니 어이없다. 가능하면 숙소 바깥으로 나가야 할 것 같다.

배낭을 내려놓자마자 건물 바깥으로 나오니 눈이 부시다. 숙소 1층은 숙소 주인이 하는 꽤 그럴듯한 기념품 가게이다. 그 기념품 가게에서 마그네틱을 1개 사고 우리는 천천히 콜로니얼풍의 건물들이 늘어서 있는 좁은 옛 돌길을 따라 골목골목 다녔는데 아주 고급스럽게 잘 꾸며진 상가들이 많다. 상가가 있는 거리는 관광객들로 북적인다. 푸에르토리코는 공항은 물론 올드 산후안으로 들어오는데 보이는 도시도, 올드 산후안도 내가 막연하게 생각했던 모습과는 전혀

다르게 활력이 넘치고 생동감이 있다. 특히 올드 산후안은 관광도시답게 기념품 가게가 많고, 상가도 화려하고 특히 연말이라 도시가 온통 크리스마스 장식으로 아름답게 꾸며져 있다. 카리브해와 대서양으로 둘러싸인 반도인데도 공원 녹지도 잘 조성해 놓았다.

충분히 방어 역할을 했을 만한 탄탄하고 묵직한 요새가 둘러 있는 언덕에서 바라보이는 아름다운 대서양은 더운 날씨를 못 느끼게 할 정도로 시원한 바람을 불게 해 주고 마음까지 탁 트이게 에메랄드빛이 수평선 끝까지 펼쳐지면서 푸른 하늘로 변한다. 공항에서 힘들었던 일이 눈 녹듯 사라진다. 언덕의 해안도로 안쪽으로 계속 이어져 있는 집들 중에는 작지만 예쁜 카페, 작은 아담한 박물관 등 아기자기한 건물들이 대서양에서 반사되는 햇빛으로 더 돋보인다. 다시 언덕 아래로 내려오면서 보이는 올드 산후안의 모습은 한 폭의 수채화 같은 아름다운 도시이다.

언덕 아래로 내려와 카리브해 쪽으로 갔다. 그러니까 반도인 올드 산후안은 어디에서나 바다가 보인다. 카리브해 연안에 크리스마스 장식을 화려하고 예쁘게 한 하얀 순백의 건물이 눈에 띄어 가까이 가서 보니 병원 마크가 있다. 안뜰에서 수녀님이 우리를 보고 들어오라고 손짓을 하신다. 안에 들어가니 환자들 방 창문 너머로 푸른 바다가 바로 앞에 보이는 깨끗한 환경의 노인 요양원인 것이다.

면회 온 사람들이 있다. 수녀님들이 운영하는 것 같다.

저녁때가 가까워지니까 거리는 더 많은 관광객으로 붐빈다. 저녁을 먹으러 낮에 숙소를 찾을 때 주소가 잘못되어 들어갔던 식당에 갔다. 식당 주인은 우리를 보자 구면이라고 아는 체하면서 매우 반갑게 맞아 준다. 손님들이 굉장히 많다. 대중음식점인데 음식 맛도 괜찮고 가격도 저렴하다. 종업원들도 매우 친절하다. 식당 벽에 이 식당을 다녀간 유명인들의 흑백 사진이 걸려 있어 향수를 자아낸다. 우리는 벌써 이 식당 단골이 된 느낌이다.

저녁을 먹고 숙소에 와서 숙소 주인에게 산토도밍고 가는 페리에 대해 몇 가지 부탁을 하니 쉽게 응낙해 준다. 산토도밍고 가는 페리는 월요일에 있기 때문에 내일 페리 선착장이 있는 Majeguez로 가지 않고 이 숙소에서 하루 더 머물기로 했다. 이곳에서 Majeguez까지 택시로 약 2시간 걸리니까 Majeguez까지 가지 않고 올드 산후안에서 페리 표를 순조롭게 살 수 있으면 좋겠다.

하여간 오늘은 공항에 도착하자마자 산토도밍고에 경제적으로 가는 방법을 알아보느라, 또 잘못된 주소로 숙소를 찾고, 결국은 누추한 숙소를 구하느라 오샘은 너무 고생했다.

• 옷깃만 스쳐도 인연인 사람들

《 올드 산후안 》

　오늘은 생각지도 않게 이곳에서 하루를 보내야 한다. 아침 일찍 대서양 쪽에 있는 언덕으로 올라가는데, 주택가는 물론 온 세상이 숨을 멈춘 듯 조용하다 못해 고요하다. 언덕의 해안 도로에는 아무도 없다. 오로지 여명이 트기 시작한 바다가 있고 산뜻한 공기가 우리를 감싸고 있을 뿐이다. 언덕의 해안 도로를 따라 마음껏 서서히 걸으며 아침의 산뜻함을 한껏 누리고 광장 쪽으로 오니 간이매점을 막 열고 있다. 간이매점에서 간단히 아침을 먹고 9시에 대성당에 가서 미사를 보고 숙소로 왔다. 주인은 그때 가게 문을 열고 있다. 어제 알아보겠다고 약속한 것을 물어보니 주인은 이제야 알아보겠다고 한다. 그래도 혹시나 해서 택시 승차장과 콜론 광장에 가서 페리표 구하는 곳을 알아보았다.

　크루즈 선착장이 있는 카리브 해로 가까이 가니 해변에는 푸에르
토리코 국기와 미국 성조기가 파란 하늘과 파란 바다를 배경으로 산
뜻하고 힘차게 펄럭이고 있다. 콜론 광장 근처에 있는 시외버스 정
류장에서 어디로 가는지도 모르는 시외버스를 탔는데 12월 말까지
는 무료란다. 덕분에 우리는 공짜로 올드 산후안을 벗어나 산후안
공항 근처의 시외버스 종점까지 갔다 올 수 있었다. 동네를 지날 때
마다 버스에 오르내리는 승객들은 양보도 서슴없이 하고 서로 모르
는 사람들끼리도 옆에 앉았다는 것만으로 남녀노소 관계없이 서로
이야기를 잘도 한다. 옷깃만 스쳐도 인연이라는 정서를 넘어선 것
같다. 돌아오는 길 오후 5시쯤인데 관광객 때문인지 출발부터 올드
산후안에 들어와서까지도 계속 교통정체가 엄청 심하다. 예정 시간
보다 2배나 걸렸는데도 종점까지 못 왔다. 너무 늦고 어두워져서 우
리는 터미널 가까운 곳에서 내려서 걸어왔다. 어두우니까 걸음이 저

절로 빨라진다.

　그 길로 역시 어제 갔던 단골 식당으로 가서 저녁을 먹고 돌아왔는데 숙소 주인은 무표정이다. 어제 약속하고 오늘 아침에 또 약속한 것에 대해 전혀 알아보지 않은 것 같다. 어제 숙박비 받을 때는 모든 것을 해결해 줄 것처럼 계속 'yes', 'yes' 하더니 지금은 우리가 찾아가니까 마지못해 우리와 마주 앉는 것이다. 페리가 일주일에 2번만 운행되는데 월요일인 내일이다. 내일은 꼭 떠나야 하는데 너무 어이가 없다. 그래서 다시 한 번 또 내일 표 파는 곳에 전화를 해 보아 달라고 부탁을 했더니 또 쉽게 응낙을 한다. 한 번 더 믿어 볼 수밖에 없다. 오늘은 공짜로 시외버스를 타고 여행을 잘했다.

12월 29일 (월)

• 동분서주

기간	도시명	교통편	소요시간	숙소	숙박비
12.29 ~ 12.30	산토도밍고	비행기 (Jet Blue)	1시간	Hotel Freeman	2,650DP

올드 산후안 Old San Juan ⇒ 산후안
San Juan 오후4:40 출발⇒ 산토도밍고
Santo Domingo 오후6:40 도착

오늘은 푸에르토리코를 떠나야 하는 날이다. 떠나기 전 대서양 쪽 언덕 서쪽 끝을 가 보기로 하고 아침 6시 숙소를 나섰는데 비가 오기 시작해서 포기해야 했다.

9시인데 숙소 주인은 우리에게 아직 연락이 없고 아무 이야기가 없어 우리가 직접 택시를 타고 페리 표를 구입하러 갔다. 어제 사람들이 가르쳐 준 곳에 갔더니 그곳은 배를 타는 곳이고, 매표하는 곳은 또 다른 곳이라고 한다. 그런데 늦어도 오후 1시까지는 표를 구입한 뒤 이곳에 와서 수속을 끝내야 한다는 것이다.

배낭을 선착장에 맡기고 서둘러 택시로 매표소에 갔더니 왕복으로만 표를 구입해야 하고 이코노믹은 없고 침대칸만 있다면서 꼬박 하루 걸리는데 1인당 거의 400USD를 요구한다. 1시간 걸리는 항공료와 같다.

우리는 페리로 가는 것을 포기하고, 다시 그 택시로 선착장으로 가서 우리 배낭을 찾은 후 또 그 택시로 공항으로 갔다. 결국 페리로 가지도 못하면서 페리 표 구하느라 택시 값만 80USD가 들고 시간만 낭비한 것이다. 이곳은 택시요금이 미터제가 아니라 택시 요금을 미리 확인하고 타야 한다.

공항에서 어렵게 어렵게 도미니카공화국의 수도 산토도밍고 가는 편도 항공권을 구했다. 마음이 가벼워졌다. 어렵사리 카리브해 국가 중 마지막 여행지인 도미니카공화국을 가게 된 것이다. 그런데 탑승할 때 우리 두 사람만 범인 취급을 받는데 너무 기분 나빴다. 탑승구로 들어가 비행기 안으로 들어서기 바로 직전 경찰이 우리를 불러 세우더니 어디 가느냐, 뭐 하러 가느냐, 직업이 무엇이냐, 전에 무엇을 했었느냐, 지금 갖고 있는 돈이 얼마냐, 국적은, 미국 비자는 있느냐 등등 계속 질문하더니 다른 경찰로 하여금 우리의 손가방을 모두 뒤집어 보는 것이다. 꼬투리가 없었는지 들어가란다. 나는 너무너무 자존심 상하고 기분이 나빠 두통이 생겼다. 우리 항공권이 왕복이 아니고 편도여서인지는 모르겠지만 산토도밍고에 와서 숙소에 들어올 때까지도 화가 풀리지 않는다. 심지어는 미국에 가고 싶지 않다는 생각이 들었다.

반면 산토도밍고의 공항은 체계적으로 되어 있는 편이었고 신속하게 처리해 주었다. 공항의 쿠바나 항공사에 들러 멕시코 가는 항공권 구입을 알아보았더니 산토도밍고 시내에 있는 쿠바나 항공사에 가 보란다.

저녁 8시인데 깜깜하다. 카리브해에 있는 나라에 들어올 때 푸에르토리코를 제외하고 두 나라는 밤에 도착하게 되어 파란 바다보다는 현란한 불빛만이 우리를 맞이하였다. 공항에서 시내까지 가끔 희미한 가로등만이 길이라는 걸 알 수 있게 하는 잘 보이지 않는 밤길을 택시로 꽤 한참을 간다.

늦은 시간에 숙소에 방이 있어 다행이었다. 가이아나와 카리브해에 있는 나라들은 숙박비를 처음부터 USD로 요구한다. 그나마 숙소에서 환전을 할 수 있어 다행이다. 내일 항공권 구입이 잘되었으면 좋겠다.

12월 30일 (화)

• 정감 있는 낯설지 않은
도미니카공화국 수도 산토도밍고(Santo Domingo)

《 산토도밍고 》

아침 일찍 환해져, 숙소에서 밖을 내다보니 좌우로 넓지 않은 거리가 쭉 뻗어 있다. 2, 3층 건물이 양쪽으로 늘어서 있고 건물들 사이사이 서 있는 전봇대들 간에 많은 전깃줄들이 얼기설기 엉켜 있는 오래된 거리는 전혀 낯설지 않은 풍경이다. 정이 가는 익숙한 거리이다. 어젯밤에 들어올 때 보이던 온통 칠흑 같았던 분위기와는 전혀 다르다. 숙소에서 건너다보이는 대성당 앞쪽에 고목들이 울창한 공원도 푸근해 보이고 낯설지 않다.

공원 주변에 위치한 호텔 겸 식당에서 아침 식사를 하는데 그 호텔에서 숙박을 한 엄마와 아이들 2가족이 우리 자리 옆에 자리한다. 과달루페에서 왔다는 11살에서 5살 사이의 4명의 남자아이들이 아주 예쁘고 귀엽다. 밥을 먹는데 정신이 없다. 프랑스어를 하는 나라인데 엄마들은 가능하면 영어를 쓰게 한다. 요새 영어를 배우는 중이란다. 우리는 아침 식사시간을 그 아이들과 재미있게 보낸 후 오늘 항공권 구입이 순조롭게 되기를 바라며 서둘러 쿠바나 항공사로 향했다.

옛 정취가 풍기는 골목
들을 벗어날 때쯤 예쁜 정
원과 푸른 잔디, 노르스름
한 대통령궁이 파란 하늘
아래 산뜻한 모습을 드러낸다. 신시가지는 자동차가 많이 다니고
경찰들도 제법 눈에 띈다.

　쿠바나 항공사에서는 멕시코행 항공권 취급을 안 한다며 다른 여
행사를 소개해준다. 소개받은 여행사에서 생각보다 쉽게 파나마시
티를 거쳐서 멕시코시티로 가는 항공권을 구입할 수 있었다. 내일
아침 7시 비행기이니까 새벽 별을 보고 출발해야 한다. 하지만 우리
는 마음이 편해졌다. 서울 우리 집에 가는 길이 많이 짧아졌기 때문
이다. 멕시코시티에서 서울 가는 항공편도 가능하면 내일 있었으면

하는 마음뿐이다.

우리 숙소가 바닷가에 있는 관광지인 Zona Colonial에 있어 관광하기는 아주 편했다. 날씨도 우리를 도와주었다. 구름이 약간 끼어 뜨거운 햇살을 막아 준 덕분에 걸어 다니기 수월했다. 우리 숙소 바로 뒤쪽 C de las Damas 거리가 볼거리가 많은 곳이란다. 숙소에서 뒤쪽에 있는 거리로 가는 곳에 손님들의 발길을 끄는 레스토랑들이 있다. C de las Damas 거리 입구로 들어서니 벽 너머로 푸른 바다가 보이고 콜로니얼풍의 건물들이 아담하게 들어서 있는 거리가 고풍스럽고 운치가 있다. 해안 쪽으로 있는 성당 건물도 맑은 파란 하늘, 파란 바다와 어우러져 거리 분위기가 더욱 우아한 느낌이 든다. 거리 입구에 프랑스 대사관이 예쁘게 들어서 있다. 멋진 경비병이 로봇처럼 서 있는 Panteon Nacional, Museo de las Casas Reales를 둘러보고 그 거리를 따라 아래로 내려가니 크리스마스 장식으로 꾸며진 시설물도 있는 광장이 있고 광장의 바닷가 쪽으로 박물관이 있다. 바닷가의 해안도로를 거닐면 좋을 것 같아 서서히 다시 돌아 나오면서 콜로니얼풍이 한껏 발산되는 운치 있는 이 거리를 서서히 돌아 나오는데 그냥 지나가기 아쉬운지 거리 안쪽으로 들어오는 사람들 중에 사진을 찍어 달라는 사람들이 꽤 있다.

월요일부터 금요일까지 점심시간에만 저렴하게 식사를 할 수 있다는 간판도 보이지 않는 Comedor et Puerto 식당을 찾아갔다. 거의 끝나는 시간이어서인지 음식이 좀 부실하다. 그곳에서 점심을 먹는데 식당 한구석에 말린 누룽지가 잔뜩 있는 게 아닌가. 아니 카리브해에 있는 도미니카공화국에서 누룽지를 만나다니. 주인은 우리에게 누룽지를 마음대로 먹으란다. 우리는 주인에게 누룽지는 한국 음식이라고 하면서 누룽지를 양손에 집어 들고 나와 계속 누룽지를

먹으면서 돌아다녔다.

　아래로 내려와 해안도로를 따라 걷는데 성벽 위쪽에 있는 거리에서보다 오히려 바다는 더 안 보이고 도로도 혼잡하고 선착장의 건물들, 창고들 등으로 산뜻한 해안가 분위기가 전혀 아니다. 그래도 그 해안도로로 우리는 계속 걸어 다시 Zona Colonial 거리로 올라와 대성당 앞 공원에 오니 나무 그늘 아래에 너위를 피해 많은 사람이 여기저기 앉아 있다. 그 모습을 보니 낯설지 않고 아늑해 보인다. 어디나 사람 사는 정서는 비슷한 것 같다. 숙소로 가는 길에 어떤 남자는 우리가 한국에서 왔다니까 엄지손가락을 치켜세우며 "good friend."라고 한다.

　숙소 건물 공간에 간이 의자가 있어 답답하지 않게 쉴 수 있었다. 아침에 갔던 식당에서 간단히 저녁을 시켰는데 동전이 모자랐다.

그런데 내가 돈을 가지러 숙소에 갔다 오는 동안 주인은 동전만큼 식사비를 감해 주었다. 횡재한 것이다. 주인님, 고맙습니다!

식당 주변에 마차도 지나가고 시끌벅적해서 저녁을 먹은 후 혹시나 하고 식당 옆으로 쭉 난 길로 가니 인파로 북적이는 번화한 거리가 계속 이어지고 있다. 여러 종류의 상가들, 여러 종류의 패스트푸드점들이 즐비한 거리를 지나 재래시장까지 물건과 사람들로 붐빈다. 특이하게도 강렬한 색채의 인물화, 풍경화, 정물화, 추상화 등 그 종류도 다양한 그림을 파는 가게, 노점들이 매우 많다. 우리는 이것저것 시장 구경을 하다 보니 어느새 어두워지고 그 많던 사람들도 언제, 어디로 갔는지 거리는 한가해졌다. 괜히 겁이 나 발길을 돌려 부지런히 숙소로 돌아왔다.

오늘이 우리의 중남미 여행 일정의 마지막 날이다. 9월 18일 출발하여 100일이 넘는 여행 일정을 계획하고 진행하느라 오샘이 너무너무 신경 많이 쓰고 불편함을 잘 견디면서 또 나의 보호자로 수고를 많이 한 덕분에 무사히 여행을 마무리할 수 있었다. 감사한 마음뿐이다.

12월 31일 (수)

• 100여일의 배낭여행 마치고 서울로 가기 위해
  멕시코시티 도착

기간	도시명	교통편	소요시간	숙소	숙박비
12.31 ~ 01.01	멕시코시티	비행기 (Copa Air)	7시간	Hotel Ramada	2,808페소

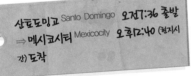

산토도밍고 Santo Domingo 오전7:36 출발
⇒ 멕시코시티 Mexicocity 오후12:40 (현지시간) 도착

오늘 멕시코시티로 가는 날이다. 모처럼 날씨도 맑다. 멕시코시티에서 서울 가는 항공편이 확정되지도 않았는데 마치 오늘 집에 가는 것처럼 마음이 들떠있다.

새벽 5시 별보기 운동을 하며 대절한 택시로 공항으로 향했다.

산토도밍고는 들어갈 때나 나올 때 모두 깜깜할 때 다녀서 분명

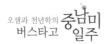
오쌤과 천년학의 중남미
버스타고 일주

가는 길이 바닷가일텐데 가는 길의 풍경을 보지 못했다. 아침 7시 36분 출발해서 파나마를 거쳐 7시간 만인 현지 시각 12시 40분에 멕시코시티에 도착하였다.

나는 비행기 안에서 계속 오늘 서울로 가는 비행기가 연결될 수 있기를 간절한 마음으로 기도했다. 그런데 공항에 도착하자마자 JAL 항공사에 가니 오늘 휴무인 것이다. 완전히 기대가 무너져 허탈한 마음이 되었다. 그리고 보니 우리는 자기중심적으로만 생각한 것이다. 우리는 내일 일본이 설날이니까 탑승객이 적어 다른 때보다는 그래도 탑승할 기회가 많을 것이라고 단순하게 생각한 것이다. 그러니까 1월 1일이 일본의 가장 큰 명절이니까 쉴 것이라고는 전혀 생각을 못한 것이다. 다만, 9월 중순에 멕시코에 왔을 때보다 환율이 매우 좋아져 멕시코 돈으로 환전할 때만은 기분이 좋았다.

공항 내에 JAL 항공사만 휴무이고 다른 모든 업무는 정상이어서 JAL 항공 예약에 관한 것, 코리아타운의 위치 등 몇 가지 도움을 받고자 공항 안의 안내소에 물으니 퉁명스럽게 응답한다. 시내 JAL 항공사에 전화연결도 안 된다. 그래서 우리가 직접 여행 시작 첫날 묵었던 민박집을 찾고자 공항 내의 택시 소개소에 가서 도움을 받아, 코리아타운을 안다는 택시를 타고 시내 중심가 쪽으로 갔다.

시내 중심가도 12월 31일이어서 그런지 이미 많은 상가의 문이 닫혀 있고 우리가 다니는 동안도 계속 문을 닫느라 분주하다. 평일인데도 거리가 한산한 편이다. 민박집 연락처 자료가 없어져 우리는 주소도 모르는 채 민박집을 찾느라 너무 많이 헤매었다. 결국 민박집을 찾지 못하고 어두워지기 전에 다시 공항 쪽으로 나와 공항 근처에 있는 호텔로 갔다. 호텔비가 만만치 않다. 저녁때 호텔의 식당에 가니 포인세티아 등으로 연말연시 분위기를 한껏 살려놓았다.

주문한 두 가지 음식도 먹음직스럽고 맛있었다. 생각지도 않게 12월 31일 저녁을 분위기 있는 식사를 하면서 보냈다.

지금 서울은 새해 아침이네. 얘들아, 새해도 우리 모두 건강히 잘 지내자.

01월 01일 (목)

- 인천행 비행기 표 구하지 못함

《 멕시코시티 》

아침에 식당에 갔더니 식당 매니저가 "Happy new year."라고 인사한다. 그러고 보니 이곳은 오늘이 새해 첫날이구나. 내가 먼저 인사를 건넸어야 하는데... 매니저님도 Happy new year!

아침 일찍 공항의 JAL 항공사로 갔더니 11시에 업무가 시작된단다. 오늘 업무를 한다니 그나마 다행이다. 공항 내에서 한국 사람들을 만났는데 멕시코시티에서 인천 가는 JAL 항공편은 일주일에 2번밖에 없고 모두 매진되어 오래 기다려야 할 것이라고 한다. 우리는 또 낙담하여 JAL 항공사로 갔다. 항공사 직원은 컴퓨터로 작업을 하더니 만석이지만 우리에게 내일 아침 5시 30분에 와서 기다려 보란다. 그런데 항공사 직원의 태도가 "절대 안 된다."라는 표정이 아니고 또 친절하다. 비행기 꼬리라도 좋으니 내일 꼭 자리가 있었으면 하는 마음이 간절하다.

우리는 내일 꼭 인천 가는 비행기를 탈 수 있다고 생각하고 숙소에 와서, 한겨울인 우리나라에 입국할 때 입을 겨울옷을 챙겨 놓았다. 이렇게 배낭 꾸리는 일이 지금 마지막이었으면 하는 간절한 마음으로 배낭을 정돈했다.

01월 02일 (금)

- 예정에 없던 캐나다 다녀오기로 함
  화려한 연말연시 분위기가 물씬 나는 멕시코시티

기간	도시명	교통편	소요시간	숙소	숙박비
01.02	멕시코시티	–	–	Hotel ROBLE	350페소

《 멕시코시티 》

새벽어둠을 헤치고 공항에 가니 벌써 많은 탑승객이 나와 있었다. 차례대로 짐을 맡기고 도장까지 받아 프런트에 섰는데 직원들이 컴퓨터를 쳐보더니 오늘 만석이란다. 순간 머리가 하얘지는 느낌이다.

우리는 맥이 풀려 한참을 그대로 있다가 정신을 차려 공항 ⓘ로 갔다. 이 ⓘ는 그저께 갔던 ⓘ보다 친절하다. 멕시코시티에서 여러 날 머무를 깨끗하고 서럼한 숙소를 소개받고 항공권을 구입하러 시내에 있는 JAL 항공사로 갔다.

JAL 항공사가 있는 세련된 최첨단 건물에 우리 두 사람은 커다란 배낭을 메고 들어가려니 좀 멋쩍었다. 1월 11일은 좌석이 있는데 1월 9일은 확실치 않다는 것이다. 우리는 11일은 물론 불확실한 1월 9일도 예약을 했다.

그리고 숙소를 찾으러 구시가지 쪽으로 들어오는데 크리스마스와 연말연시 장식으로 거리가 화려하다.

오샘은 일주일을 어떻게 기다리느냐면서 가보지 못한 캐나다를 다녀오자고 한다. 나는 멕시코시티에서 가까운 곳 중 가보지 못한 곳을 다니면서 혹시 생길지 모르는 서울 가는 비행기를 기다렸으면 하는 마음이다. 숙소를 구한 후 캐나다 가는 비행기 표를 구하기 위해 여행사를 찾아 나섰다.

광장 쪽으로 가는데 도로마다 온통 인산인해이다. 광장을 둘러싸고 있는 대통령궁, 정부청사, 상가, 대성당 등은 크리스마스 장식과 새해맞이 장식으로 화려하게 꾸며져 있고 광장은 인공으로 만든 스케이트장과 눈사람, 사람들이 즐길 수 있는 여러 가지 시설이 있어 사람들로 북적인다. 작년 9월에 왔을 때의 분위기와는 전혀 다른 화려한 생동감이 있는 분위기이다.

우리도 인파에 뒤섞여 여행사를 찾아가 캐나다 가는 항공편을 알아보니 항공료가 비싸다. 한국인이 운영하는 여행사에서 알아보면 어떨까 하고 어두워지기 전에 그저께 찾지 못했던 코리아타운을 가보기로 했다. 앙헬 기념탑에 가니 우리가 여행 첫날 묵었던 민박집을 찾을 수 있었다. 그런데 민박집 주인이 없다. 그 근처에 있는 한국인이 운영하는 여행사를 찾아가 비행기 표를 알아보니 광장에 있는 여행사보다는 약간 싸지만 역시 만만치 않다.

한국과 캐나다 가는 항공권을 구입하고 나니 벌써 어둠이 깔리기 시작한다. 앙헬 기념탑에 올라가 주변을 바라보니 앙헬 기념탑을 중심으로 양쪽의 넓은 도로에 오랜 세월을 간직한 가로수들이 그득하게 들어서 여유롭고 풍성한 분위기이다. 어느새 가로등 불빛이 얼굴을 내미니 거리를 감싸고 있는 공기는 훨씬 부드러운 느낌이 든다. 동시에 마음이 괜히 바빠진다. 택시로 광장 근처에 오니 한층 더 인산인해다. 택시에서 내려 걸어갈 수밖에 없다. 어두운 저녁 광장의 분위기는 광장을 둘러싸고 있는 건물마다의 크리스마스와 신년을 축하하는 장식들이 화려함을 더하고 환한 조명 아래 신나게 스케이트를 타는 모습들이 밝고 활기차다. 더불어 많은 인파 속에서 여러 종류의 좌판 상인들이 사람들을 유인하려고 제각각 흥겹게 분위기를 띄우기도 한다. 지금 이 순간 이곳은 더 이상 걱정이 없는 신명나는 세상이다. 그런데 캐나다에 다녀올 짐을 챙기는 마음이 왠지 가볍지 않다.

이동경로

캐나다(Canada)

오타와

몬트리올

토론토

미국(America)

멕시코(Mexico)

멕시코시티

01월 03일 (토)

• 벌써 어둠에 묻힌 하얀 눈의 도시 몬트리올(Montreal) 도착

기간	도시명	교통편	소요시간	숙소	숙박비
01.03 ~ 01.06	몬트리올	비행기 (Canada Air)	–	Parc Suits Hotel	348.76C$

더운 지역에 익숙해진 우리는 한겨울인 캐나다에 가기 위해 있는 대로 옷을 모두 껴입었다. 남은 짐은 숙소에 맡긴 후 택시로 공항에 가니 그동안 공항에 있는 택시회사에서 소개해서 탔던 택시비에 비해 훨씬 저렴하다. 오후 1시 30분 비행기로 몬트리올로 향했다.

예정에 없이 처음 가보는 몬트리올이 내려다보이는데 불빛만 반짝이고 온통 어둠에 묻혀있다. 몬트리올 공항에 도착하니 아직 환전소가 열려 있어 환전할 수 있었고 또 더욱 다행이었던 것은 공항 내에 숙박시설 정보 및 예약할 수 있는 ①가 있어 쉽게 숙소를 구할 수 있었다.

공항에서 숙소로 가는데 주변이 가로등에 의해 허옇게 드러난다. 온통 눈으로 덮여 있는 것이다. 엄청 추울 것이라는 생각은 했지만 막상 쌓여 있는 눈을 보니 다른 별세계에 온 것 같고 하얀 눈을 생전 처음 본 듯 새삼스럽다.

숙소가 너무 마음에 들었다. 작지만 매우 깨끗하고, 갑자기 오게 된 캐나다행이라 알뜰하게 지내며 경비를 아껴야 했는데 부엌시설이 잘 되어 있어 다행이었다. 숙소에서 매우 가까운 곳에 대형 슈퍼마켓이 있어 장보기도 편리했다.

짐을 내려놓자마자 슈퍼마켓에 다녀와 저녁밥을 배불리 지어 먹으니 방 따뜻하고 더할 나위 없이 행복하다. 분명 창밖은 하얗게 눈이 쌓여 있는데 추운 것에 대해서는 전혀 생각하게 되지 않는다.

01월 04일 (일)

- 하얀 눈이 덮인 고색창연하고
  예쁜 도시 오타와(Ottawa)

몬트리올 Montrial 오전9:20 출발, ⇒ 오타와 Ottawa 오전11:50 도착, 오후2:00 출발 ⇒ 몬트리올 Montrial 오후4:30 도착

영하13℃란다. 바람도 세고 너무 추워 몬트리올을 걸어 다니기 힘들 것 같아 캐나다의 수도 오타와에 갔다 오기로 했다. 오타와까지 2시간 30분 걸린단다. 숙소를 나서는데 새벽부터 눈이 내리기 시작하더니 함박눈이 아닌데도 벌써 도로에 눈이 꽤 많이 쌓였다. 일요일이고 눈도 내리고 추워서인지 길에 다니는 사람이 거의 없다. 양말을 2켤레씩 겹쳐 신었는데도 금방 발이 시리다. 얼굴만 드러나도록 칭칭 감고 둔하게 잔뜩 옷을 껴입었는데도 추위에 노출되니 아무 소용이 없다. 혹시나 했는데 지하철역에 장갑 파는 곳이 없다. 나는 얇은 장갑이라도 끼었지만 오샘은 맨손인데…….

지하철로 시외버스터미널에 가니 사람들이 꽤 있다. 도로 표지판이 영어와 불어가 같이 표기되어 있는 오타와 가는 길은 온통 하얀 세상이다. 아직 발자국이 전혀 없는 마치 무인도 같은 느낌의 하얀

오샘과 천년학의 중남미
버스타고 일주

벌판이 펼쳐진 곳이 많다. 오타와대학이 보이면서 오타와가 흰 눈과 어우러져 아름답게 다가온다. 버스터미널에 내리니 또 추위가 매섭게 온몸을 감싼다. 주택가 집집마다 눈이 잔뜩 쌓여 있고 아직 현관 출입문에 장식되어 있는 원형 모양의 크리스마스트리는 따뜻한 분위기를 자아낸다. 우리는 그늘을 피해 해바라기처럼 햇빛만 쫓아간다. 낮 12시인데도 거리는 자동차도 인적도 거의 찾아보기 힘들다. 거리가 한산하니 더 추운 것 같다. 도로에 눈이 겹겹이 다져져 있어 조심조심 발을 디디는데, 생각보다는 미끄럽지 않은 편이다.

오타와 오는 길에 맥도널드 가게가 많이 보여서 여기서도 쉽게 찾을 수 있으리라 생각했는데 추워서 그런 느낌이 드는 건지 버스터미널로부터 꽤 먼 거리라고 생각되는 위치에 맥도널드가 있다. 기대를 갖고 맥도널드에 들어갔는데 따뜻한 기운은 감돌지 않고 오히려 썰

렁한 느낌이다. 몸을 녹일 수 없어 실망했다.

　Parliament 언덕에 위치한 국회의사당은 멀리에서 보기에도 고색
창연하고 우아한 자태를 드러내고 있다. 국회의사당은 고딕식의 석
조건물에 녹청색을 띤 지붕이 아름다운 조화를 이루어내고 있다.
시계가 달린 평화의 탑이 있는 central block과 east block, west
block 이렇게 세 block으로 나뉘어 언덕에 아름답게 자리하고 있다.
뒤쪽으로 가 보니 흰 눈이 덮인 순백의 벌판이 펼쳐지고, 그 사이로
꽁꽁 얼어붙은 오타와 강이 내려다보인다. central block 건물 뒤편
에 둥그스름한 석조건물인 도서관도 있다. 국회의사당 앞쪽 언덕 아
래로 내려오니 이런 엄동설한에도 불구하고 물속에서 영연방자치국
가 100주년 기념 성화가 계속 불타오르고 있다. 이 불타오르고 있는
성화 앞에서 큼직한 캐나다 국기를 온몸에 덮은 캐나다 청년들이 사
진을 찍고 있다.

　추워서 더 이상 걷기에는 무리인 것 같아 택시로 시외버스터미널
에 오니 원래 출발하려던 시각보다 1시간 더 빠른 버스를 탈 수 있
었다.

버스 차창으로 보이는 바깥이 어스름하게 보이기 시작해 시간을 보니 오후 4시 30분밖에 안 된 시간이다. 해가 매우 빨리 진다. 지하철 역에서 숙소까지 오는 길이 언덕인데 깜깜해진 길을 걸어 올라오니 더 추운 것 같다. 숙소에 들어오니 이렇게 아늑하고 따뜻할 수 없다.

오늘 몬트리올 시내를 다니지 않고 오타와에 갔다 온 것은 잘한 것 같은데 어쨌든 엄청 추웠다. 오샘은 너무 추워 발뒤꿈치가 붓고 터져 피가 나온다. 동장군 때문에 오샘 발이 걱정이다. TV에서 일기예보는 계속 최저 온도 영하13℃ 이하이고 최고 온도 영하9℃를 발표하고 있다.

• 하얀 눈이 덮인 예쁜 동화 나라 같은 몬트리올

　오늘은 몬트리올 시내를 돌아볼 예정이다. 숙소 주인은 항상 친절하고 밝은 표정이다. 카운터에는 항상 과일이 준비되어 있어 우리는 그 과일을 언제나 애용했다. 이래저래 우리 숙소 주변에 있는 분위기 좋은 카페, 먹음직스러운 빵이 있는 빵집 등은 모두 사절해야만 했다.

　숙소 주인이 가르쳐 준 대로 우선 구시가지로 향했다. 월요일이어서인지 거리에 왕래하는 자동차나 사람들이 어제보다는 있는 편이다. 사람들은 눈만 빼고 완전 무장이다. 우리 같으면 이 정도 눈이 쌓이면 교통사고가 이어지고 교통마비가 벌어질 것 같은데 언덕길에서도 자동차들이 미끄러지지 않고 잘 간다.

　녹청색 지붕을 이고 있는 중세풍의 대성당과 차이나타운을 지나서 찾아간 노트르담 사원은 기대에 못 미쳤다. 기념품상에 가니 물건값이 정찰가격에 세금이 더 계산되니 감이 잡히지 않는다. 그래도 마그네틱 1개를 샀다.

법원, 시청, 박물관을 지나 해안 도크 쪽으로 가는 도로변이 하얀 부드러운 이불을 덮어쓴 듯하다. 계속 늘어선 하얀 가로수 사이로 완전무장을 한 여인이 커다란 개를 데리고 지나가는 설경이 더없이 순수하고 아름답다. 해안 도크 안의 물이 완전히 얼어 그 위로 하얀 눈밭이 펼쳐진다. 해안 도크 주변에 있는 과학관에 가니 해맑은 초등학교 저학년 학생들의 재잘거림으로 가득하다.

과학관에서 몸을 녹이고 나와 숙소로 가는데 지하철을 타지 않고 지름길로 간다고 빌딩 숲으로 들어가서 헤맸다. 결국 숙소에 거의 다 와서도 친절한 중년 남자의 도움으로 숙소를 찾아갈 수 있었다. 따뜻한 숙소에 들어오니 노곤하다.

점심을 먹은 후 인천 가는 항공권을 알아보기 위해 숙소 주인이 가르쳐 준 대로 지하철로 JAL 항공사를 찾아가니 그곳은 화물만 관리하고 항공권을 취급하는 사무실이 아니란다. 발길을 되돌릴 수밖에 없다. 그 근처 주택가에 가니 하얀 눈밭 속에 붉은 벽돌로 된 단층집들과 가지만 앙상한 가로수들이 늘어서 있는 고즈넉하고 한적한 풍경이 그림 같다.

지하철을 타고 신시가지로 가니 오랜만에 거리에서 오가는 많은 사람을 볼 수 있었다. 역시 산뜻한 상가들이 즐비하고 깨끗하고 세련된 시설을 갖춘 대형 상가들이 들어서 있다. 신시가지를 걷다 보니 어느새 어둠이 내려앉아 도로마다 있는 가로수의 조명이 반짝반짝 밝혀졌다. 나지막하고 예쁜 레스토랑과 자그마한 상가들마다 아기자기하게 장식되어 있는 크리스마스와 새해를 축하하는 장식 조명에도 불이 들어오면서 어두운 거리는 온통 화려한 별빛으로 덮였다. 거리가 이렇게 예쁘고 아름다울 수 있을까. 저절로 탄성이 나온다. 우리는 추위도 잊은 채 어둑어둑해진 거리를 계속 걸어서 숙소까지 왔다.

01월 06일 (화)

• 몬트리올 시내 풍경

《 몬트리올 》

어제에 이어 오늘도 최고 온도가 영하 4℃까지는 올라가는가 보다. 인도에 눈이 녹은 편이다. 밤에는 영하12℃까지 내려가고 최고 온도가 높아야 영하4℃인데도 눈이 녹고 낮에는 따뜻한 느낌이다. 그런데 낮 시간이 너무 짧다.

지하철 표를 사려고 지하철 매표소 앞에 갔는데 어떤 흑인이 지하철 표 한 장을 주길래 우리는 그에게 돈을 주었는데 받지 않는다. 얼떨결에 지하철 표 1장이 공짜로 생긴 것이다. 어쨌든 흑인 아저씨, 복 많이 받으세요!

지하철을 타고 종점에서 내리니 한적한 마을이 하얀 눈과 함께 고즈넉하게 보인다. 나란히 줄지어 있는 집들 사이의 도로 폭은 매우 넓다. 그 도로 입구부터 현관문까지 난, 사람이 드나드는 길을 쓸어 놓은 하얀 눈이 집집마다 쌓여 있다. 그리고 단층의 아담한 집들의 현관문에는 아직 크리스마스 장식이 걸려 있어, 풍경이 여유로워 보인다. 어떤 노인은 스키 폴대를 지팡이 삼아 눈길을 다닌다. 캐나다는 겨울만 되면 눈에 묻혀 있을 것 같다. 밖으로 계단이 있는 집들은 눈 치우는 일이 고달플 것 같다. 춥고 눈길이라 그런 건지, 원래 그런 건지 거리에 사람이 많지 않은 편이다.

예쁘고 아기자기한 물건들이 많은 1달러 가게나 집 장식품을 파는 가게도 둘러보면서 마을을 돌아보고, 다시 지하철을 이용해 다른 지하철 종점으로 가니 대학이 나온다. 대학 건물 안에 들어가 1층 식당에 가니 몇 명이 앉아 담소를 하고 있을 뿐이다. 몬트리올은 참 조용하다.

숙소에서 점심을 먹은 후 잠시 쉬었다가 오후 4시쯤 여태껏 다녔던 방향과는 반대 방향 쪽으로 가서 버스를 탔다. 버스표 파는 곳이 없어 그냥 탔는데 잔돈이 모자란다. 버스 기사는 괜찮다고 한다.

주택가를 지나가는데 집 현관문에 꾸며놓은 장식, 들여다보이는 집 내부 모습들이 매우 예쁘고 아기자기하게 보인다. 짧지만 그동안 본 지역들과는 또 다른 모습이다. 4시 반쯤 되니 벌써 어둑어둑 어두워지고 버스에는 계속 사람들이 오르내린다. 퇴근하는 직장인들, 대학 앞에서는 학생들을 만날 수 있었다. 공원은 흰 눈밭에 앙상한 가지만 남은 나무들이 추위에 온몸을 드러낸 채 자리를 차지하고 있고 아직 불이 안 켜진 집들이 많았다.

종점에 다 왔나 보다. 버스 운전기사는 우리한테 그대로 앉아 있으라고 한다. 잠시 후 출발하는데 차비도 받지 않는다. 이렇게 고마울 수가. 버스기사님! 대~단히 고맙습니다.

　버스 차창 밖을 내다보니 어두워지면서 추워지고 바람이 세진 것 같다. 하얀 눈밭들이 가로등 불빛에 창백하게 드러난다. 불빛에 주택가의 집 안이 환하게 부드러운 기운이 감돌고 커튼 사이로 동화 같은 집 내부가 보이기도 한다. 바깥의 찬 공기가 상대적으로 주택들을 더욱 따사롭게 보이게 하는 것 같다. 마음이 즐거워진다. 몬트리올의 겨울의 한 장면을 본 하루다. 버스에서 내리면서 버스기사님께 또 한 번 꾸벅 "고맙습니다"라고 인사를 했다.

　정거장에서 가까운 곳에 있는 커다란 슈퍼마켓에 가니, 일본 식품점인데 한국인이 운영하고 있다. 일본식 일회용 된장국을 사서 모처럼 저녁에 뜨끈한 된장국 맛을 볼 수 있었다.

01월 07일 (수)

• 눈 때문에 멕시코시티행 비행기를 놓치다

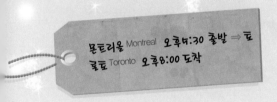

몬트리올 Montreal 오후4:30 출발 ⇒ 토
론토 Toronto 오후8:00 도착

아침 7시 반부터 눈이 내린다.
밖을 내다보니 소리 없이 살포시
내리는 눈이 꽤 많이 쌓였다. 아
직 눈이 내리는데도 불구하고, 오
늘 몬트리올을 등져야 한다는 것

이 너무 아쉬워서 아침 먹자마자 눈 오는 거리로 나섰다.

어제 저녁때 들렀던 슈퍼마켓 등 여러 시설이 있는 복합건물로 들
어가니 입구에서는 눈을 열심히 치우고 있다. 지하로 가니 카페, 상
가들이 있는데 카페에는 벌써 아침 식사하고 있는 사람들이 있다.

1층으로 올라왔는데 사회봉사단체에서 나와 아침을 무료로 제공
하고 있다. 출근하느라 오가는 사람들이 그곳에서 커피와 빵을 들고

간다. 우리에게도 커피를 한 잔씩 건넨다. 이럴 줄 알았으면 아침을 먹지 말고 나올걸. 아쉬웠다. 봉사원들은 우리에게 먹고 가라고 한다. 눈을 온몸으로 받아들이면서 눈 쌓인 주택가를 한 바퀴 돌면서 떠나는 아쉬움을 달랬다.

친절한 주인의 배웅을 받으며 공항버스를 타기 위해 서둘러 지하철역으로 향했다. 눈 때문에 우리가 타는 오후 1시 반 버스가 공항으로 가는 마지막 버스란다. 휴우우, 다행이다.

공항에 가는데 눈이 계속 내려 길에 눈이 많이 쌓였다. 우리나라 같으면 이렇게 눈이 왔으면 도로에 차가 엉기고, 휴교령이 내리고, 대중교통 이용하라는 방송이 나올 법하다. 이곳은 자동차들이 눈길에 미끄러지지도 않고 잘 달린다.

공항에 도착하니 여기에서도 우리 앞에 출발해야 하는 비행기 4대가 운행이 중단되고 우리가 타는 비행기가 처음 뜨는 거란다. 오후 5시 비행기가 30분 지연되었다. 대기실에서 기다리는데 비행기 계류장에 계속 눈이 쌓이고 작업차들이 계속 눈을 부지런히 치운다. 춥고 눈보라 치는데 도착한 비행기에서 짐 내리고 청소하느라 인부들이 너무 고생하는 것 같다. 비행기 탑승은 했는데 비행기가 뜨지를 못한다. 밖에 눈보라는 더 강해지는데 비행기가 약 1시간 동안 계류장에서 움직이다 서다 하더니 작업차가 여러 대 동원되어 비행기 날개에 쌓인 눈을 치운다.

오후 7시쯤 밖은 깜깜하고 아직도 눈은 오는데 눈 청소가 끝난 후 비행기가 활주로를 가기 시작한다. 무슨 일이 생기면 어쩌나 싶어 두렵고 무섭다. 마치 나는 헤어날 수 없는 암흑세계에 갇혀 있는 것 같은 두려움에 별별 공상을 다 떠올리고 있었다. 서울 가는 것보다 우선 지금 멕시코시티까지 잘 가 주었으면 하는 바람뿐이다.

예정보다 2시간 늦게 출발하게 되어 우리는 토론토에서 갈아탈 비행기를 탈 수 없게 되었다. 결국 생각지도 않은 일이 벌어진 것이다. 승무원에게 사정을 이야기하니 오늘 우리 비행기가 운항한 것만 해도 'very Lucky'라고 한다. 우리는 미안하고 할말을 잃었다.

토론토에 도착하니 캄캄한 8시다. 물론 멕시코시티로 가는 항공편은 놓치고 항공사에서 알선한 호텔에서 하루를 묵고 내일 새벽 5시 반쯤 호텔에서 출발해야 한다. 토론토의 밤 역시 춥다. 저녁 먹고 나니 밤 10시 30분. 오늘 무사했던 것만 해도 다행이다.

01월 08일 (목)

• 멕시코시티 시티 투어를 하다

기간	도시명	교통편	소요시간	숙소	숙박비
01.07 ~ 01.08	멕시코시티	비행기	–	Hotel ROBLE	700페소

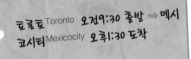

토론토 Toronto 오전9:30 출발 ⇒ 멕시코시티 Mexicocity 오후1:30 도착

토론토는 몬트리올보다 눈이 덜 온 것 같다. 새벽 5시 반 공항을 가기 위해 호텔을 나서는데 꽤 여러 명이 동승한다. 오늘은 눈이 오지 않아 예정대로 오전 9시 30분 토론토를 출발할 수 있었다. 비행기에 자리를 잡고 나니 이제 인천 가는 항공편이 어떻게 됐나 하는 생각만 머릿속에 가득하다. 내일 꼭 인천 가는 비행기를 탈 수 있어야 하는데 하는 간절한 마음뿐이다.

멕씨코시티 공항에 도착하니 오후 1시 30분이다. 도착하자마자

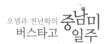

오샘과 천년학의 중남미
버스타고 일주

마음 졸이며 공항 ⓘ에서 여행사에 연락하니 전화를 받지 않는다. JAL 항공사로 달려갔다. 직원이 나올 때를 기다리는 짧은 시간도 애가 탄다. 직원은 분명 내일 자리가 있다고 너무 쉽게 당연하다는 표정으로 이야기하니까 나는 순간 멍한 심정이다. 내가 잘못 들었나 귀를 의심했다. 그런데 오샘 표정을 보니 정말 내일은 갈 수 있는 것 같다. 오샘 표정도 의외로 담담하다. 예정 날짜보다 9일이나 늦게 가는 것이다.

우리는 숙소에 와서 짐을 내려놓자마자 광장으로 향했다. 전에 왔을 때도 못 보았던 대통령궁 지하에 있다는 큰 벽화를 보기 위해서였다. 대통령궁에 가니 경비원이 내일이나 문을 연단다. 안타깝지만 벽화와 인연이 없나 보다.

내일은 멕시코를 떠나야 하는데 멕시코시티를 그냥 지나치기는 아쉬움이 있어 시티 투어를 했다. 시티 투어 버스가 구석구석 돌아주어 멕시코시티를 매우 잘 볼 수 있었다. 그동안 보았던 광장 주변과 한국인들이 많이 사는 곳 이외에서도 멕시코의 수준 높은 옛 문명과 현대 문명이 조화롭게 공존한 도시를 새롭게 만날 수 있었다. 나는 멕시코인들의 예술적 감각이 다소 충격적으로 다가왔다.

대개의 거리는 작품들을 전시하는 등 시민들이 쉽게 문화를 접할 수 있게 공간을 활용하고 있다. 넓은 도로들은 즐비하게 늘어선 오랜 고목 가로수들로 푸르름이 가득하고 여기저기 녹음이 우거진 공원이 많이 조성되어 있어 도시는 온통 초록으로 물들어 있는 풍경이 도시를 여유롭게 보이게 한다. 공원이나 거리에도 개성있는 독특한 의자들이 시민들의 쉼터가 되고 있다. 화려하고 세련된 상가들이 즐비한가 하면 늘어서 있는 서민풍의 가게들은 물건, 사람들로 북적인다. 오래된 거리를 잘 가꾸어 신시가지와 조화를 이룬 멕시코시티는 내가 생각했던 것보다 분위기 있고 환경친화적이고 여유로운 도시 모습이다.

따뜻한 날씨, 거리에 활보하는 사람들, 많은 상가, 또 자기 맡은 일에 최선을 다하는 모습들, 예술관 근처 광장에서는 연설하는 사람을 둘러싸고 연설을 경청하는 관중들이 모여 있기도 하고. 멕시코시티는 자유를 누리는 매우 생동감 있는 도시라는 느낌을 받았다. 오늘 멕시코시티를 시티 투어 버스를 이용해 투어하기를 아주 잘한 것 같다.

어제 이어 내일도 새벽 5시 반에는 숙소를 나서야 하지만, 피곤한 줄 모르고 너무 기분 좋다. 115일 만에 포근한 내 집으로 간다.

01년 09일 (금)

• 에필로그 – 한국에 도착하다

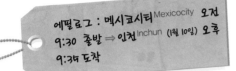
에필로그 : 멕시코시티Mexicocity 오전
9:30 출발 ⇒ 인천Inchun (1월 10일) 오후
9:35 도착

드디어 오늘 인천으로 가는 JAL를 타는 날이다. 들뜬 마음으로 공항에 도착하자마자 집에 전화하는데, 50페소나 주고 산 전화카드로 전화가 안 된다. 휴대전화로 전화를 걸어주는 사람에게 부탁해 인제한테 연락하니, 서울이 매우 추우니 옷을 단단히 입으라고 한다. 후후. 우리가 훨씬 더 추운 캐나다를 갔다 온 사실을 모르니 그럴 수밖에. 그런데 웬 휴대전화 통화료가 그렇게 비싼지. 1분도 채 안 되게 통화했는데 20USD나 지불해야 했다. 어쨌든 인제와 통화가 되어 다행이다.

오전 9시 30분 멕시코시티 출발. 낮 12시 20분 밴쿠버 도착. 낮 2시 05분 밴쿠버 출발. 1월 10일 (토) 오후 9시 35분 인천 도착. 공항에서 곤하게 잠든 일서를 만났다.

이렇게 중남미 21개국, 카리브제도 4개국, 캐나다까지 모두 26개국으로 떠났던 115일간의 여행이 무사히 이루어질 수 있었던 것, 특히 여행 기간 약 1/5을 버스에서 지내면서 중미와 남미를 버스로만 완전히 일주할 수 있었던 것은 오샘의 철저한 계획, 순발력, 인내, 포용심 덕분이었다. 또 중남미의 독특한 문화는 문외한인 나에게 기대 이상의 감동을 안겨 주었고, 지금 이 글을 쓰면서도 상대방을 포용하고 문화도 긍정적으로 받아들이면서 자신의 문화와 전통을 지키며 주어진 환경에서 열심히 생활하는 그들의 모습을 떠올리니 저절로 마음이 숙연해진다.